艺术设计 ARTDESIGN

高等院校艺术学门类『十三五』规划教材

AutoCAD建筑制图与应用

AutoCAD JIANZHU ZHITU YU YINGYONG

主　编　姜　一　郭　欣　冉国强

副主编　谢　科　于兴财

参　编　赵　捷　赖　姝　倪泰乐　李洪琴　王　敏

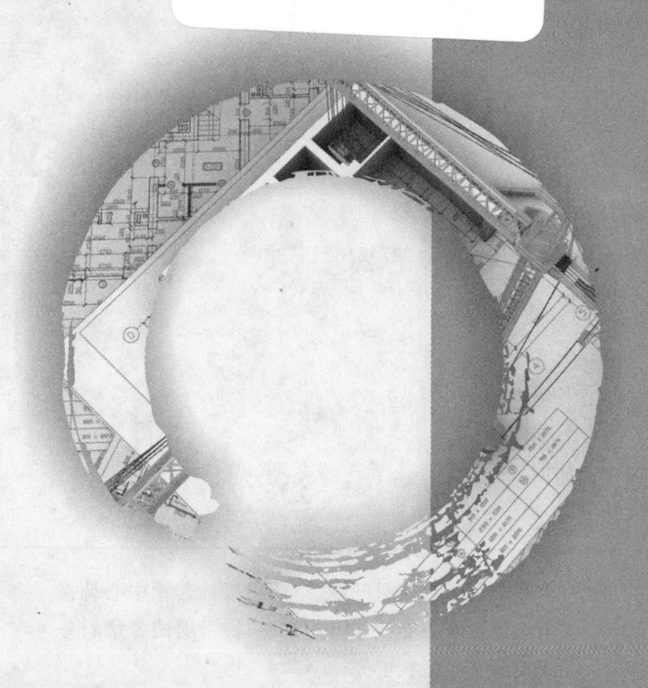

华中科技大学出版社

http://www.hustp.com

中国·武汉

图书在版编目(CIP)数据

AutoCAD 建筑制图与应用/姜一,郭欣,冉国强主编. —武汉:华中科技大学出版社,2015.2
ISBN 978-7-5680-0674-3

Ⅰ.①A… Ⅱ.①姜… ②郭… ③冉… Ⅲ.①建筑制图-计算机辅助设计-AutoCAD 软件-高等学校-教材
Ⅳ.①TU204

中国版本图书馆 CIP 数据核字(2015)第 044246 号

AutoCAD 建筑制图与应用 姜 一 郭 欣 冉国强 主编

策划编辑:曾 光 彭中军
责任编辑:史永霞
封面设计:龙文装帧
责任校对:祝 菲
责任监印:张正林
出版发行:华中科技大学出版社(中国·武汉)
武昌喻家山 邮编:430074 电话:(027)81321913
录 排:华中科技大学惠友文印中心
印 刷:武汉鑫昶文化有限公司
开 本:880mm×1230mm 1/16
印 张:14.5
字 数:476 千字
版 次:2015 年 5 月第 1 版第 1 次印刷
定 价:39.00 元

前言 QIANYAN

AutoCAD JIANZHU ZHITU YU YINGYONG

AutoCAD是美国Autodesk公司开发的通用计算机绘图软件，是目前世界上应用最广的CAD（computer aided design）软件。自1982年问世以来，AutoCAD已经广泛应用于建筑、室内外设计、机械、航天、造船、纺织、地理信息、电子、土木工程、石油化工等领域。随着时间的推移和软件的不断完善，AutoCAD已由原先的侧重于二维绘图技术为主，发展成为二维、三维绘图技术兼备，且具有网上设计的多功能软件系统。AutoCAD具有易于掌握、使用方便、开放式体系结构、二次开发和接口技术等特点，深受广大用户的青睐，成为建筑设计人员、制图人员和室内外设计人员实现设计、绘图自动化的主要工具之一。

本书参编人员长期从事AutoCAD应用技术的开发。为满足不同层次读者的需求，本书在内容上做到了循序渐进、图文并茂，大部分章节采用案例教学方法。

1. 本书内容介绍

全书共9章，不仅可以帮助读者掌握绘图方法，学会其应用技术，并且可使读者达到独立绘制较复杂的室内外设计图和建筑图等目的。

第1章　AutoCAD 2012简介：讲述AutoCAD的发展历程，以及AutoCAD 2012的安装、启动方法，界面组成，图形文件的管理。

第2章　AutoCAD 2012绘图基础：包括绘图环境的设置，数据输入操作，控制图形显示，使用坐标系，使用捕捉、栅格和正交，创建和管理图层，建筑图的文字注解及重画与重生成等内容。

第3章　二维图形的绘制：包括直线、射线、多线和构造线，矩形和正多边形，圆、圆弧、椭圆，圆环，多段线，样条曲线等内容。

第4章　二维图形的编辑：包括选择对象，夹点编辑图形对象，删除、移动、旋转和修剪对象，复制、阵列、偏移和镜像对象，拉伸、拉长、延伸，倒角、圆角，编辑对象特性等内容。

第5章　建筑图的尺寸标注与编辑：包括尺寸标注基础知识、尺寸标注的样式、尺寸标注的种类、尺寸标注的编辑等内容。

第6章　建筑图中的图块与图案填充：包括内部块和外部块的创建、保存、插入，以及图案填充。

第7章　建筑平面图的绘制：综合运用所学的知识，利用图解方式详细讲解室内平面图的绘制过程。

第8章　建筑立面图的绘制：综合运用所学的知识，利用图解方式详细讲解室外建筑立面图的绘制过程。

第 9 章　建筑剖面图的绘制：综合运用所学的知识，利用图解方式详细讲解剖面图的绘制过程。

附录：包括常用功能键、快捷组合键、常用命令功能表和特殊字符等。

2. 本书的特色

案例教学，循序渐进。本书采用适合读者学习的前后连贯的案例教学方法，以实例的方式讲解 AutoCAD 建筑制作图的知识，知识点和实例紧密结合，使得枯燥的知识趣味化，简单易学。每一个实例几乎都采用图解的形式，循序渐进，在关键的部分进行标注，更有利于学习者快速找到所需要的内容，做到理论与实际相结合，大大提高了学习效率。

习题经典、全面。每一章章尾都提供相应的练习题，帮助学习者全面巩固应掌握的知识点，提高绘图技能。

面向就业，应用为主。本书实例新颖且实用性强，大量的实例均为作者长期与相关公司合作的实践经验积累，将有助于学习者的实践操作。

编　者

2015 年 2 月

目录 MULU

AutoCAD JIANZHU ZHITU YU YINGYONG

第1章
AutoCAD 2012简介

AutoCAD

JIANZHU ZHITU YU YINGYONG

1.1

AutoCAD发展概述

CAD(计算机辅助设计,computer aided design)是随着计算机、网络、信息、人工智能等理论、技术的进步而不断发展的。CAD技术是以计算机、外围设备及其系统软件为基础的,包括二维绘图设计、三维几何造型设计、优化设计、仿真模拟及产品数据管理等内容,逐渐向标准化、智能化、可视化、集成化、网络化方向发展。

AutoCAD是美国Autodesk公司开发的通用计算机绘图软件,是目前世界上应用最广的CAD软件。至1982年问世以来,AutoCAD已经广泛应用于机械、建筑、室内外设计、航天、造船、纺织、地理信息、电子、土木工程、石油化工等领域。随着时间的推移和软件的不断完善,AutoCAD已由原先的侧重于二维绘图技术为主,发展到二维、三维绘图技术兼备且具有网上设计的多功能CAD软件系统。AutoCAD具有易于掌握、使用方便、开放式体系结构、二次开发技术和接口技术等特点,深受广大用户的青睐。因此,它成为工程技术人员和设计人员实现设计、绘图自动化的主要工具之一。

CAD诞生于20世纪60年代,是美国麻省理工学院提出的交互式图形学的研究计划,由于当时硬件设施昂贵,只有美国通用汽车公司和美国波音航空公司使用自行开发的交互式绘图系统。

20世纪60年代至70年代,计算机图形学、交互技术、分层存储符号的数据结构等新思想,为CAD技术的发展和应用打下了理论基础。

1982年12月,Autodesk公司首先推出了AutoCAD的第一个版本——AutoCAD 1.0。在此后的几年里,Autodesk公司几乎每年都推出AutoCAD的升级版本,从而使其得到了快速的发展:从大中企业向小企业扩展;从发达国家向发展中国家扩展;从用于产品设计向用于工程设计和工艺设计扩展。

20世纪90年代,微机增加视窗Windows 95/98/NT操作系统与工作站增加Unix操作系统在以太网的环境下构成了AutoCAD系统的主流工作平台,因此AutoCAD技术和系统都具有良好的开放性,图形接口、图形功能日趋标准化。

1999年3月,Autodesk公司推出了AutoCAD 2000版。同前期的AutoCAD R14版相比,增加或改进了数百项功能,提供了多文档实际环境、设计中心及一体化绘图输出体系等。

随着Internet的迅猛发展,人们的工作和设计思维与网络的联系越来越紧密。与此同时,工程设计人员也希望提高自己的工作效率与灵活性。为满足市场的需求,Autodesk公司于2000年7月推出了AutoCAD 2000i,将设计者、同事、合作者及设计信息等有机地结合起来,实现了跨平台设计资料共享的功能,使用户能够方便地建立和维护用于发布设计内容的Web页,同时实现资源共享,使用户能够通过设计环境提高工作效率。

2001年5月,Autodesk公司推出了AutoCAD 2002版。该版本精益求精,在运行速度、图形处理和网络功能等方面都达到了一个崭新的水平。

2003年年初,Autodesk公司推出了AutoCAD 2004版。该版本增加了许多新功能,可以帮助用户更快、更轻松地创建并共享设计数据，更有效地管理软件。

2004 年，Autodesk 公司推出 AutoCAD 2005 版。该版本增加了图纸集管理器、图形的打印和发布功能，增加和改进了众多绘图工具，使其更加便捷。

2005 年，Autodesk 公司推出 AutoCAD 2006 版。与之前的版本相比，该版本在输入方式、绘图、编辑、图案填充、尺寸标注、文字标注、块操作、表格操作等方面的功能均进一步得以完善，使其操作更加合理、便捷和高效。

2006 年，Autodesk 公司推出 AutoCAD 2007 版。该版本的三维功能有了很大的提高，除增加了多段体和放养等功能外，还开发了三维功能的界面、模版以及众多三维建模工具。

2009 年，Autodesk 公司推出 AutoCAD 2010 版。该版本不仅在图形处理方面的功能增强了，而且增强了参数化绘图功能。用户可以对图形对象建立几何约束，以保证图形对象之间有准确的位置关系，如平行、垂直、相切、通信、对称等关系；可以建立尺寸的约束，通过约束可以锁定对象，使其大小保持固定不变，也可以通过修改参数值来改变约束对象的大小。

2011 年，Autodesk 公司推出 AutoCAD 2012 版。该版本的界面与以前的版本相比发生了许多变化，新的界面更加人性化。在快速访问中增加了“切换工作空间”选项，比以前的版本更加优化与规范了；UCS 坐标系是能被选取的；自动完成选项可以帮助我们更有效地访问命令，系统自动提供一份清单，列出匹配的命令名称、系统变量和命令别名；模型文件相对于以前的版本更加完美了，其中三维模型支持 UG、solidworks、IGES、CATIA、Rhino、Pro /E、STEP 等文件的导入。

最近，Autodesk 公司推出 AutoCAD 2013 测试版。其中：点云功能已得到显著增强，用户可以附着和管理点云文件，类似于使用外部参照、图像和其他外部参照的文件；光栅图像，对两色重采样的算法更新；AutoCAD 2013 中用户可以在应用更改前，动态预览对对象和视口特性的更改；在交互命令行功能中命令行界面得到革新，包括了颜色、透明度，显示历史记录和访问最近使用的命令等；阵列增强功能可帮助用户以更快更方便的方式创建对象。

1.2 AutoCAD 2012 的安装和启动

1.2.1 AutoCAD 2012 安装系统环境的需求 ONE

AutoCAD 2012 系统环境需求主要分为 32 位机和 64 位机。具体要求如表 1-1、表 1-2 所示。建议尽可能使用 64 位机。

表 1-1 用于 32 位工作站的系统需求

说　明	需　求
操作系统	以下操作系统的 Service Pack 3(SP3)或更高版本： Microsoft Windows XP Professional Microsoft Windows XP Home 以下操作系统的 Service Pack 2(SP2)或更高版本： Microsoft Windows Vista Enterprise Microsoft Windows Vista Business Microsoft Windows Vista Ultimate Microsoft Windows Vista Home Premium 以下操作系统： Microsoft Windows 7 Enterprise Microsoft Windows 7 Ultimate Microsoft Windows 7 Professional Microsoft Windows 7 Home Premium
浏览器	Internet Explorer 7.0 或更高版本
处理器	Windows XP Intel Pentium 4 或 AMD Athlon™ 双核，1.6 GHz 或更高，采用 SSE2 技术 Windows Vista 或 Windows 7 Intel Pentium 4 或 AMD Athlon 双核，3.0 GHz 或更高，采用 SSE2 技术
内存	2 GB RAM(建议使用 4 GB)
显示器分辨率	1024×768 真彩色
磁盘空间	安装 2.0 GB
.NET Framework	.NET Framework 版本 4.0

表 1-2 用于 64 位工作站的系统需求

说　明	需　求
操作系统	以下操作系统的 Service Pack 2(SP2)或更高版本： Microsoft Windows XP Professional 以下操作系统的 Service Pack 2(SP2)或更高版本： Microsoft Windows Vista Enterprise Microsoft Windows Vista Business Microsoft Windows Vista Ultimate Microsoft Windows Vista Home Premium 以下操作系统： Microsoft Windows 7 Enterprise Microsoft Windows 7 Ultimate Microsoft Windows 7 Professional Microsoft Windows 7 Home Premium
浏览器	Internet Explorer 7.0 或更高版本

续表

说　明	需　求
处理器	AMD Athlon 64，采用 SSE2 技术 AMD Opteron™，采用 SSE2 技术 Intel Xeon，具有 Intel EM64T 支持和 SSE2 Intel Pentium 4，具有 Intel EM 64T 支持并采用 SSE2 技术
内存	2 GB RAM(建议使用 8 GB)
显示器分辨率	1024×768 真彩色
磁盘空间	安装 2.0 GB
.NET Framework	.NET Framework 版本 4.0

1.2.2 安装步骤 TWO

为了保证 AutoCAD 2012 安装程序的正确运行和运行速度，在安装过程中最好关闭其他 Windows 应用程序。安装步骤如下。

(1) 在 DVD-ROM 驱动器中放入 AutoCAD 2012 的安装盘，安装程序自动运行后，双击 AutoCAD_2012.exe 文件，初始化后自动更新插件，单击安装按钮继续安装。

(2) 输入产品序列号和产品密钥后，再按“下一步”继续安装。

(3) 安装结束，重启系统。重启系统后，停用网络或拔掉网线。

(4) 激活产品。运行 AutoCAD 2012，单击激活按钮；复制申请号；运行注册机，将申请号复制到“Request”文本框中，按“Generate”按钮，再按“Mem Patch”按钮，最后将“Activation”中的内容复制到对话框的激活码中，按“下一步”按钮激活，如图 1-1 所示。

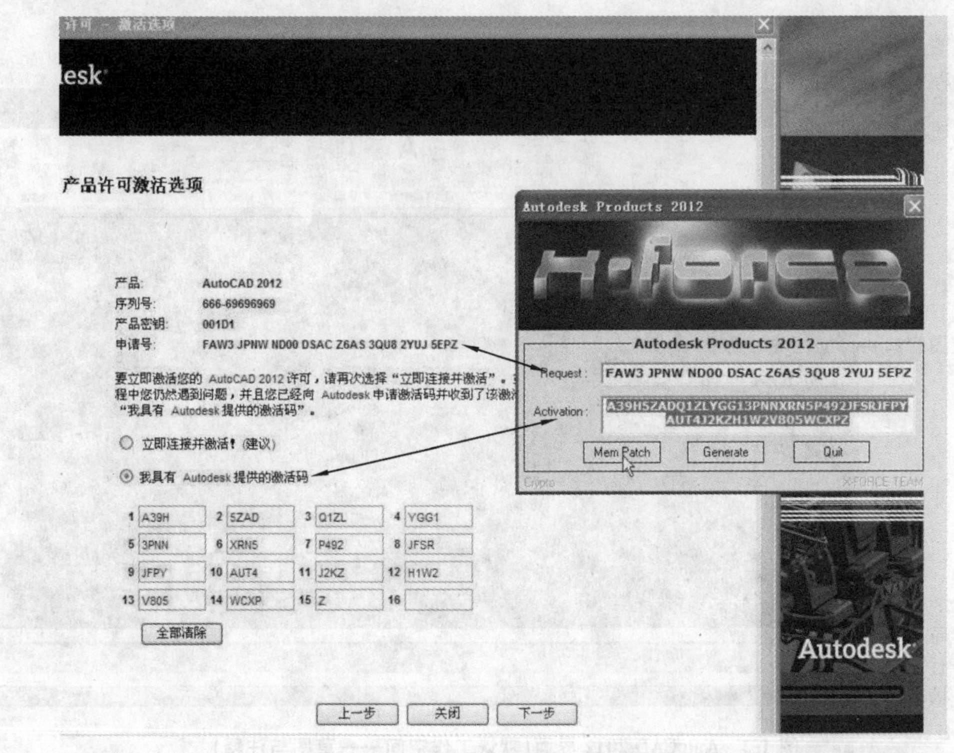

图 1-1　使用注册机激活产品

(5) 成功激活后,即可以运行 AutoCAD 2012。

1.2.3 AutoCAD 2012 的启动 THREE

启动 AutoCAD 2012 的方法主要有两种。

(1) 选择“开始”菜单→“所有程序”→“Autodesk”→“AutoCAD 2012-Simplified Chinese”→“AutoCAD 2012-Simplified Chinese”命令,就可以启动 AutoCAD 2012 了。

(2) 双击桌面上的 AutoCAD 2012 的快捷图标。

1.3 AutoCAD 2012 界面的组成

启动 AutoCAD 2012 应用程序后,进入 AutoCAD 2012 默认的工作界面——草图与注释工作空间窗口,其各部分组成如图 1-2 所示。该界面主要由应用程序按钮或主菜单、标准工具栏、标题栏、工作空间、帮助、工具栏选项卡、绘图窗口、模型/布局选项、命令行窗口、状态栏、坐标系、导航工具条等组成。图 1-3 是为了兼顾先前的版本的 AutoCAD 2012 的工作界面——AutoCAD 经典工作空间。

在 AutoCAD 2012 的工作空间中主要有草图与注释、AutoCAD 经典、三维建模等工作空间。用户还可以根据自

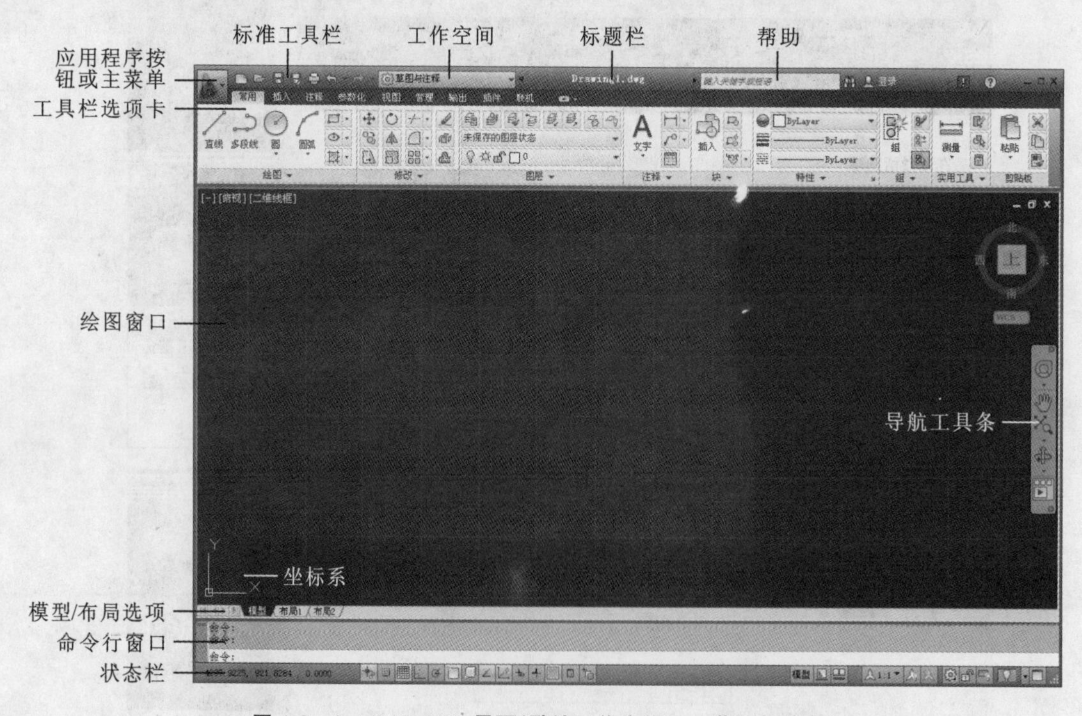

图 1-2 AutoCAD 2012 界面(默认工作空间——草图与注释)

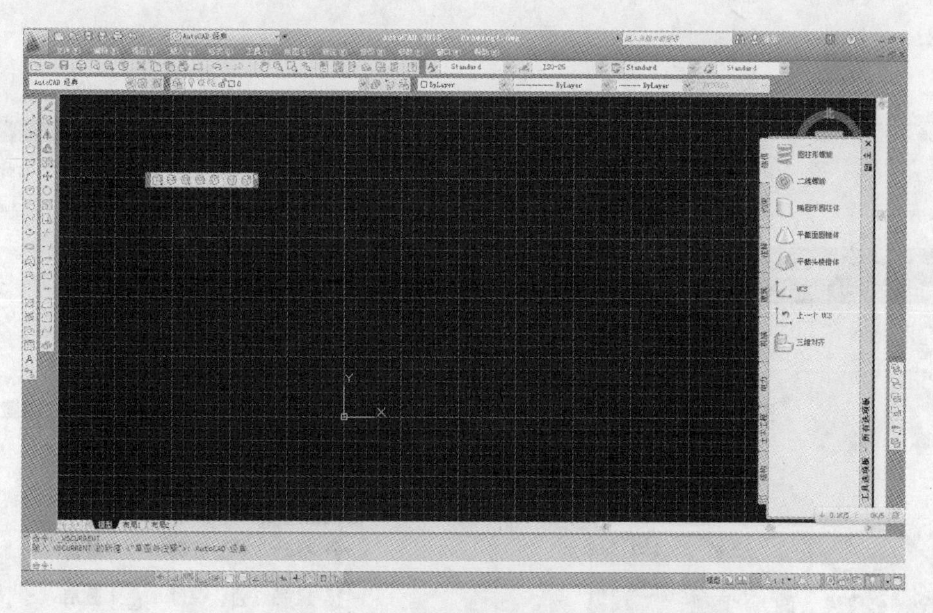

图 1-3　AutoCAD 2012 界面(工作空间——AutoCAD 经典)

己的需求对工作空间进行重新设置或自定义工作空间,以达到适合用户自己应用的工作环境界面。工作空间的选择与设置如图 1-4 所示。

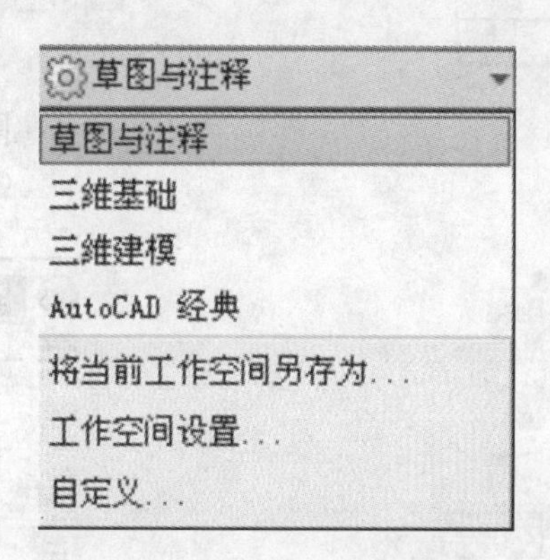

图 1-4　工作空间的选择与设置

1.3.1　工具栏选项卡　ONE

1. 工具栏选项卡的组成

在工具栏选项卡中有常用、插入、注释、参数化、三维工具、渲染、视图、管理、输出、插件、联机等选项卡。其中常用选项卡中有绘图、修改、图层、注释、块、特性等工具栏面板,如图 1-5 所示。

2. 工具栏选项卡的显示或隐藏

显示或隐藏工具栏选项卡,要在工具栏选项卡上任意位置,单击鼠标右键以显示工具栏列表。工具栏名称旁边的复选标记表明该工具栏已显示。单击列表中的工具栏名称可显示或清除复选标记,如图 1-6 所示。

3. 工具栏面板

在工具栏选项卡中有常用、插入、注释、参数化、三维工具、渲染、视图、管理、输出、插件等所对应的工具栏面板。每一个面板都有不同的工具按钮,如图 1-7 绘图工具栏面板、图 1-8 修改工具栏面板、图 1-9 图层工具栏面板、图 1-10 特性工具栏面板、图 1-11 注释工具栏面板、图 1-12 建模工具栏面板。

图 1-5　工具栏选项卡

图 1-6　显示或隐藏工具栏选项卡

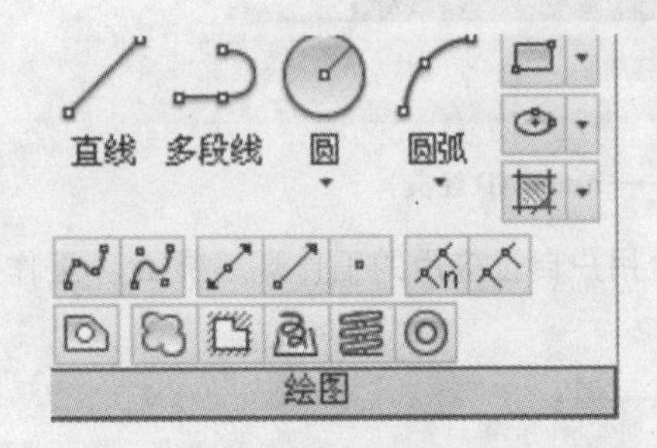

图 1-7　绘图工具栏面板

图 1-8　修改工具栏面板

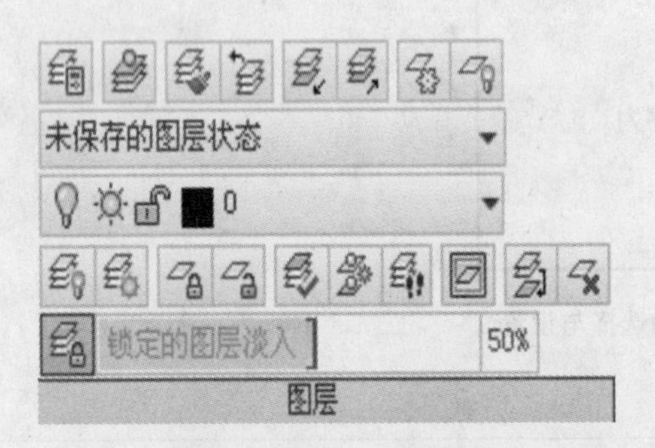

图 1-9　图层工具栏面板

图 1-10　特性工具栏面板

图 1-11　注释工具栏面板

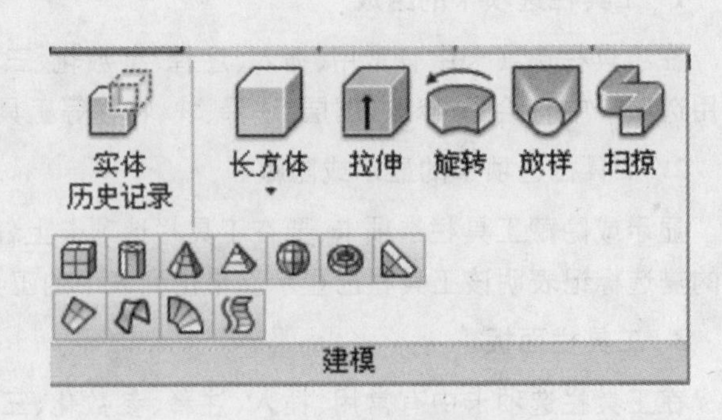

图 1-12　建模工具栏面板

1.3.2　坐标系　TWO

AutoCAD图形中各点的位置都是由坐标系来确定的。在AutoCAD中，主要有两种坐标系：世界坐标系（WCS）的固定坐标系和用户坐标系（UCS）的坐标系。

在世界坐标系中，X轴是水平的，Y轴是垂直的，Z轴垂直于XY平面，符合右手法则，该坐标系存在于任何一个图形中且不可更改。默认情况下，坐标系为世界坐标系。

在AutoCAD中，为了能够更好地辅助绘图，经常需要修改坐标系的原点和方向，这时世界坐标系将变为用户坐标系即UCS。UCS的原点以及X轴、Y轴、Z轴方向都可以移动及旋转，甚至可以依赖于图形中某个特定的对象。

1.3.3　模型/布局选项　THREE

绘图窗口的下方有模型和布局选项卡，如图1-13所示，单击它们可以在模型空间和图纸空间之间来回切换。AutoCAD的主要功能之一是可以在模型空间和图纸空间的两个环境中完成绘图和设计工作，但它们的作用是不同的。

模型　布局1　布局2

图1-13　模型和布局选项卡

模型空间是一个三维的空间，主要用来创建设计对象，即用来画图的。设计者一般在模型空间完成其主要的设计构思。

图纸空间是用来将几何模型表达到工程图纸上的，专门用来出图。图纸空间又称为布局空间，是一种图纸空间的环境，它模拟图纸页面，提供直观的打印设置。

通常是在模型空间中绘制图形，在布局空间中布置图纸图形的位置并输出。

1.3.4　命令行窗口与文本窗口　FOUR

1. 命令行窗口

命令行窗口位于绘图窗口的底部，用于接收用户输入的命令，并显示命令提示信息，如图1-14所示。Ctrl+9控制命令行窗口的显示与隐藏。默认情况下，命令行窗口是固定的。固定的命令行窗口与AutoCAD窗口等宽。如果输入的文字长于命令行宽度，在命令行前弹出窗口以显示该命令行中的全部文字，也可将命令行窗口移动到屏幕的任何位置并调整其宽度和高度。

```
命令: LINE
指定第一点: 100,100
指定下一点或 [放弃(U)]: 200,200
指定下一点或 [放弃(U)]: *取消*
命令:
```

图1-14　命令行窗口

2. 文本窗口

AutoCAD 文本窗口是记录 AutoCAD 命令的窗口，它记录了用户已执行的命令，也可以用来输入新命令或复制已执行的命令。用户可以选择视图中的显示文本窗口或按 F2 键来显示或隐藏它。

1.3.5 状态栏 FIVE

状态栏位于整个界面的最下端，左边用于显示当前光标的状态信息，包括 X、Y、Z 三个方向的坐标值。中间则显示一些特殊功能的按钮，包括对象捕捉、栅格显示、动态输入、正交模式、极轴追踪、显示/隐藏线宽等。右边包括快速查看、注释工具、工作空间、全屏显示等功能按钮选项，如图 1-15 所示。

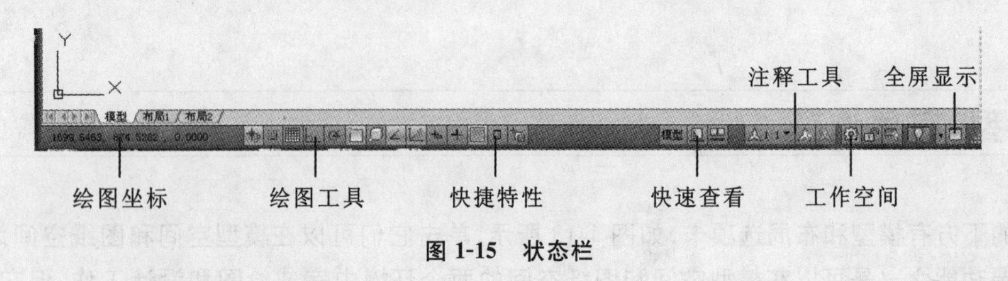

图 1-15 状态栏

1.4 图形文件的管理

在 AutoCAD 2012 中，图形文件管理包括创建图形文件、打开已有的图形文件、关闭图形文件及保存图形文件等操作。

1.4.1 创建图形文件 ONE

初次启动 AutoCAD 2012 时，系统将自动创建一个默认文件名为 Drawing1.dwg 的文件，并根据具体情况用户可自行创建文件。方法有如下几种：

- 选择主菜单中的新建命令；
- 单击工具栏中的新建按钮；
- 输入命令 NEW；
- 使用 Ctrl＋N。

任何一种方法都将弹出“选择样板”对话框（见图 1-16），选择用户所需绘图模板。其中“打开”按钮的列表中有公制和英制两种单位。一般我们选择符合中国人习惯的公制（米、分米、厘米、毫米）单位。在“文件类型”文本框中选择.dwg 文件格式。

图 1-16 “选择样板”对话框

1.4.2 文件类型 TWO

.dwg 文件

AutoCAD 标准图形文件的文件扩展名为.dwg,除非更改保存图形文件所使用的默认文件格式,否则一般都使用.dwg 图形文件格式保存图形。此格式适用于文件压缩和在网络上使用。

.dws 文件

可以创建用于定义图层特性、标注样式、线型和文字样式的文件,并将其保存为扩展名为.dws 的标准文件。

.dxf 文件

AutoCAD 图形的网络格式文件(drawing web format)可以将图形输出为 DXF 文件,其中包含可由其他 CAD 系统读取的图形信息。DXF 文件是文本或二进制文件,其中包含可由其他 CAD 程序读取的图形信息。如果其他用户正使用能够识别 DXF 文件的 CAD 程序,那么以 DXF 文件保存图形就可以共享该图形。

.dwt 文件

开始绘图之前,用户需要确定图形中使用的图形单位系统,然后选择适合于这些图形单位的图形样板文件;或创建新图形时,AutoCAD 将访问图形样板文件以确定诸多默认设置,如单位精度、标注样式、图层名、标题栏及其他设置。随 AutoCAD 系统提示安装了一组图形样板文件,这些样板文件中的大部分为英制或公制单位,有些针对三维建模进行了优化。所有图形样板文件的扩展名均为.dwt。虽然这些图形样板提供了一种快速创建新图形的方法,但是,最好针对所在公司和所创建的图形类型创建适于用户自己的图形样板。

1.4.3 打开已有图形文件 THREE

用户在绘图的过程中,很难一次绘制完成所需要的设计任务,经常需要继续上一次的操作,这就涉及对图形文件的打开操作。打开已有图形文件有以下几种方法:

- 选择主菜单中的“打开”命令;

- 在命令行中输入 OPEN 命令；
- 选择工具栏中的打开按钮。

然后选择文件名，将文件类型改为“图形(＊.dwg)”，如图 1-17 所示。

AutoCAD 2012 支持多文档操作，即可以同时打开多个图形文件。

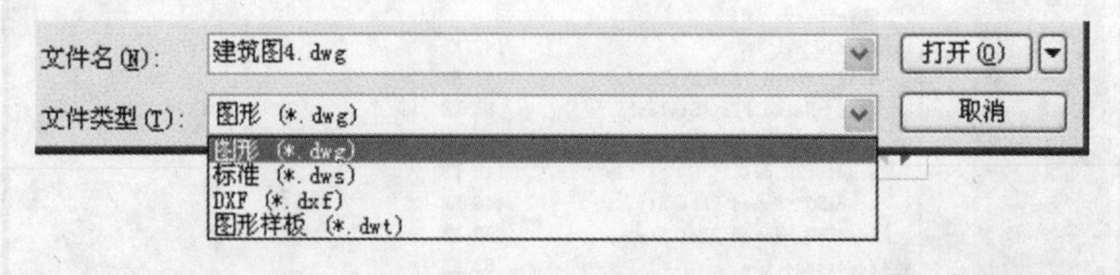

图 1-17　打开已有图形文件

1.4.4　保存图形文件　FOUR

用户在操作过程中，往往因为断电或其他意外的机器事故而造成文件丢失，给用户的工作带来不必要的麻烦，因此在工作时应该养成经常保存的习惯。与其他应用程序一样，AutoCAD 提供了自动保存、备份文件和其他保存功能。一般将文件保存为.dwg 文件形式。选择主菜单中保存或另存为命令(见图 1-18、图 1-19)，或使用命令 SAVES 或 QSAVE。

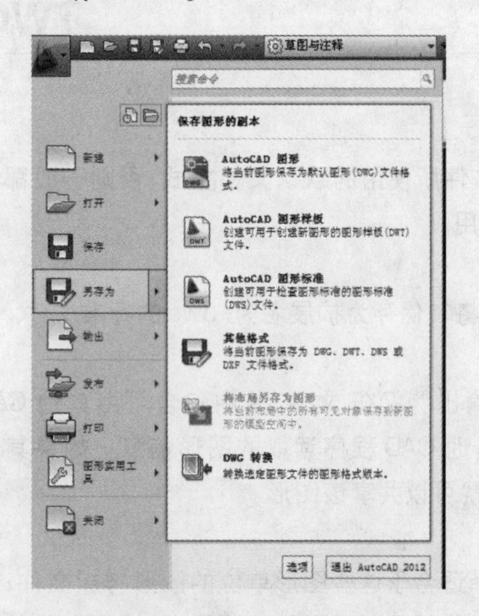

图 1-18　文件另存为类型选项

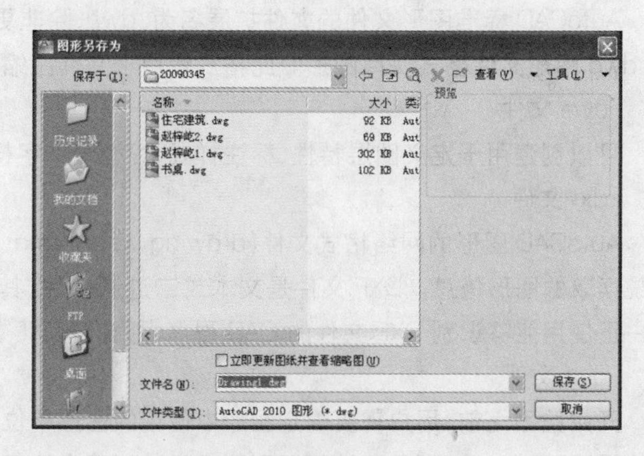

图 1-19　另存为.dwg 图形文件

1.4.5　关闭图形文件　FIVE

在 AutoCAD 中，关闭图形文件的方法如下：

- 选择主菜单中的“关闭”命令；
- 单击标题栏中的关闭按钮；
- 使用 Alt + F4，关闭文件并退出系统。

练习题

1. 安装 AutoCAD 2012,系统需求的注意事项有哪些?
2. 启动 AutoCAD 2012,熟悉显示选项卡和状态栏的使用方法。
3. AutoCAD 2012 中如何显示或隐藏命令行窗口?
4. 在 AutoCAD 2012 中文件的格式有哪些?

第2章 AutoCAD 2012 绘图基础

AutoCAD

JIANZHU ZHITU YU YINGYONG

通常情况下，AutoCAD 运行之后就可以在其默认环境的设置下绘制图形，但是为了规范绘图、提高绘图的工作效率，用户不但应熟悉命令、系统变量、坐标系统、绘图方法，还应掌握图形界限、绘图单位格式、图层特性等绘制图形的环境设置。而这些功能设置已成为设计人员在绘图之前必不可缺的绘图环境预设。

2.1 绘图环境的设置

绘图环境是指影响绘图的诸多选项和设置，一般在绘制新图形之前要配置好。对绘图环境合理的设置，是能够准确、快速绘制图形的基本条件和保障。要想提高个人的绘图速度和质量，必须配置一个合理的、适合自己工作习惯的绘图环境及相应参数。

2.1.1 绘图区域背景颜色的定义 ONE

AutoCAD 系统默认的绘图区域背景颜色为黑色，命令行的字体为 Courier，用户可以根据自己的习惯将绘图区域背景颜色和命令行的字体进行重新设置。如用户一般习惯在黑屏状态下绘制图形，可以通过选项对话框更改绘图区域的背景颜色。

自定义应用程序窗口元素中的颜色的步骤如下。

(1) 打开主菜单，单击“选项”按钮，或者在绘图区域单击鼠标右键，在弹出的快捷菜单中单击“选项”，如图 2-1 所示。

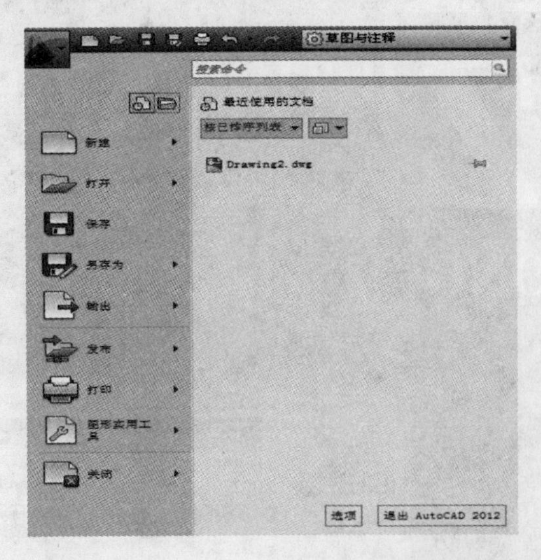

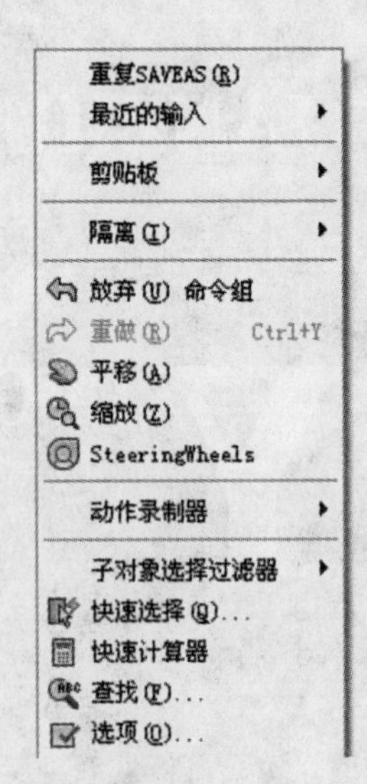

图 2-1 “选项”对话框的打开方式

(2) 在“选项”对话框的“显示”选项卡中，单击“颜色”按钮，如图 2-2 所示。

(3) 在“图形窗口颜色”对话框中，选择要更改的上下文，然后选择要更改的界面元素。

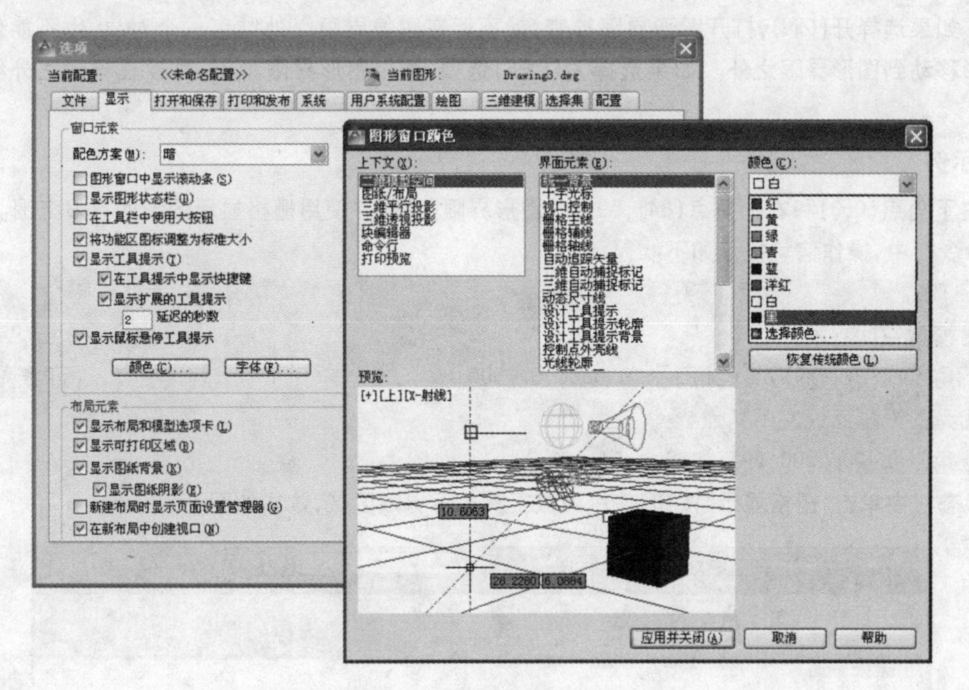

图 2-2 图形窗口颜色更改

(4) 若要自定义颜色,需从颜色列表中选择颜色,即打开颜色列表,选择一种所需的颜色即可,如图 2-2 所示。

(5) 如果要恢复为默认颜色,则单击“恢复当前元素”“恢复当前上下文”或“恢复所有上下文”按钮。

(6) 单击“应用并关闭”按钮将当前选项设置记录到系统注册表中并关闭该对话框。

2.1.2 设置图形界限 TWO

图形界限就是绘图区域或绘图边界,也称为图限,即设置图形绘制完成后输出的图纸大小。绘图界限的设置与选择图纸幅面的大小相对应。绘图界限的显示区域为一个可见的栅格指示区域,以便布图和打印。常用的图纸规格有 A0～A4,一般称为 0～4 号图纸。常用图纸的标准尺寸如表 2-1 所示。

表 2-1 常用图纸标准尺寸表

纸 张 大 小	图纸标准尺寸(单位:厘米×厘米)
A0	840×1189
A1	594×841
A2	420×594
A3	297×420
A4	210×297

1. 功能

在模型空间中,绘图界限用来规定一个范围,使所建立的模型始终处于这一范围内,避免在绘图时出现超界限现象。利用 LIMITS 命令可以定义绘图边界,相当于手工绘图时确定图纸的大小。绘图界限是代表绘图极限范围的两个 WCS 坐标二维点,这两个二维点分别是绘图范围的左下角和右上角,它们确定的矩形就是当前定义的绘图范围,在 Z 方向上没有绘图极限限制。

2. 图形界限的设置方法

在命令行中输入 LIMITS 命令设置图形界限。通过选择开(ON)或关(OFF)选项可以决定能否在图形界限之外确定某一点。如果选择开(ON),打开图形界限检查,就不能在图像界限之外结束一个对象,也不能使用移动或复制命令将图形移动到图形界限之外。如果选择关(OFF)选项,禁止图形界限检查,可以在界限之外绘制对象或指定点。

3. 操作示例

以图纸左下角点(0,0)和右上角点(841,594)为图形界限范围,并使用栅格显示图纸的界限范围。

(1) 在命令行中,操作信息提示如下。

命令:LIMITS

重新设置模型空间界限:

指定左下角点或[开(ON)/关(OFF)]<0.0000,0.0000>: (可接受默认值,将原坐标原点设置为图纸幅面的左下角点)

指定右上角点<420.0000,297.0000>:841,594

(2) 在状态栏中单击"栅格显示"按钮,使用缩放工具显示界限区域,效果如图 2-3 所示。

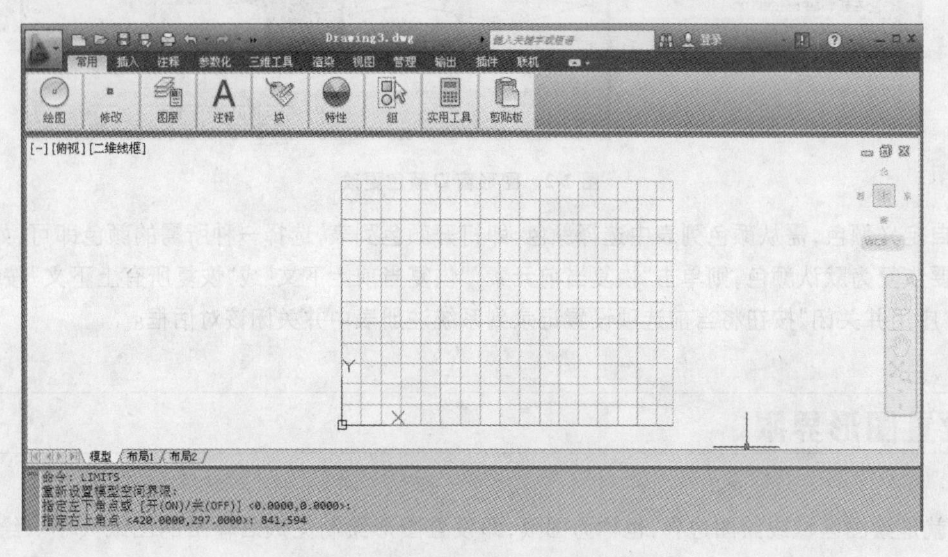

图 2-3 图形界限范围的栅格显示

2.1.3 设置图形单位 THREE

绘制图形之前,应首先确定图形中要使用的测量单位、显示坐标、距离和角度时要使用的格式、精度及其他约定,然后保存在图形样板文件中,或在当前图形文件中更改这些设置。

1. 功能

合理设置图形单位是精确绘制图形的前提条件和基本保障。其中主要是对长度的精度、单位和角度的类型、精度的功能设置。

2. 图形单位的设置方法

UNITS 命令用于设置绘图单位。默认情况下,AutoCAD 使用十进制单位进行数据显示或数据输入,可以根据具体情况设置绘图的单位类型和数据精度。在"图形单位"对话框中,设置绘图时使用的长度类型、角度类型,以及单位的显示格式和精度等,如图 2-4 所示。

注意:在长度区域或角度区域选择设置了长度或角度的类型与精度后,在输出样例选项区域中显示对应的样例。

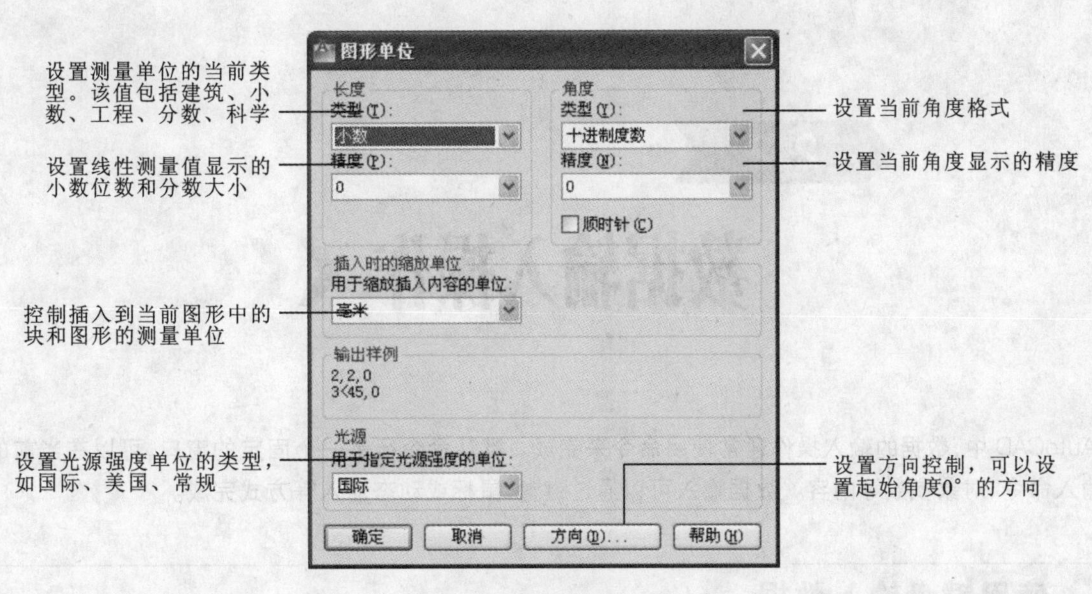

图 2-4　图形单位的设置

在“方向控制”对话框(见图 2-5)中设置起始角度(0 角度)的方向，默认情况下，角度的方向是指向右(即正东方或 3 点钟)的方向。逆时针方向为角度增加的正方向。

3．操作示例

设置图形单位，要求长度单位为毫米、小数位 2 位，角度为十进制度数、小数位 1 位，使用方向控制设置 A 点到 B 点的基准角度，如图 2-6 所示。

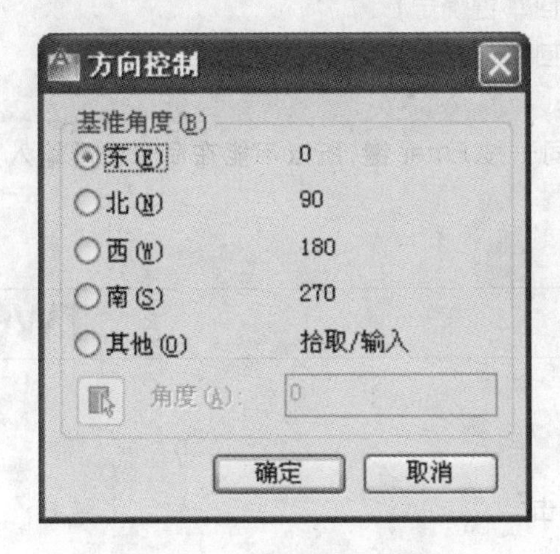

图 2-5　“方向控制”对话框

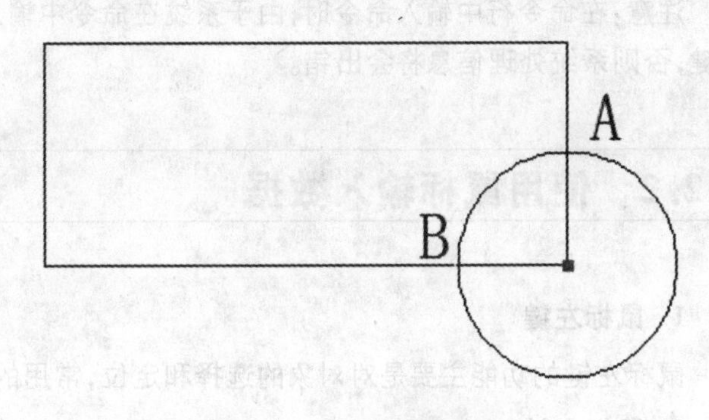

图 2-6　A、B 之间的基准角度

(1) 使用矩形 REC 和圆形 CIRCLE 命令绘制图形。

(2) 在命令行中，操作提示如下：

命令：UNITS

(3) 在长度区域的“类型”中选择“小数”，在“精度”中选择“0.00”。

在角度区域的“类型”中选择“十进制度数”，在“精度”中选择“0.0”。

(4) 在“方向控制”对话框中，选择基准角度中的“其他”单选按钮。

选择“拾取角度”按钮，切换到绘图窗口，然后分别单击交点 A 和 B，在“方向控制”对话框中的角度文本框中自动显示角度值 225°。

(5) 依次单击“确定”按钮，完成对方向控制和图形单位的设置。

2.2 数据输入操作

在 AutoCAD 中，数据的输入操作通常使用命令来完成。默认命令行是一个固定的窗口，可以在当前的命令行提示下输入命令、对象参数等内容。数据输入可以通过键盘、鼠标或动态输入等方式完成。

2.2.1 使用键盘输入数据 ONE

用户可以在命令行中输入系统提供的许多命令，并按回车键确认完成，提交给系统执行。

操作示例：

命令输入及提示信息如下。

```
命令：LINE                          (输入直线命令)
指定第一点：50,100                   (输入第一点坐标值，按回车键确定)
指定下一点或[放弃(U)]：100,200       (输入第二点坐标值，按回车键确定)
指定下一点或[放弃(U)]：              (按回车键确定结束)
```

注意：在命令行中输入命令时，由于系统在命令中输入的空格等同于按 Enter 键，所以不能在命令中间输入空格键，否则系统处理信息将会出错。

2.2.2 使用鼠标输入数据 TWO

1. 鼠标左键

鼠标左键的功能主要是对对象的选择和定位，常用的是单击和双击。

2. 鼠标右键

鼠标右键的功能主要是弹出快捷菜单，快捷菜单的内容将根据光标所处的位置和系统状态的不同而有所变化。如：在绘图窗口区域单击右键，将显示如图 2-7(a)所示的快捷菜单；选中命令行文本窗口区域，右键单击，将会显示如图 2-7(b)所示的快捷菜单；当选中绘图窗口中的某一个图形并单击右键，将会显示如图 2-7(c)所示的快捷菜单。

在工具栏、状态栏等位置单击右键也将出现不同的快捷菜单，图 2-8(a)所示的是在状态栏空白处单击右键时出现的快捷菜单。在默认情况下，要想结束正在绘制的图形对象或输入参数后确认，可以单击鼠标的右键，在弹出的快捷菜单中选择“确认”命令，如图 2-8(b)所示。

3. 使用滚轮

手指压住鼠标滚轮后，鼠标在绘图区域中将会变成小手状，此时拖动鼠标可以平移绘图区域和图形，相当于 PAN 命令的功能。如果滚动滚轮，相当于放大或缩小绘图区域和图形，但是对当前绘图区域的图形只是改变显示

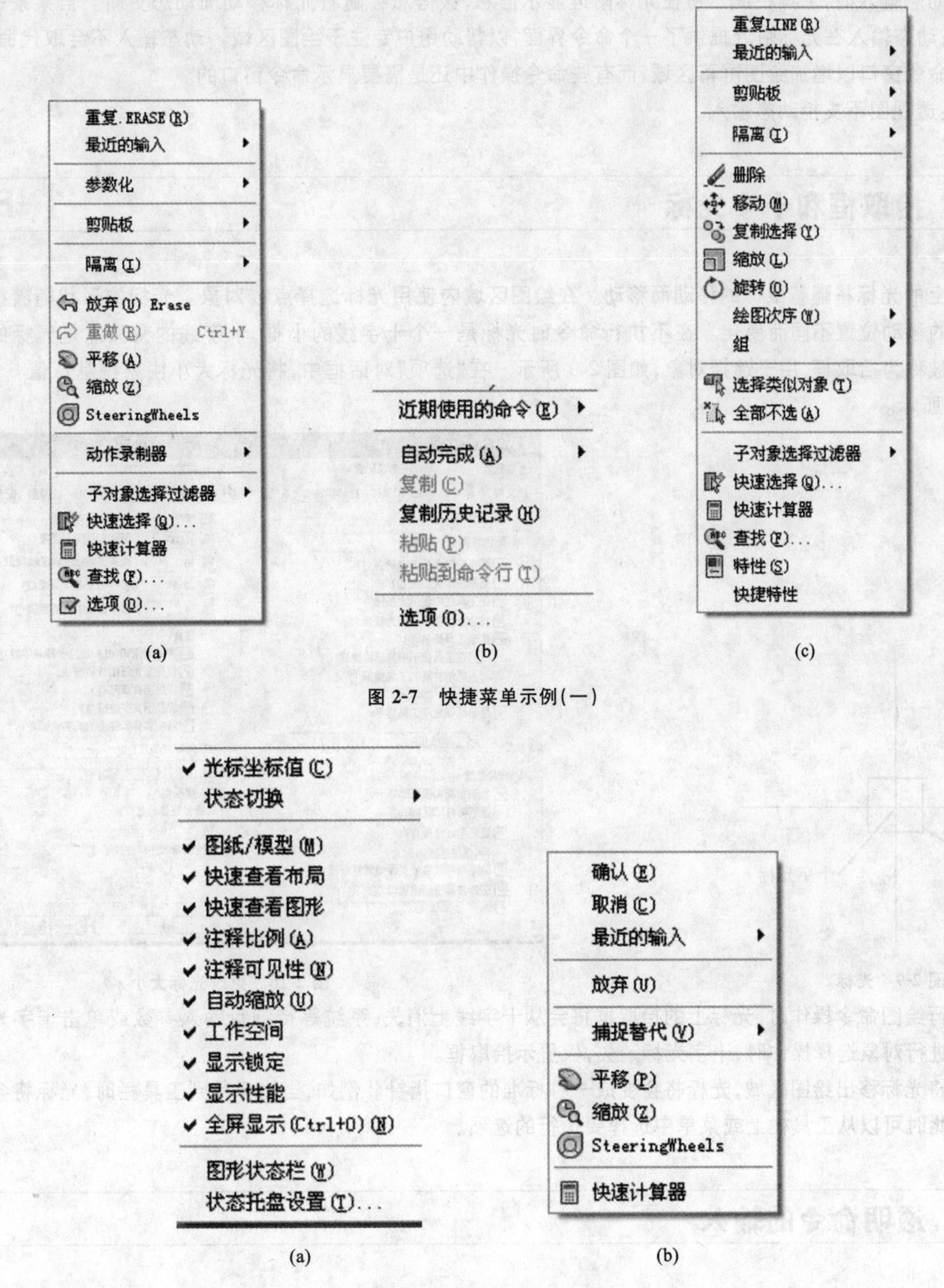

图 2-7 快捷菜单示例(一)

图 2-8 快捷菜单示例(二)

比例,实际尺寸大小并没有改变,相当于 ZOOM 命令。

2.2.3 动态输入法 THREE

在状态栏中单击“动态输入”按钮,便是打开或关闭动态输入设置。

启用动态输入时，工具栏提示将在光标附近显示信息，该信息会随着光标移动而动态更新。当某条命令为当前活动时，动态输入在光标附近提供了一个命令界面，以帮助用户专注于绘图区域。动态输入不会取代命令窗口。可以隐藏命令窗口以增加绘图屏幕区域，而有些命令操作中还是需要显示命令窗口的。

注意：透视图不支持动态输入。

2.2.4　拾取框和十字光标　FOUR

屏幕上的光标将随着鼠标的移动而移动。在绘图区域内使用光标选择点或对象。光标的形状随着执行的操作和光标的移动位置不同而变化。在不执行命令时光标是一个十字线的小框，十字线的交叉点是光标的实际位置。小框被称为拾取框，用于选择对象，如图 2-9 所示。在“选项”对话框中，将光标大小由系统默认值 5 改为 25，如图 2-10 所示。

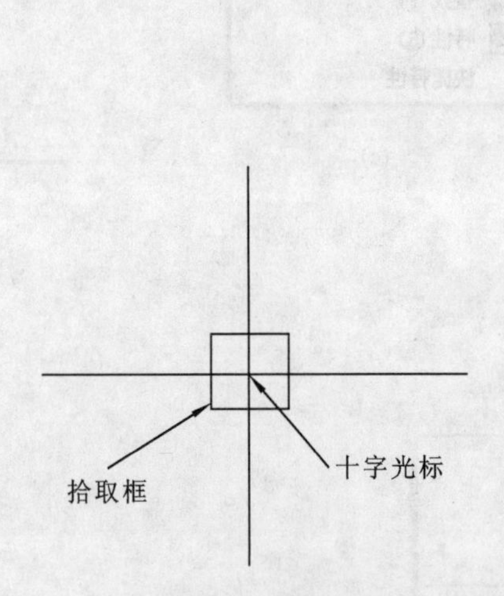

图 2-9　光标

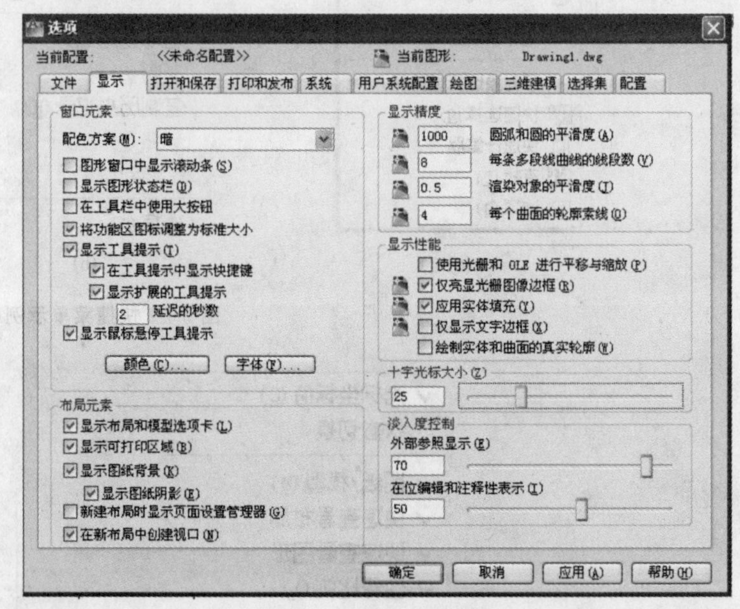

图 2-10　更改光标大小

在执行绘图命令操作时，光标上的拾取框将会从十字线上消失，系统等待键盘输入参数或单击十字光标输入数据。当进行对象选择操作时，十字光标消失，仅显示拾取框。

如果将光标移出绘图区域，光标将会变成一种标准的窗口指针。例如，当光标移到工具栏时，光标将会变成箭头形状。此时可以从工具栏上或菜单中选择要执行的选项。

2.2.5　透明命令的输入　FIVE

1．功能

许多命令可以透明使用，即在使用一个命令时，在命令行中可以同时输入一些命令，这些命令就是透明命令。透明命令经常用于更改图形设置或显示，例如 GRID、PAN 或 ZOOM 等。在命令参考中，透明命令通过在命令名的前面加一个单引号来表示。

2．透明命令使用方法

以透明的方式交叉使用命令，单击工具栏按钮或在任何命令提示信息状态下输入单引号“'”或双角括号“>>”并置于命令前，提示显示透明命令。完成透明命令后，将会执行原命令。

3. 操作示例

在绘制直线时打开点栅格，并将其设定为一个单位间隔，然后继续绘制直线。

命令输入及提示如下：

```
命令：RECTANG
指定第一个角点或[倒角(C)/标高(E)/圆角(F)/厚度(T)/宽度(W)]：20,30
指定另一个角点或[面积(A)/尺寸(D)/旋转(R)]：'grid          (透明执行栅格命令)
＞＞指定栅格间距(X)或[开(ON)/关(OFF)/捕捉(S)/主(M)/自适应(D)/界限(L)/跟随(F)/纵横向间距(A)]
＜10.0000＞：5
正在恢复执行 RECTANG 命令                                  (＞＞表示正处于透明命令执行状态)
指定另一个角点或[面积(A)/尺寸(D)/旋转(R)]：'zoom          (透明执行缩放命令)
＞＞指定窗口的角点，输入比例因子(nX 或 nXP)，或者
[全部(A)/中心(C)/动态(D)/范围(E)/上一个(P)/比例(S)/窗口(W)/对象(O)]＜实时＞：s
＞＞输入比例因子(nX 或 nXP)：2                              (输入比例因子 2)
正在恢复执行 RECTANG 命令
指定另一个角点或[面积(A)/尺寸(D)/旋转(R)]：100,200
```

2.2.6 使用 UNDO 命令放弃操作 SIX

调用 UNDO 命令后，命令行出现提示信息：

```
输入要放弃的操作数目或[自动(A)/控制(C)/开始(BE)/结束(E)/标记(M)/后退(B)]＜1＞：
```

命令行中各选项的含义如下。

- 输入要放弃的操作数目：是默认选项，设置要放弃的操作步数。输入数值并确定后，AutoCAD 2012 将放弃相应数目的操作。
- 自动：选择该选项后，AutoCAD 命令行将提示：

```
输入 UNDO 自动模式[开(ON)/关(OFF)]＜开＞：
```

- 控制：此选项用于取消或限制放弃的功能，选择该选项后，AutoCAD 命令行将提示：

```
输入 UNDO 控制选项[全部(A)/无(N)/一个(O)/合并(C)/图层(L)]＜全部＞
```

- 开始、结束：在操作记录中做开始和结束标记。
- 标记：在操作过程中设置步骤标记。
- 后退：如果在执行"后退"选项前没有设置标记，AutoCAD 将提示：

```
这将放弃所有操作。确定？＜Y＞。
```

2.3 控制图形的显示

图形显示缩放只是将窗口中的对象放大或缩小，显示其视觉尺寸，就像使用放大镜观看图形一样，放大或缩小

显示图形的局部细节，或缩小图形来观看全貌。

在 AutoCAD 2012 中，可以使用多种方法来观察绘图窗口中绘制的图形，并灵活观察图形的整体效果或局部的细节效果。为方便观察幅面较大、复杂的图形，系统提供了缩放、平移、鸟瞰视图及视图视口等图形显示控制工具，既可以放大、缩小图形，又可以移动图形，或者同时从不同的视角、不同的部位来显示图形。

2.3.1 缩放视图 ONE

1. 功能

按照一定比例、观察位置和角度来显示图形的区域称为视图。执行显示缩放后，视图中图形的实际尺寸保持不变。

2. 执行方式

菜单：没有选定对象时，在绘图区域单击鼠标右键，在弹出的快捷菜单中选择“缩放”命令进行实时缩放，如图 2-11(a)所示。

工具栏：用户可以从视图工具栏面板中选择所需工具，如图 2-11(b)所示。

命令：ZOOM。

在命令窗口中将显示以下提示：

指定窗口角点，输入比例因子(nX 或 nXP)，或
[全部(A)/中心点(C)/动态(D)/范围(E)/上一个(P)/比例(S)/窗口(W)/对象(O)]<实时>。

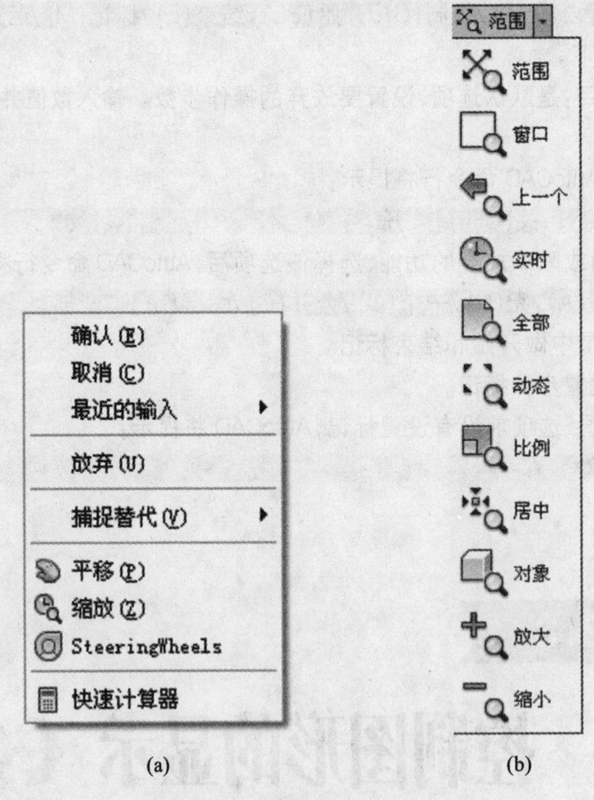

图 2-11 缩放图形执行方式

命令行中各选项的含义如下。

● 全部(A)：表示缩放以显示所有可见对象和视觉辅助工具。模型使用由所有可见对象计算的较大范围，或

所有可见对象和某些视觉辅助工具的范围填充窗口。视觉辅助工具可能是模型的栅格、小控件或其他内容。

● 中心点(C):缩放以显示由中心点和比例值/高度所定义的视图。高度值较小时增加放大比例,高度值较大时减小放大比例。在透视投影中不可用。

● 动态(D):使用矩形视图框进行平移和缩放。视图框表示视图,可以更改它的大小,或在图形中移动。移动视图框或调整它的大小,将其中的视图平移或缩放,以充满整个视口。在透视投影中不可用。

● 范围(E):缩放以显示所有对象的最大范围。计算模型中每个对象的范围,并使用这些范围来确定模型应填充窗口的方式。

● 上一个(P):缩放显示上一个视图。最多可恢复此前的 10 个视图。

● 比例(S):使用比例因子缩放视图以更改其比例。

输入 nX,指定当前视图的比例。

输入 nXP,指定相对于图纸空间单位的比例。

例如,输入.5X 使屏幕上的每个对象显示为原大小的二分之一,输入.5XP 以图纸空间单位的二分之一显示模型空间。

● 窗口(W):缩放显示矩形窗口指定的区域,可以定义模型区域填充整个窗口。

● 对象(O):缩放尽可能大地显示一个或多个选定的对象并使其位于视图的中心。可以在启动 ZOOM 命令前选择对象。

● 实时:交互缩放以更改视图的比例。

光标将变为带有加号(+)和减号(-)的放大镜。

图 2-12(b)为对图 2-12(a)进行缩放操作后的效果。

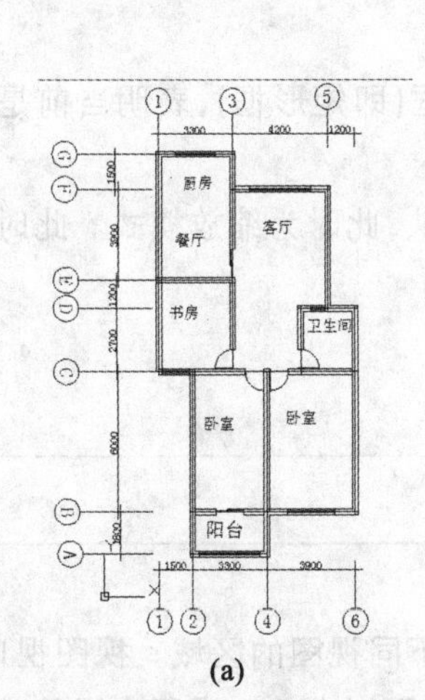

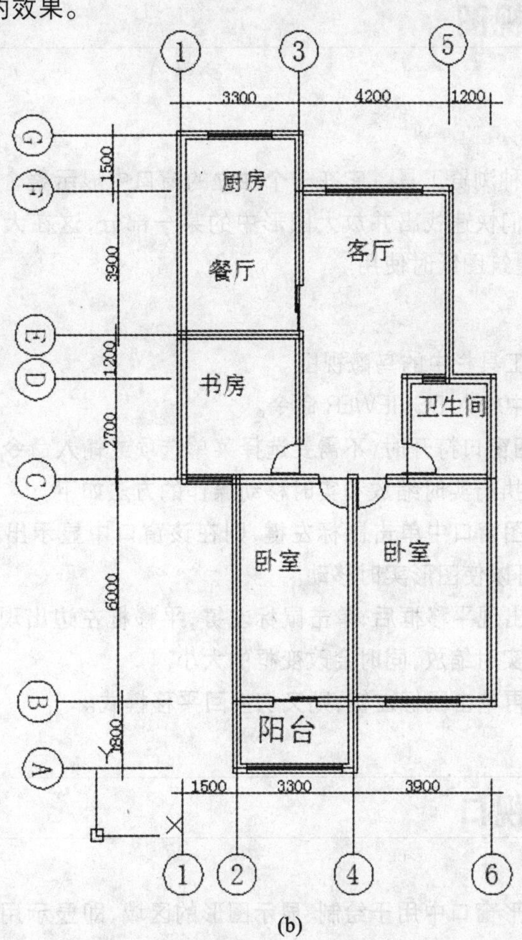

(a) (b)

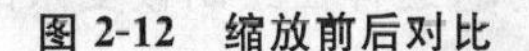

图 2-12 缩放前后对比

在窗口中，按住拾取键并垂直移动到窗口顶部则放大 100%；反之，在窗口中，按住拾取键并垂直向下移动到窗口底部则缩小 100%。达到放大极限时，光标上的加号将消失，表示将无法继续放大；达到缩小极限时，光标上的减号将消失，表示将无法继续缩小。松开拾取键时缩放终止。可以在松开拾取键后将光标移动到图形的另一个位置，然后再按住拾取键便可从该位置继续缩放显示。若要退出缩放，按 Enter 键或 Esc 键。

2.3.2 平移视图 TWO

1. 功能

在 AutoCAD 绘图过程中，可以移动整个图形，使图形的特定部分显示于窗口中。

2. 执行方式

(1) 单击视图选项卡中的“平移”按钮，或快捷菜单中的“平移”命令。

(2) 在命令行中输入 PAN(透明命令)，PAN 不改变图形中对象的位置或比例，只改变图形的显示区域。

(3) 通过拖动进行平移。显示手形光标后，单击并按住定点同时进行移动。如果使用鼠标滚轮，可以按住滚轮同时移动鼠标。要退出，可按 Enter 键或 Esc 键，或单击鼠标右键。

注意：用户可以在平移和缩放工具之间切换，交叉使用。

2.3.3 鸟瞰视图 THREE

1. 功能

鸟瞰视图是一种浏览工具。它在一个独立的窗口中显示整个图形的视图，以便快速定位并移动到某个特定区域。它可以帮助我们快速找出并放大图形中的某一部分，这在大型图样的绘制中效果明显。它属于一种定位工具，查看一些大型建筑图纸时使用。

2. 执行方式

(1) 选择视图工具栏中的鸟瞰视图。

(2) 在命令行中输入 DSVIEWER 命令。

注意：鸟瞰视图窗口打开时，不需要选择菜单选项或输入命令，就可以进行缩放和平移操作。

在鸟瞰视图中执行实时缩放和实时移动操作的方法如下。

- 在鸟瞰视图窗口中单击鼠标左键，则在该窗口中显示出一个平移框(即矩形框)，表明当前是平移模式。拖动该平移框，就可以使图形实时移动。
- 当窗口中出现平移框后，单击鼠标左键，平移框左边出现一个小箭头，此时为缩放模式。此时拖动鼠标，就可以实现图形的实时缩放，同时会改变框的大小。
- 在窗口中再单击鼠标左键，则又切换回平移模式。

2.3.4 视图视口 FOUR

所谓视口是图形窗口中用于绘制、显示图形的区域，即显示用户模型的不同视图的区域。视图视口可以将绘图区域拆分成多个单独的视口，并可以重复利用，这样在绘制较复杂的图形时可以在单一视图中平移或缩放，还可以对某一视图进行命名和保存，以利于下次迅速打开。

1. 新建多视口

在默认情况下，绘图区域将作为一个单独的视口存在。视图工具栏选项卡，如图 2-13 所示。

图 2-13 视口工具栏选项卡

在新建视口中，可将绘图区域分割成一个或多个相邻的矩形视图，称为模型空间视口。在大型或复杂的图形中，显示不同的视图可以缩短在单一视图中缩放或平移的时间。模型布局创建的视口充满整个绘图区域并且相互之间不重叠。在一个视口中做出更改后，其他视口也会立即更新。如图 2-14 所示，新建视口的名称为 shikou，标准视口为 4 个相等视口，在预览框中可以看到 4 个相等的视口。确定保存视口文件，如图 2-15 所示。

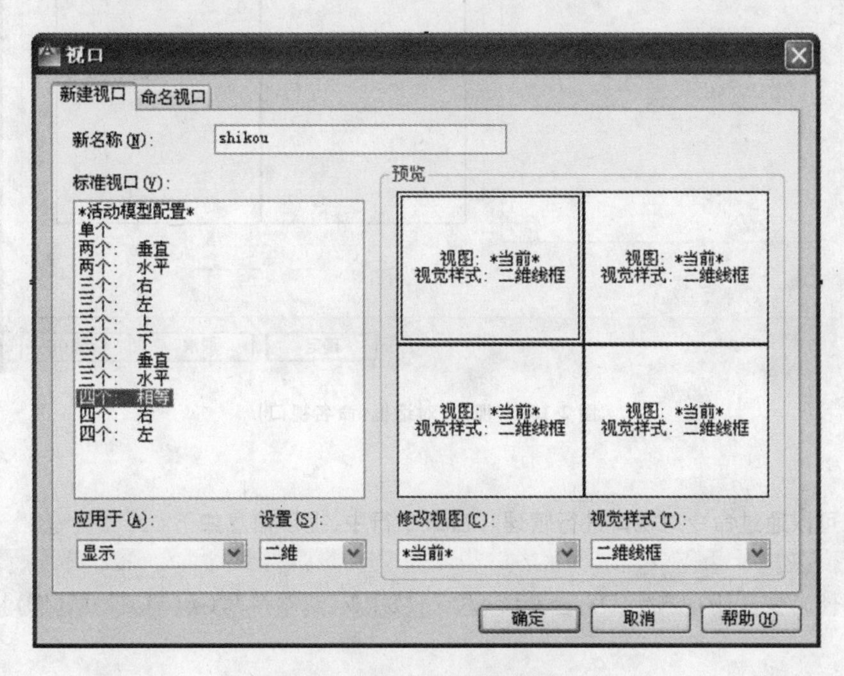

图 2-14 “视口”对话框(新建视口)

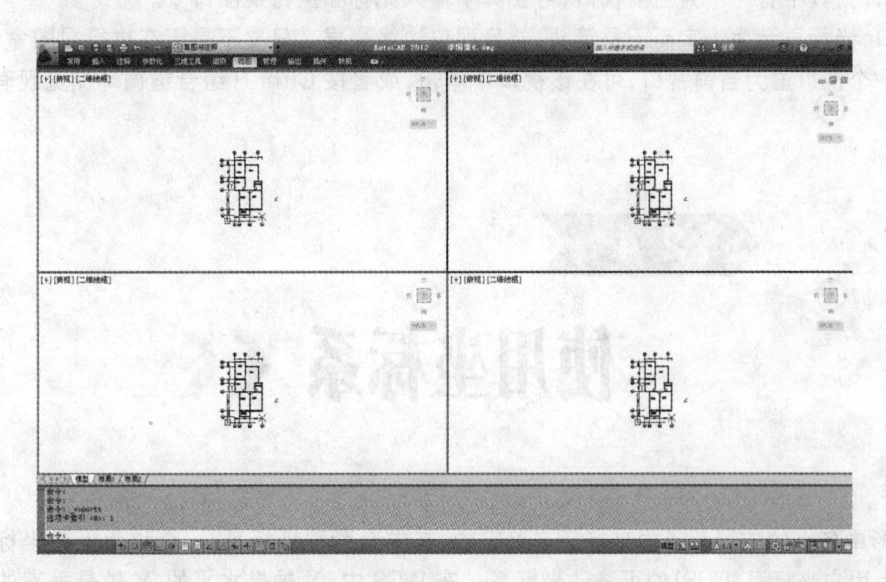

图 2-15 保存的 4 个相等视口的文件

2. 视口命名

在“视口”对话框中显示当前视口配置的名称，并可以在命名的视图窗口列表中选择某个视口的名称使其成为当前视口，如图 2-16 所示。

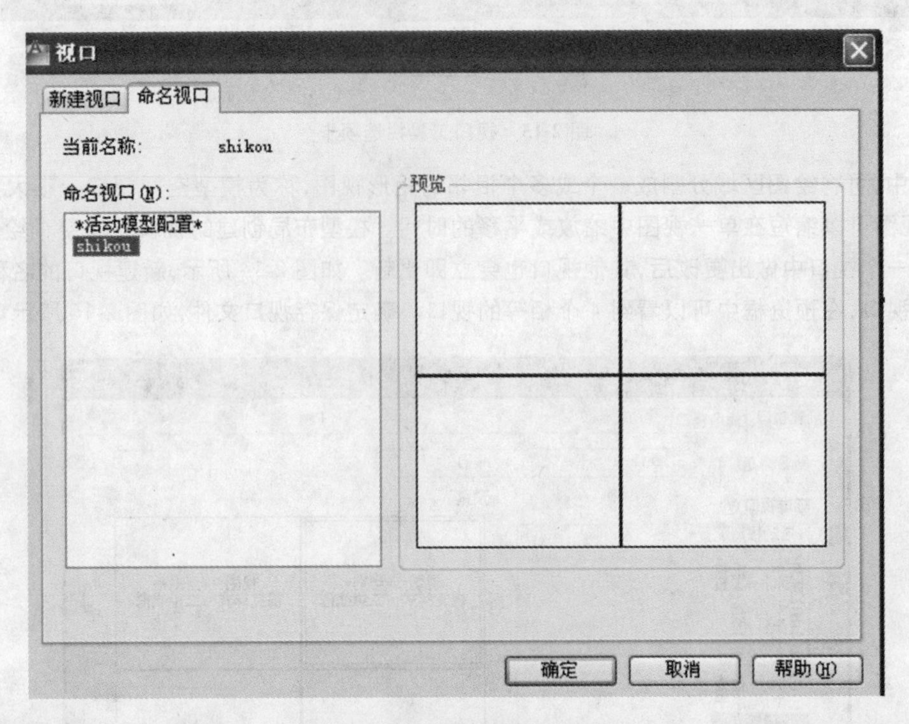

图 2-16 “视口”对话框(命名视口)

3. 合并视口

使用多视口时，可以通过命令对视口进行管理。在命令行中，提示信息如下：

命令:-VPORTS

输入选项[保存(S)/恢复(R)/删除(D)/合并(J)/单一(SI)/? /2/3/4/切换(T)/模式(MO)]<3>:J(合并)

4. 切换视口

使用多个视口时，其中有一个为当前视口，可在其中输入光标和执行视图命令。

对于当前视口，光标显示为十字而不是箭头，并且视口边缘亮显。只要不是正在执行视图命令，可以随时切换当前视口。要将一个视口置为当前视口，可在该视口中单击，或者按 Ctrl+R 组合键循环浏览现有视口。

2.4 使用坐标系

AutoCAD 图形中各点的位置都是由坐标系来确定的，其中有两种坐标系：一个称为世界坐标系(WCS)的固定坐标系和一个称为用户坐标系(UCS)的可移动坐标系。在 WCS 中，X 轴是水平的，Y 轴是垂直的，Z 轴垂直于 XY 平面，符合右手法则，该坐标系存在于任何一个图形中且不可更改，如图 2-17(a)所示。

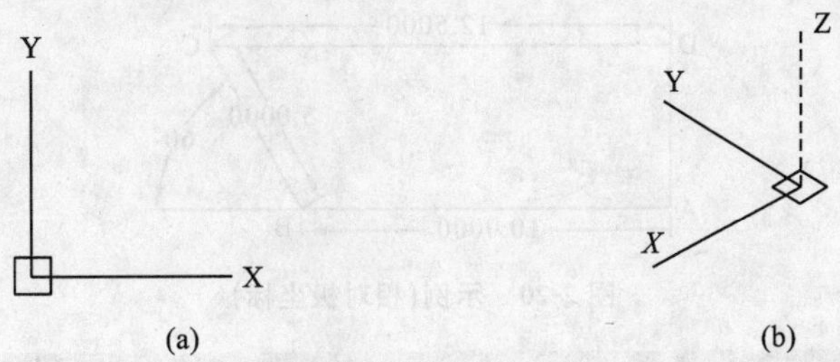

(a) (b)

图 2-17 坐标系

UCS 是处于活动状态的坐标系，用于建立图形和建模的 XY 平面(工作平面)和 Z 轴方向。可以根据用户的需求重新设置 UCS 原点及其 X、Y 和 Z 轴，以满足用户的需求，如图 2-17(b)所示。

2.4.1 笛卡儿坐标系 ONE

笛卡儿坐标系又称为直角坐标系，由一个原点(坐标为(0,0))和两个通过原点的、相互垂直的坐标轴构成。笛卡尔坐标系有三个轴，即 X、Y 和 Z 轴。输入坐标值时，需要指示沿 X、Y 和 Z 轴相对于坐标系原点(0,0,0)的距离(以单位表示)及其方向(正或负)。其中，水平方向的坐标轴为 X 轴，以向右为其正方向；垂直方向的坐标轴为 Y 轴，以向上为其正方向。平面上任何一点都可以由 X 轴和 Y 轴的坐标所定义，即用一对坐标值(x,y)来定义一个点，如图 2-18 所示。

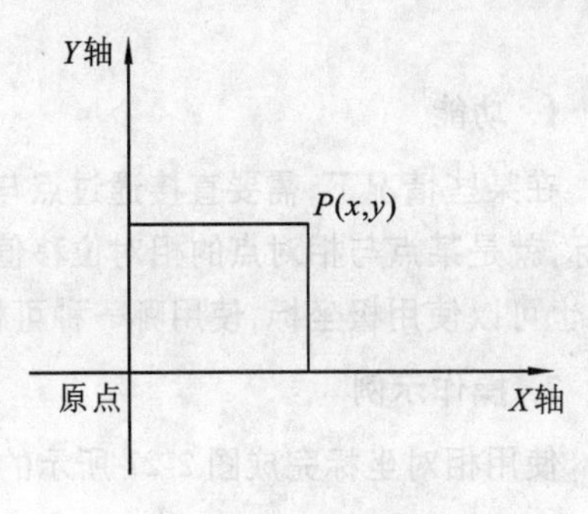

图 2-18 直角坐标系

2.4.2 极坐标系 TWO

1. 极坐标系

极坐标系由一个极点和一个极轴构成，极轴的方向为水平向右。平面上任何一点 P 都可以由该点到极点的连线长度 $L(L>0)$和连线与极轴的交角 a(极角，逆时针方向为正)所定义，即用一对坐标值($L<a$)来定义一个点，其中“<”表示角度，如图 2-19 所示。

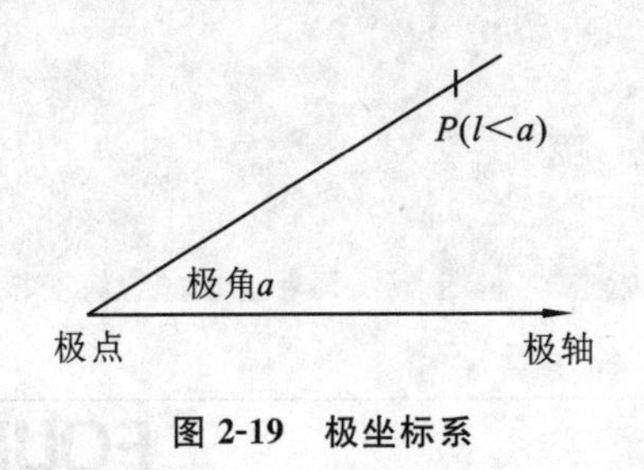

图 2-19 极坐标系

2. 相对极坐标

点的相对极坐标是相对于极点的距离和与极轴的夹角作为极坐标值的。相对极坐标以某一特定点作为极点，以该点为极点输入长度和角度。相对极坐标的输入方式为“@长度<角度”。

AutoCAD 以逆时针方向测量角度，水平向右为 0°或 360°，水平向左为 180°，垂直向上方向为 90°，垂直向下方向为 270°或 − 90°。长度前面要输入“@”符号，角度前面要输入“<”符号。例如：某点的相对极坐标为@150<30，表示该点与上一点的距离为 150，该点和上一点的连线与 X 轴正方向的夹角为 30°。

3. 操作示例

利用相对极坐标绘制图 2-20 所示的图形。

在命令行中，命令信息提示如下：

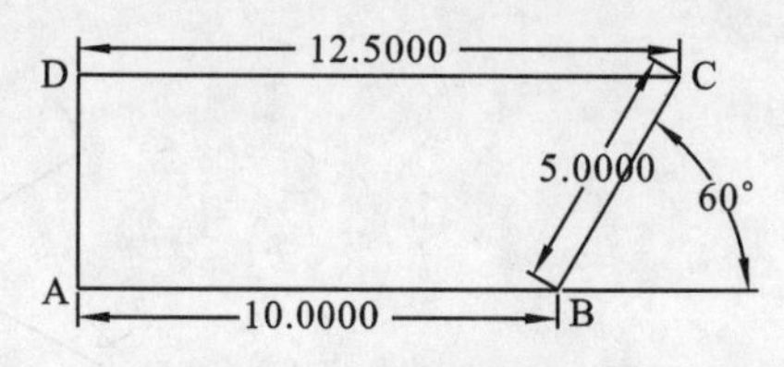

图 2-20　示例(相对极坐标)

```
命令:LINE 指定第一点:10,10                          (输入 A 点绝对坐标、定位 A 点)
指定下一点或[放弃(U)]:@10<0                         (输入 B 点相对于 A 点的极坐标以定位 B 点)
指定下一点或[放弃(U)]:@5<60                         (输入 C 点相对于 B 点的极坐标以定位 C 点)
指定下一点或[闭合(C)/放弃(U)]:@-12.5<0              (输入 D 点相对于 C 点的极坐标以定位 D 点)
指定下一点或[闭合(C)/放弃(U)]:C                     (封闭图形)
```

2.4.3　相对坐标　THREE

1. 功能

在某些情况下,需要直接通过点与点之间的相对位移来绘制图形,而不是指定每个点的绝对坐标。所谓相对坐标,就是某点与相对点的相对位移值,在 AutoCAD 中,相对坐标用@标识。使用相对坐标时可以使用笛卡儿坐标,也可以使用极坐标,使用哪一种可根据具体情况而定。通过相对于前一点来指定第二点时可使用相对坐标。

2. 操作示例

使用相对坐标完成图 2-21 所示的图形。

图 2-21　示例(相对坐标)

命令行提示信息如下:

```
命令:LINE
指定第一点:50,100
指定下一点或[放弃(U)]:@100,50
指定下一点或[放弃(U)]:@100,0
指定下一点或[放弃(U)]:@0,50
指定下一点或[闭合(C)/放弃(U)]:@-100,0
指定下一点或[闭合(C)/放弃(U)]:@0,-50
```

2.4.4　绝对坐标　FOUR

1. 功能

在某些情况下,需要直接通过点与点之间的坐标来绘制图形,而不是指定每个点的相对坐标。所谓绝对坐标,就是相对于坐标原点的坐标,在 AutoCAD 中绝对坐标用(x,y)标识。

2. 操作示例

使用绝对坐标完成图 2-22 所示的图形。

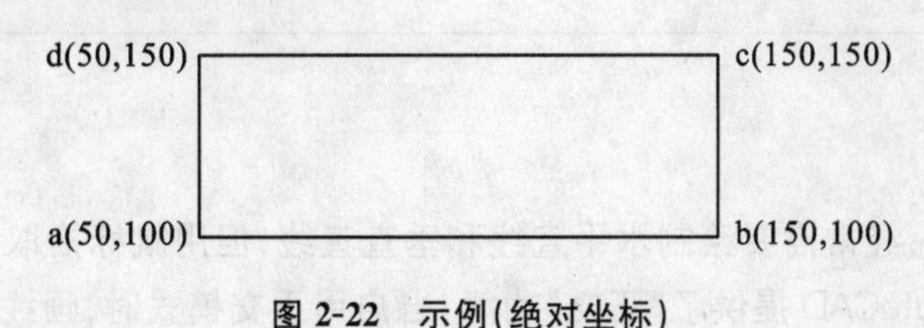

图 2-22 示例(绝对坐标)

命令提示信息如下:
命令:LINE
指定第一点:50,100
指定下一点或[放弃(U)]:150,100
指定下一点或[放弃(U)]:150,150
指定下一点或[放弃(U)]:50,150
指定下一点或[闭合(C)/放弃(U)]:50,100

2.4.5 坐标的显示 FIVE

在窗口的左下角显示当前光标位置的坐标,有 3 种状态。

- 绝对坐标状态:光标相对原点的位置,如 10, 6, 0 。
- 相对坐标状态:相对前一点来指定。
- 关闭状态:单击后成灰色状态为不显示坐标,如 11, 10, 0 。

绘制图形时,在不同坐标显示状态下切换的方法有:

- 单击 F6 键;
- 在坐标的显示区域单击鼠标右键,利用弹出的快捷菜单中的命令;
- 在坐标的显示区域连续单击。

2.5 使用捕捉、栅格和正交

在 AutoCAD 中设计和绘制图形时,如果对图形尺寸比例要求不太严格,可以大致输入图形的尺寸,这时可用鼠标在图形区域直接拾取和输入。但有的图形对尺寸要求比较严格,要求绘图时必须严格按给定的尺寸绘图。实际上,用户不仅可以通过常用的指定点的坐标法来绘制图形,而且还可以使用系统提供的捕捉、对象捕捉、对象追踪、栅格、正交等功能,在不输入坐标的情况下快速、精确地绘制图形。这些工具按钮主要集中在状态栏上。

2.5.1 正交 ONE

1. 功能

在 AutoCAD 绘图的过程中，经常需要绘制水平直线和垂直直线，但用鼠标拾取线段的端点很难保证两个点严格沿水平或垂直方向。为此，AutoCAD 提供了“正交”功能，当启用正交模式时，画线或移动对象时只能沿水平方向或垂直方向移动光标，因此只能画平行于坐标轴 X 轴和 Y 轴的正交线段。

2. 执行方式

命令行：ORTHO。

状态栏：“正交模式”按钮。

功能键：F8。

2.5.2 栅格工具 TWO

1. 功能

栅格是点或线的矩阵。用户可以应用显示栅格工具，使绘图区域中出现可见的网格，它是一个形象的画图工具，就像传统的坐标纸一样。

2. 执行方式

菜单：选择“工具”→“草图设置”命令，在弹出的“草图设置”对话框中单击“捕捉和栅格”选项卡，在其中选中“启用栅格”复选框，单击“确定”按钮，如图 2-23 所示。

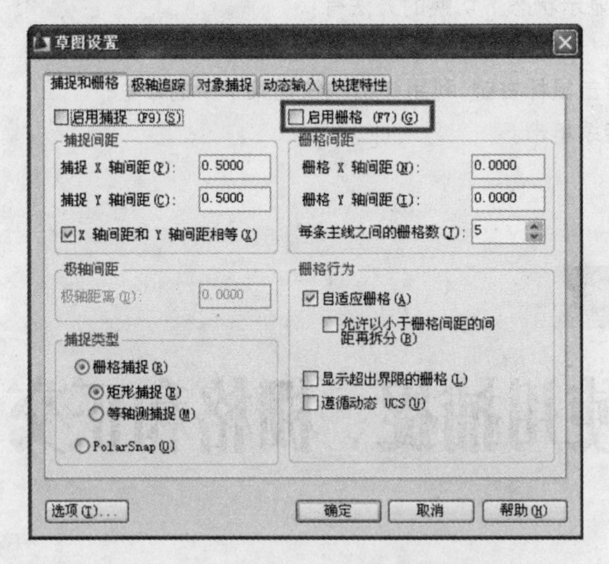

图 2-23 “草图设置”对话框(捕捉和栅格)

状态栏：“栅格显示”按钮，使其呈白色高亮状态(仅限于打开与关闭)。

功能键：F7 键(仅限于打开与关闭)。

快捷菜单：将光标置于“栅格显示”按钮上，右击，选择在弹出的快捷菜单中“设置”命令。

3. 栅格行为

在“草图设置”对话框中，单击“捕捉和栅格”选项卡，其中“栅格行为”区域中各复选框的含义如下。

- 自适应栅格：用于限制缩放时栅格的密度。
- 允许以小于栅格间距的间距再拆分：用于设置是否以小于栅格间距的间距来拆分栅格。
- 显示超出界限的栅格：用于确定是否显示图形界限之外的栅格。
- 遵循动态 UCS：用于设置是否跟随动态 UCS 的 *XY* 平面而改变栅格平面。

2.5.3 栅格捕捉 THREE

1. 功能

为了准确地在窗口中捕捉点，AutoCAD 提供了栅格捕捉工具，可以在窗口中生成一个隐含的栅格(捕捉栅格)，这个栅格能够捕捉光标，约束它只能落在栅格的某一个节点上，使用户能够高精度地捕捉和选择栅格上的点。

2. 执行方式

菜单：选择“工具”→“草图设置”命令。

状态栏：“捕捉模式”按钮(仅限于打开与关闭)。

功能键：F9 键(仅限于打开与关闭)。

快捷菜单：将光标置于“捕捉模式”按钮上，右击，在弹出的快捷菜单中选择“设置”命令。

2.5.4 对象捕捉 FOUR

在利用 AutoCAD 画图时经常要用到一些特殊的点，例如圆心、切点、线段或圆弧的端点或中点等。如果仅用鼠标拾取，要准确地找到这些点是十分困难的。为此，AutoCAD 提供了一些识别这些点的工具，通过这些工具可轻松地构造出新的几何体，使创建的对象被精确地画出来，其结果比传统手工绘图更精确。

注意：此处描述的多数对象捕捉只影响窗口中可见的对象，包括锁定图层上的对象、布局视口边界和多段线。不能捕捉不可见的对象，如未显示的对象、关闭或冻结图层上的对象或虚线的空白部分。当提示输入点时，对象捕捉才生效。

1. 功能

在 AutoCAD 中，利用对象捕捉功能，可以迅速、准确地捕捉到某些特殊点，从而迅速、准确地绘制出图形。

2. 执行方式

菜单：“工具”→“草图设置”。

命令行：DDOSNAP /DSETTINGS。

状态栏：“对象捕捉”按钮(功能仅限于打开与关闭)。

功能键：F3 键(功能仅限于打开与关闭)。

快捷菜单：将光标置于“对象捕捉”按钮上，右击，弹出的快捷菜单如图 2-24 所示。

3. 对象捕捉的方法

AutoCAD 提供了 3 种执行对象捕捉的方法：

- 利用命令实现对象捕捉；
- 利用工具栏实现对象捕捉；

- 利用快捷菜单实现对象捕捉。

4. 对象捕捉设置

在“草图设置”对话框中，单击“对象捕捉”选项卡，其中的对象捕捉模式及其功能，与工具栏图标及快捷菜单中的命令相对应，如图 2-25 所示。表 2-2 所示为对象捕捉模式及其功能。

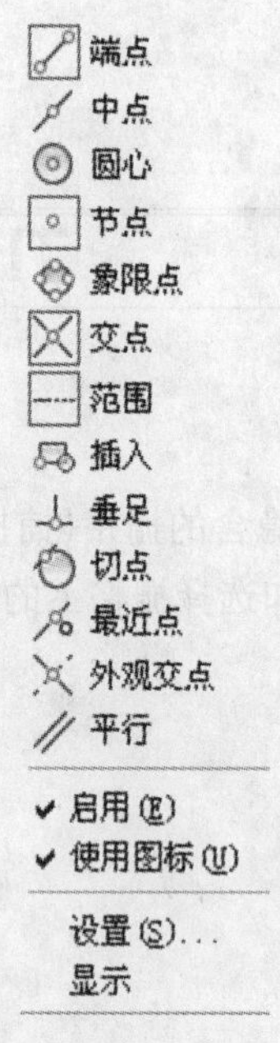

图 2-24 “对象捕捉”的快捷菜单

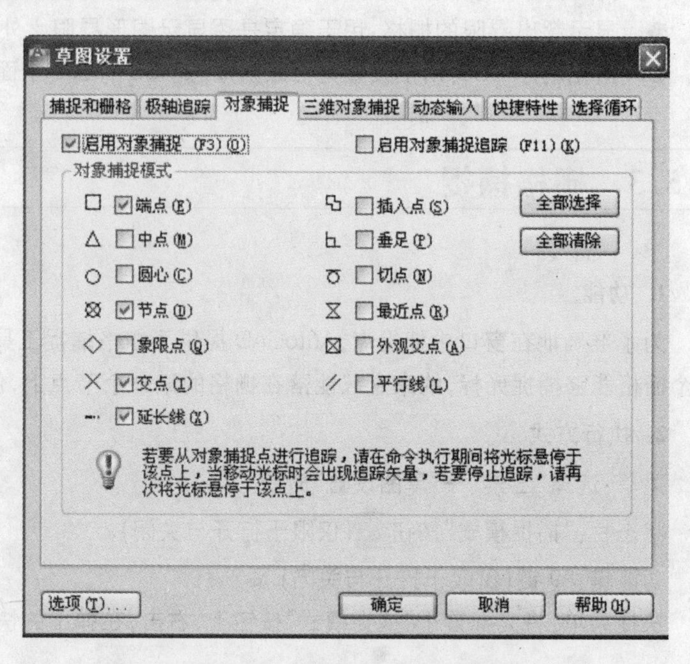

图 2-25 “草图设置”对话框（对象捕捉）

表 2-2 对象捕捉模式及其功能

对象捕捉模式	功　能
端点	线段或圆弧的端点
中点	线段或圆弧的中点
交点	线、圆弧或圆的交点
外观交点	图形对象在视图平面上的交点
延长线	指定对象的延长线
圆心	圆或圆弧的圆心
象限点	距光标最近的圆或圆弧上可见部分的象限点，即圆周上 0°、90°、180°、270°位置上的点
切点	最后生成的一个点到选中的圆或圆弧上引切线的切点位置
垂足	在线段、圆、圆弧或它们的延长线上捕捉一个点，使之与最后生成的点的连线与该线段、圆和圆弧正交
平行线	绘制与指定对象平行的图形对象
节点	捕捉用 POINT 或 DIVIDE 等命令生成的点
插入点	文本对象和图块的插入点
最近点	离拾取点最近的线段、圆、圆弧等对象上的点
无	关闭对象捕捉模式

5．捕捉的设置

1）功能

AutoCAD 提供了捕捉功能配合栅格来精确定位点；捕捉用于设置光标移动的间距，使其按照用户定义的间距沿 X 轴或 Y 轴进行移动。当捕捉模式打开时，光标可以附着或捕捉不可见的栅格。系统提供了栅格捕捉和极轴捕捉两种类型。栅格捕捉：光标只能在栅格方向上精确移动。极轴捕捉：光标可以在极轴方向上精确移动。

2）执行方式

菜单：选择“工具”→“草图设置”命令，弹出“草图设置”对话框，在该对话框中单击“捕捉和栅格”选项卡，选中“启用捕捉”复选框，单击“确定”按钮，如图 2-26 所示。

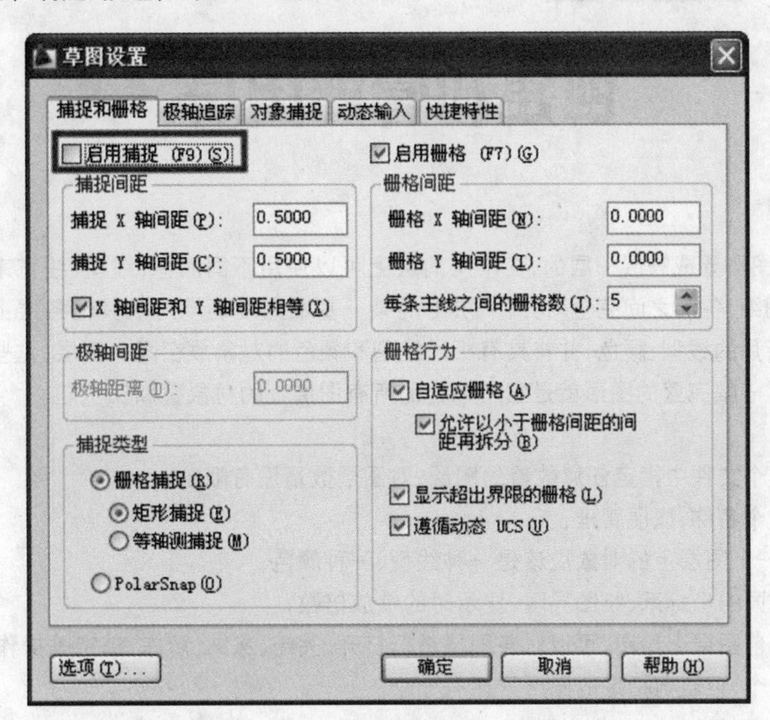

图 2-26 “草图设置”对话框（选中“启用捕捉”复选框）

状态栏：单击“捕捉模式”按钮，使其呈白色亮调状态。

功能键：单击 F9 键，进行打开与关闭捕捉模式操作。

命令行：SNAP。

3）SNAP 命令行中各选项的含义

命令行中的信息如下：

指定捕捉间距或[开(ON)/关(OFF)/纵横向间距(A)/样式(S)/类型(T)]<2.0000>：

SNAP 命令行中各选项的含义如下。

- 指定捕捉间距：设置捕捉增量。
- 开(ON)：打开捕捉。
- 关(OFF)：关闭捕捉。
- 纵横向间距(A)：指定水平和垂直的捕捉间距。
- 样式(S)：选定标准或等轴测捕捉。标准样式用于设置通常的捕捉格式，等轴测样式则用于设置三维图形的捕捉格式。
- 类型(T)：设置捕捉类型（极轴或栅格）。

4）“草图设置”对话框中的栅格和捕捉、极轴追踪

选中“启用捕捉”复选框，在“捕捉类型”区域中设置捕捉的类型，如图 2-26 所示。

若选择的捕捉类型为“栅格捕捉”，则在“捕捉间距”区域中设置“捕捉 X 轴间距”和“捕捉 Y 轴间距”。在数值框中输入的值越大，则相应方向上鼠标指针捕捉的两点之间的距离就越大；若选择的捕捉类型为极轴捕捉（即选中“PolarSnap”），则在“极轴间距”数值框中输入光标沿极轴移动的距离，在“极轴追踪”选项卡下选中“启用极轴追踪”复选框，并设置极轴的增量角或附加角即可。

2.6 创建和管理图层

所谓图层，就是将图形分成一层一层的，在不同的层上可以使用不同颜色、线型、线宽来绘制图形。我们可以把图层想象为一张透明纸，各层之间完全对齐，一层上的某一基准点准确地对准其他各层上的同一基准点。用户可以给每一图层指定所用的线型、颜色，并将具有相同线型和颜色的对象放在同一图层，这些图层叠放在一起就构成了一幅完整的图形。一幅完整的图形就是它所包含的所有图层上的对象叠加在一起。

图层的特点：

(1) 用户可以在一个文件中指定任意数量的图层，对图层数量没有限制；

(2) 每一图层有一个名称，以便管理；

(3) 一般情况下，一个图层上的对象应该是一种线型、一种颜色；

(4) 各图层具有相同的坐标系、绘图界限、显示时的缩放倍数；

(5) 用户只能在当前图层上绘图，可以对各图层进行打开、关闭、冻结、解冻、锁定等操作管理；

(6) 图层可以有多个，但当前指定的图层只能有一个。

2.6.1 创建图层 ONE

1. 执行方式

菜单：“格式”→“图层”。

工具栏：图层→图层特性管理器。

命令行：LAYER。

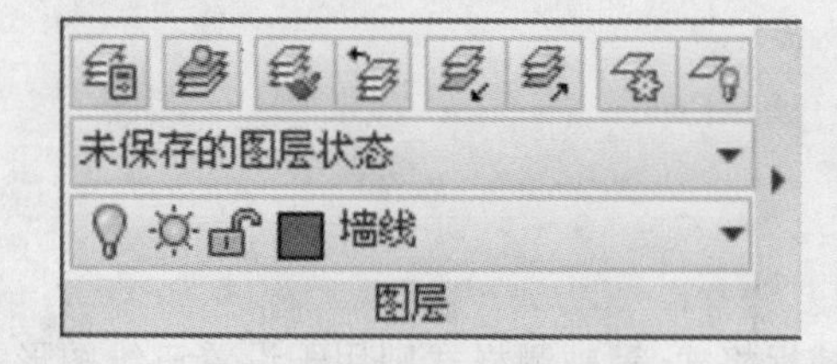

图 2-27 图层工具栏

2. 图层工具栏

图层工具栏(见图 2-27)在常用工具栏选项卡下，各项功能自左向右介绍如下。

图层特性：管理图层和图层特性，用于打开“图层特性管理器”对话框。

将对象的图层设为当前图层：将当前图层设置为选定对象所在的图层。可以通过选择当前图层上的对象来更改该图层。这是图层特性管理器中指定图层名的又一简便方法。

匹配：将选定对象的图层更改为与目标图层相匹配的图层。如果在错误的图层上创建了对象，则可以将其图层更改到要使用 LAYMCH 的图层。

上一个：放弃对图层设置的上一个或上一组更改。

隔离：隐藏或锁定除选定对象的图层之外的所有图层。

取消隔离：恢复使用 LAYISO 命令隐藏或锁定的所有图层。

冻结：冻结选定对象的图层。

关闭：关闭选定对象的图层。

下面是“未保存的图层状态”和图层。

未保存的图层状态：打开或关闭用于保存、恢复和管理命名图层状态的图层状态管理器。

图层：用于选择图形中定义的图层和图层设置，以便将其置为当前图层。

3. 图层功能

在用图层功能绘图之前，首先要对图层的各项特性进行设置，包括建立、命名图层，设置当前图层，设置图层的颜色和线型，图层是否关闭、是否冻结、是否锁定以及图层的删除等。使用图层绘制图形时，新对象的各种特性将默认为随层，即由当前图层的默认设置决定。但也可以单独设置对象的特性，新设置的特性将覆盖原来随层的特性。

4. 图层特性管理器

“图层特性管理器”对话框中的 7 个按钮分别是新建特性过滤器、新建组过滤器、图层状态管理器、新建图层、在所有视口中都被冻结的新图层视口、删除图层、置为当前按钮，如图 2-28 所示。“图层特性管理器”对话框上面为当前图层文本框；中部有两个窗口，左侧为树状图窗口，右侧为列表框窗口；右上为“搜索图层”文本框；左下为状态行和复选框。

对象特性工具栏在图层工具栏的右侧，其各列表框的功能介绍如下。

颜色下拉列表框：用于列出当前图形可选择的各种颜色。

线型列表框：用于列出当前图形可选用的各种线型。

线宽列表框：用于列出当前图形可选用的各种线宽。

打印样式列表框：用于显示当前图层的打印格式，若未设置则该项为不可选。

在命令行执行 LAYER 命令，或单击常用工具栏选项卡中的图层工具栏面板中的“图层特性”按钮，并在“图层特性管理器”对话框中根据建筑制图的需要分别新建图层，如图 2-28 所示。

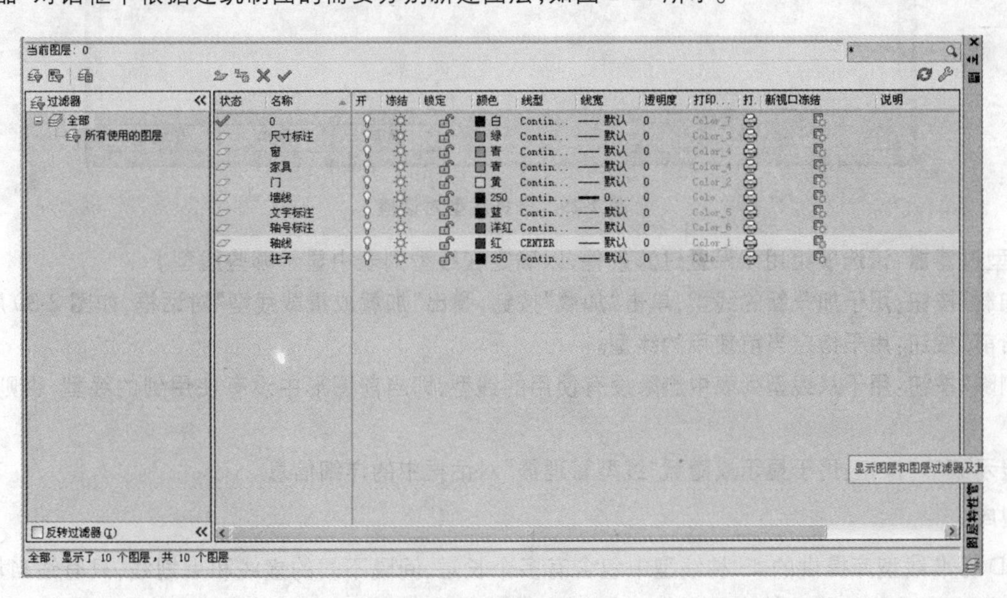

图 2-28 图层特性管理器

2.6.2 设置线型 TWO

1. 功能

线型是指在图层上绘图时所使用的线型。在绘图过程中要用到不同的线型，每种线型在图形中所代表的含义也有所不同。默认状态下的线型是 Continuous，用户可根据实际需要修改不同线型、设置线型的比例来控制虚线和点划线的显示。

2. 执行方式

菜单栏："格式"→"线型"。

命令行：LINETYPE。

3. 线型管理器

输入 LINETYPE 命令后，系统打开"线型管理器"对话框（见图 2-29）。"线型管理器"对话框主要选项的功能如下。

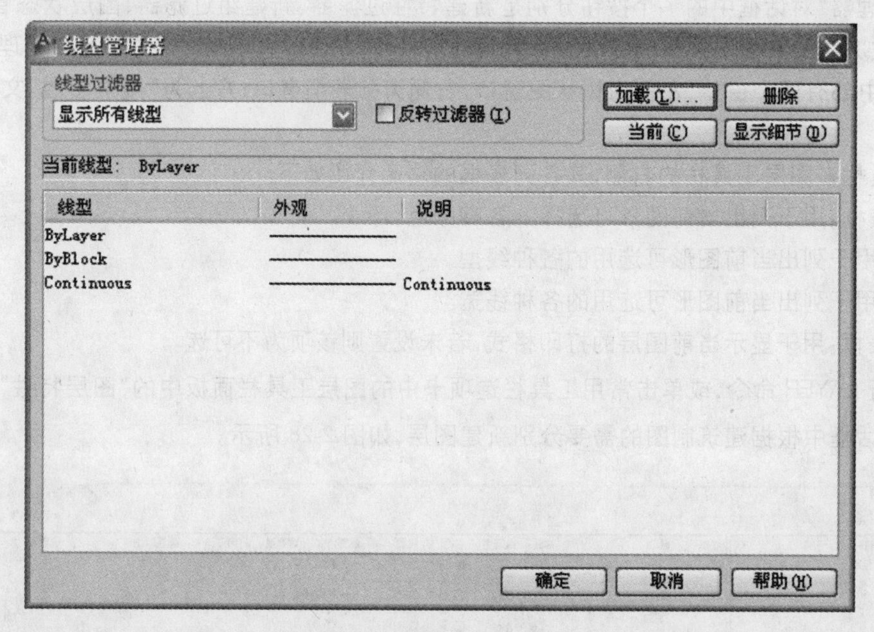

图 2-29 选择线型对话框

- 线型过滤器：该选项组用于设置过滤条件，以确定在线型列表中显示哪些线型。
- "加载"按钮：用于加载新的线型，单击"加载"按钮，弹出"加载或重载线型"对话框，如图 2-30 所示。
- "当前"按钮：用于指定当前使用的线型。
- "删除"按钮：用于从线型列表中删除没有使用的线型，即当前图形中没有使用到的线型，否则系统拒绝删除此线型。
- "显示细节"按钮：用于显示或隐藏"线型管理器"对话框中的详细信息。

4. 线型库

AutoCAD 标准线型库提供的 45 种线型中包含有多个长短、间隔不同的虚线和点划线，只有适当地选择它们，在同一线型比例下，才能绘制出符合制图标准的图线。在线型库中单击选取要加载的某一种线型，如图 2-30 所示，则线型被加载并在"选择线型"对话框中显示该线型，且被指定为当前线型，如图 2-31 所示。

图 2-30　加载或重载线型对话框

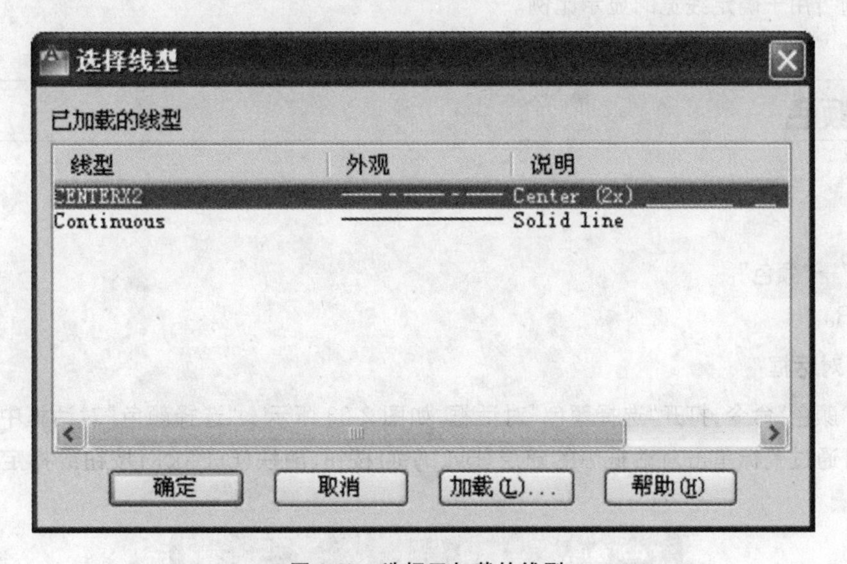

图 2-31　选择已加载的线型

2.6.3　设置线宽　THREE

1. 功能

在计算机上显示图样时，线宽显示设置不合理会导致所有线宽显示一样的现象。用户可以根据自己的需求设置线宽值，从而避免这种现象。

2. 执行方式

菜单栏："格式"→"线宽"。

3. "线宽"对话框

执行"线宽"命令后，打开"线宽设置"对话框，如图 2-32 所示。其主要选项功能如下。

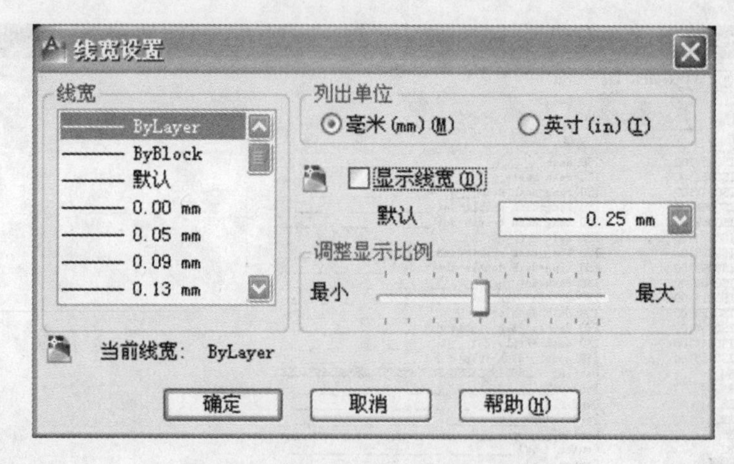

图 2-32 "线宽设置"对话框

"线宽"列表框:用于设置当前所绘图形的线宽。

"列出单位"选项组:用于确定线宽单位。

"显示线宽"复选框:用于在当前图形中显示实际所设线宽。

"默认"下拉列表框:用于设置图层的默认线宽。

"调整显示比例":用于确定线宽的显示比例。

2.6.4 设置颜色 FOUR

1. 执行方式

菜单栏:"格式"→"颜色"。

命令行:COLOR。

2. "选择颜色"对话框

执行"格式"→"颜色"命令,打开"选择颜色"对话框,如图 2-33 所示。"选择颜色"对话框中包括一个 255 种颜色的调色板,用户可通过鼠标单击对话框中的随层(ByLayer)按钮、随块(ByBlock)按钮或指定某一具体颜色来进行选择。

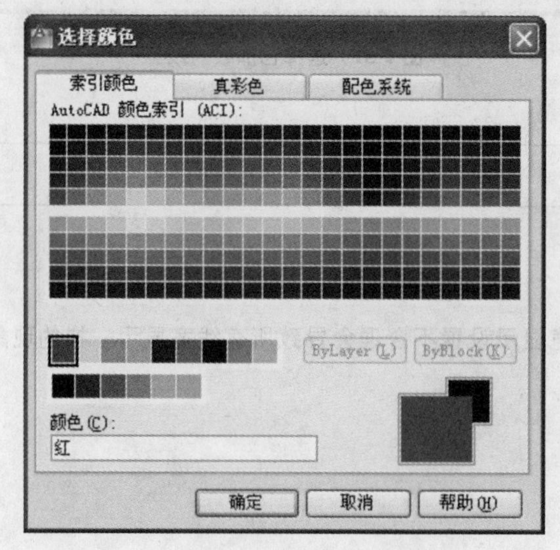

图 2-33 "选择颜色"对话框

2.6.5 设定当前图层 FIVE

1. 功能

在绘图时，所有的对象都是在当前图层上创建的。当前图层可能是默认图层 0 或用户自定义创建的图层。通过将不同的图层设置为当前图层，绘图可以从一个图层切换到另一个图层。

2. 执行方法

在系统中可通过以下几种方法将一个图层设置为当前图层。

- 在图层工具栏中的图层控件下拉列表中指定一个图层，该图层被设置为当前图层，如图 2-34 所示。
- 在“图层特性管理器”对话框中的图层列表中指定一个图层，该图层即为当前图层，或者单击图层特性管理器中的按钮，或者在图层名称上双击也可将其设置为当前图层，图层状态为绿色的勾选状态，如图 2-35 所示。

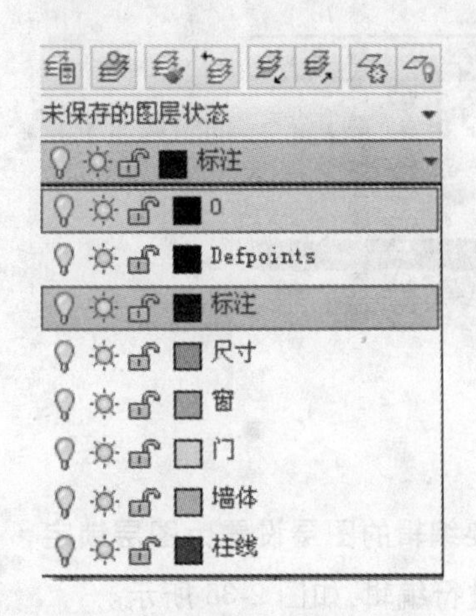

图 2-34 图层工具栏中当前图层的设置

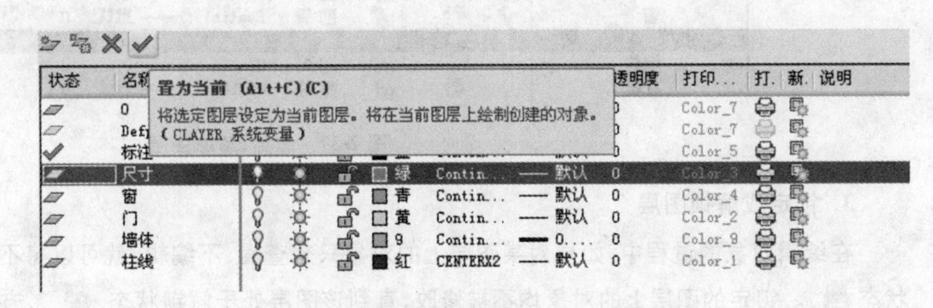

图 2-35 在图层特性管理器中当前图层的设置

- 如果将某个对象所在的图层指定为当前图层，在绘图区域中先选择该对象，然后在图层工具栏中选择“将对象的图层设为当前图层”按钮。

注意：并不是所有的图层都可以被指定为当前图层的，被冻结的图层或由外部参考的图层不可以设定为当前图层。用户总是在当前图层中进行绘图的，当前图层只能有一个。

2.6.6 控制图层的可见性 SIX

在建筑制图中，有时复杂的图纸中绘图元素很多，而有些元素暂时不需要显示或操作。在系统中设置了对图层的关闭、锁定和冻结等来隐藏图层、冻结图层上某个对象，从而整体控制绘图操作。

1. 打开或关闭图层

当需要频繁切换某些图层的可见性时，选择关闭该图层。当再次打开已经关闭的图层时，图层上的对象会自动重新显示。

如图 2-36 所示，灯泡为操作图层的开、关图标。当图标处于黄色状态时，图层处于打开显示状态。当图标处于蓝灰色状态时，图层处于关闭状态。其中图层 0 和标注层处于关闭不可见状态。图层门、窗、墙体、柱线处于打开可见状态。

状态	名称	开	冻结	锁...	颜色	线型	线宽	透明度	打印...	打.	新.	说明
	0				白	Contin...	—— 默认	0	Color_7			
	Defpoints				白	Contin...	—— 默认	0	Color_7			
✔	标注				蓝	Contin...	—— 默认	0	Color_5			
	尺寸				绿	Contin...	—— 默认	0	Color_3			
	窗				青	Contin...	—— 默认	0	Color_4			
	门				黄	Contin...	—— 默认	0	Color_2			
	墙体				9	Contin...	—— 0....	0	Color_9			
	柱线				红	CENTERX2	—— 默认	0	Color_1			

图 2-36　图层可见性的设置

2．冻结或解冻图层

在绘图中，对于一些长时间不必显示的图层，可将其冻结而非关闭。图层窗和图层柱线处于冻结状态 ，图层尺寸、标注、墙体都处于解冻状态，如图 2-37 所示。

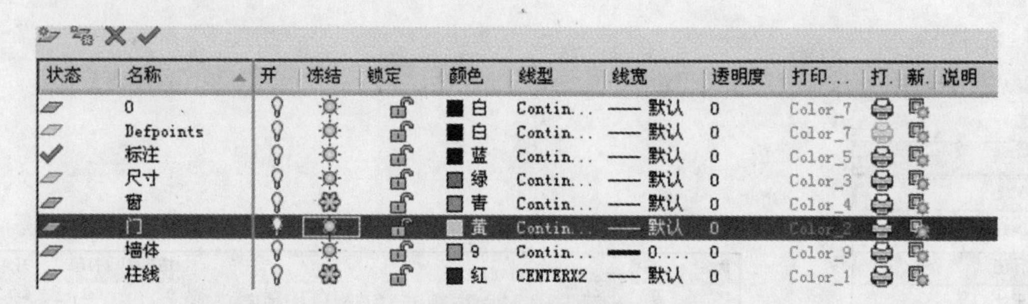

状态	名称	开	冻结	锁定	颜色	线型	线宽	透明度	打印...	打.	新.	说明
	0				白	Contin...	—— 默认	0	Color_7			
	Defpoints				白	Contin...	—— 默认	0	Color_7			
✔	标注				蓝	Contin...	—— 默认	0	Color_5			
	尺寸				绿	Contin...	—— 默认	0	Color_3			
	窗				青	Contin...	—— 默认	0	Color_4			
	门				黄	Contin...	—— 默认	0	Color_2			
	墙体				9	Contin...	—— 0....	0	Color_9			
	柱线				红	CENTERX2	—— 默认	0	Color_1			

图 2-37　冻结、解冻图层

3．锁定或解锁图层

在编辑对象的过程中，如果对某图层上的对象只想查看、不编辑，就可以将不需要编辑的图层设置为图层锁定状态 。锁定的图层上的对象均不被修改，直到该图层处于解锁状态 ，方可进行编辑，如图 2-38 所示。

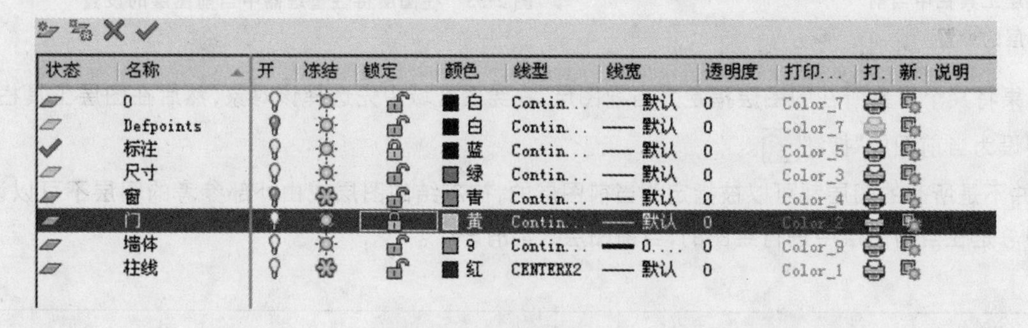

状态	名称	开	冻结	锁定	颜色	线型	线宽	透明度	打印...	打.	新.	说明
	0				白	Contin...	—— 默认	0	Color_7			
	Defpoints				白	Contin...	—— 默认	0	Color_7			
✔	标注				蓝	Contin...	—— 默认	0	Color_5			
	尺寸				绿	Contin...	—— 默认	0	Color_3			
	窗				青	Contin...	—— 默认	0	Color_4			
	门				黄	Contin...	—— 默认	0	Color_2			
	墙体				9	Contin...	—— 0....	0	Color_9			
	柱线				红	CENTERX2	—— 默认	0	Color_1			

图 2-38　锁定、解锁图层

2.6.7　图层使用的注意事项　SEVEN

(1) 创建图层后，可以按照名称、可见性、颜色、线宽、打印样式或线型对其排序。在“图层特性管理器”对话框中，单击列标题可以按该列中的特性对图层排序。图层名可以按字母的升序或降序排列。

(2) 图层数量可以是任意的。图层名称不可超过 255 个字符，可以包括各类符号、数字、中文等。图层与图层之间具有相同的坐标系、绘图界限、缩放倍数，不同图层上的对象可以同时进行操作，而且操作在当前图层上进行。

(3) 在关闭当前图层时，系统将显示一个消息对话框，警告正在关闭当前图层。

(4) 不能冻结当前图层，也不能将冻结图层改为当前图层，否则将会显示警告信息对话框。

(5) 从可见性来说，冻结的图层与关闭的图层都是不可见的，但关闭的图层参加消隐和渲染，不可打印，打开图层时不会重生成图形；而冻结的对象不同，解冻图层时将重生成图形，所以在复杂的图形中冻结不需要的图层可以加快系统重新生成图形时的速度。锁定的图层在解锁后可以对图层上的对象进行修改。

(6) 图层设置的线宽特性是否能显示在显示器上，还需要通过状态栏上的线宽按钮或“线宽设置”对话框来设置。

(7) 打印功能只对可见的图层起作用，即只对没有冻结和没有关闭的图层起作用。

2.7 建筑图的文字注解

在建筑工程图中表达图形的信息，还需要相关的文字注释，例如标题栏、明细表、设计说明、技术要求等都需要文字的注释。

2.7.1　设置文字样式　ONE

1. 功能

在 AutoCAD 中新建一个图形文件后，系统将自动建立一个 Standard(标准)的文字样式，并被系统默认使用。但是仅一个标准样式是不够的，用户可以使用“文字样式”命令来创建或修改其他的文字样式，并可通过注释工具栏面板设置文字的单行、多行、缩放、对正等功能，如图 2-39 所示。

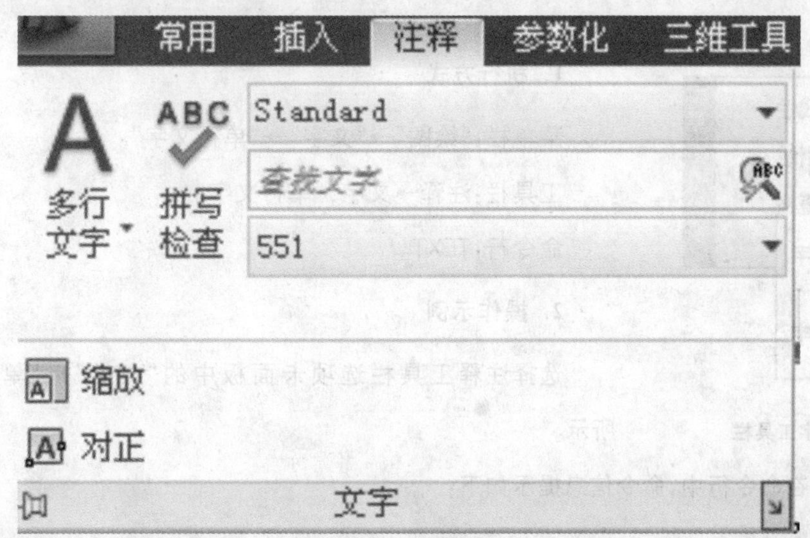

图 2-39　注释工具栏面板

2. 执行方式

命令行:STYLE 或 DDSTYLE。

菜单栏:"格式"→"文字样式"。

工具栏:注释→文字→文字样式。

3. 操作示例

(1) 选择注释工具栏选项卡→Standard→管理文字样式,打开"文字样式"对话框,如图 2-40 所示。

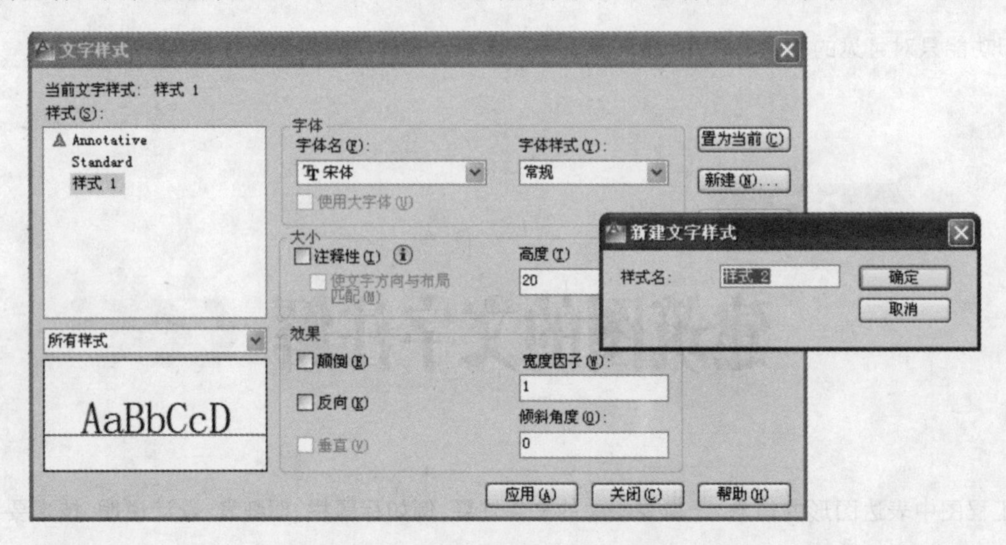

图 2-40 文字样式对话框

(2) 单击"新建"按钮,打开"新建文字样式"对话框,在该对话框中输入文字样式名,单击"确定"按钮,返回"文字样式"对话框。

(3) 在"字体名"下拉列表框中选择仿宋_GB2312,在"高度"数字框中输入 20,在"宽度因子"数字框中输入 1,其他选项使用默认值。

(4) 单击"应用"按钮,完成创建,退出"文字样式"对话框。

2.7.2 标注单行文字 TWO

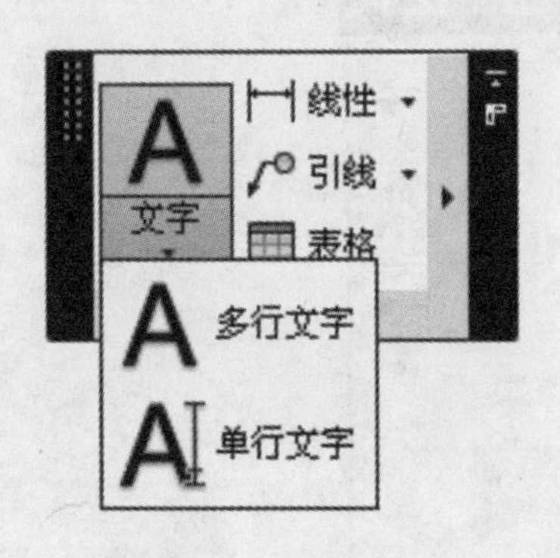

图 2-41 文字工具栏

1. 执行方式

菜单栏:"绘图"→"文字"→"单行文字"。

工具栏:注释→文字→单行文字。

命令行:TEXT。

2. 操作示例

选择注释工具栏选项卡面板中的"文字"→"单行文字",如图 2-41 所示。

使用命令 TEXT,在命令行中,命令信息提示如下:

命令:TEXT

当前文字样式:样式 1　文字高度:30　注释性:否

指定文字的起点或[对正(J)/样式(S)]:s
输入样式名或[?]＜样式 1＞:standard
当前文字样式:样式 1　文字高度:551　注释性:否
指定文字的起点或[对正(J)/样式(S)]:　　(指定文字的起点或选项)
指定高度＜551＞:20
指定文字的旋转角度＜0＞:
输入文字:这是单行文字示例　　(输入文字内容或按〈Enter〉键)

2.7.3 标注多行文字 THREE

1. 执行方式

命令行:MTEXT。

菜单栏:"绘图"→"文字"→"多行文字"。

工具栏:注释→绘图→多行文字或文字→多行文字。

2. 操作提示

选择注释工具栏选项卡下的文字工具栏面板→文字→多行文字。

指定第一角度:　　(指定多行文字框的起点位置)
指定对角点或[高度(H)/对正(J)/行距(L)/旋转(R)/样式(S)/宽度(W)]:　　(指定对角点或选项,对角点可以拖动鼠标来确定。两对角点形成的矩形框作为文字行的宽度,以第一个角点作为矩形框的起点,并打开多行文字编辑器。)

2.7.4 编辑文字 FOUR

选择常用工具栏选项卡中的特性工具栏面板中的特性,单击右侧的按钮(见图 2-42),此时打开特性面板,就可以在文字相应的文本框中修改了。

选择的文字对象应该是用单行文字(TEXT)命令标注的,此时系统打开"编辑文字"对话框,并在该对话框中的文字文本框中显示出所有选择的文字,进行修改后,单击确定按钮结束编辑,如图 2-43 所示。

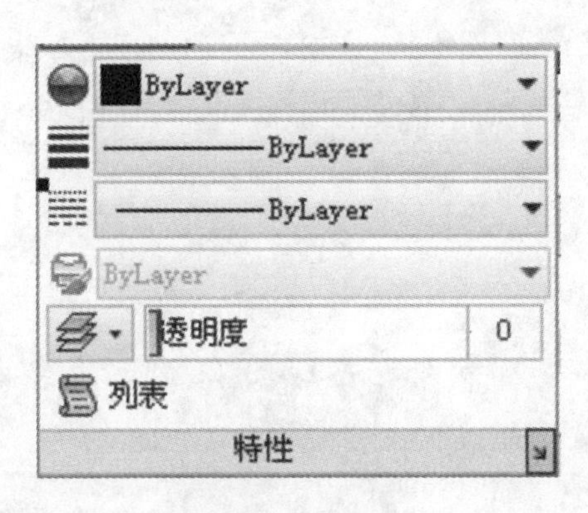

图 2-42　特性面板

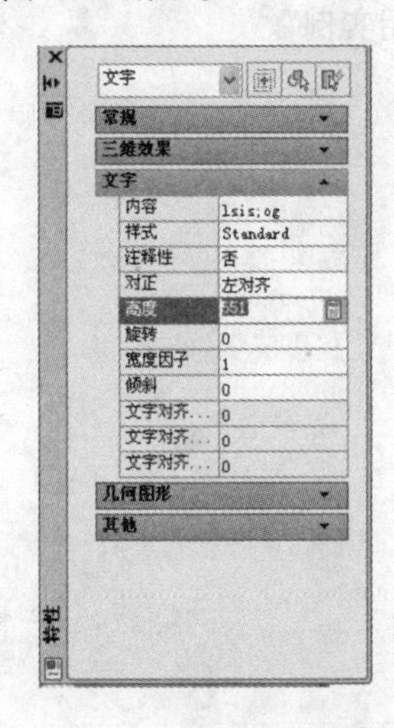

图 2-43　文字特性编辑

2.8

重画与重生成

在绘图过程中屏幕上留下的各种痕迹与标记致使画面杂乱，而这些内容并不属于对象的部分。可以使用重画命令将其清除，命令为 REDRAW。

重生成主要用于生成画面上的数据，一般重画的图形不起作用时，使用重生成命令 REGENT。如使用每个命令对图形多次编辑修改都看不出效果时，可以使用重生成命令对屏幕进行刷新。

练习题

1. 简述图纸空间和模型空间。

2. 以纸左下角点(0,0)和右上角点(840,1189)为图纸界限范围，并使用栅格显示图纸的范围，文件保存为习题 2.dwg。

3. 在习题 2.dwg 中建立图层，图层设置要求如图 2-44 所示。

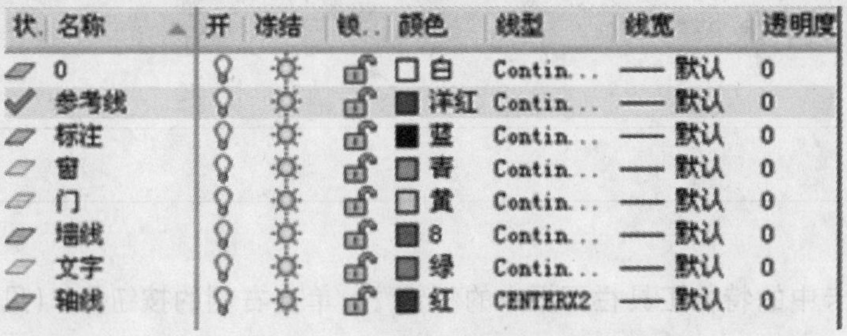

状.	名称	开	冻结	锁..	颜色	线型	线宽	透明度
	0				白	Contin...	—— 默认	0
✔	参考线				洋红	Contin...	—— 默认	0
	标注				蓝	Contin...	—— 默认	0
	窗				青	Contin...	—— 默认	0
	门				黄	Contin...	—— 默认	0
	墙线				8	Contin...	—— 默认	0
	文字				绿	Contin...	—— 默认	0
	轴线				红	CENTERX2	—— 默认	0

图 2-44 图层设置要求

4. 在习题 2.dwg 中，设置标注图层为当前图层。文字样式要求宋体_GB2313、高度 20、角度 30，内容为“文字样式的使用实例”。

第3章 二维图形的绘制

AutoCAD

JIANZHU ZHITU YU YINGYONG

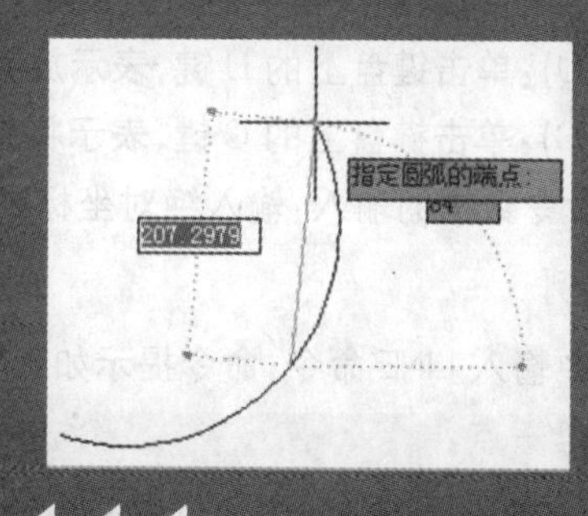

绘图是 AutoCAD 的主要功能，而二维平面图形的绘制操作方便、直观。只有熟练地掌握二维平面图形的绘制方法和技巧，才能更好地绘制出复杂的图形。

3.1 直线、射线、多线和构造线

直线绘制包括创建直线段、射线和构造线，虽然都是直线，但在 AutoCAD 中其绘制方法并不相同，下面分别介绍各自的绘制方法。

3.1.1 直线 ONE

1. 功能

直线是最简单、常用的图形。直线主要用于在两点之间绘制直线段。用户可以通过鼠标指定或输入点坐标值来决定线段的起点和端点。使用直线命令，可以创建一系列连续的线段。当用直线命令绘制线段时，AutoCAD 允许以该线段的端点为起点，绘制另一条线段，如此循环直到按回车键或 Esc 键终止命令。可以指定直线的特性，包括颜色、线型和线宽。

2. 执行方式

菜单栏：“绘图”→“直线”。

命令行：LINE(L)。

工具栏：![]。

3. 绘制直线

(1) LINE 命令信息提示如下：

LINE 指定第一点：	(可以用上述直线绘制方法，以输入坐标或输入距离的方式，在绘图区确定第一点，输入后按 Enter 键结束)
指定下一点或[放弃(U)]：	(指定直线的第二点)
指定下一点或[闭合(C)/放弃(U)]：	(指定直线的第三点)

- 指定下一点：以输入坐标的方式或输入距离的方式来确定直线下一点的位置。
- 放弃(U)：单击键盘上的 U 键，表示放弃和取消前一点的坐标设置。
- 闭合(C)：单击键盘上的 C 键，表示将直线闭合。

(2) 直线命令数据的输入：输入绝对坐标或相对坐标的方式和输入数值指定距离方式。

4. 操作示例

在命令行中输入 LINE 命令，命令提示如下：

LINE 指定第一点：	(选择起点 A)
指定下一点或[放弃(U)]：输入数值 5	(选择第二点 B)

```
指定下一点或[放弃(U)]:输入数值 2                    (选择第二点 C)
指定下一点或[闭合(C)/放弃(U)]:输入数值 3            (选择第二点 D)
指定下一点或[闭合(C)/放弃(U)]:输入数值 5            (选择第二点 E)
指定下一点或[闭合(C)/放弃(U)]:输入数值 8            (选择第二点 F)
指定下一点或[闭合(C)/放弃(U)]:输入 C 闭合图形
```

命令执行后,绘制出图 3-1 所示图形。

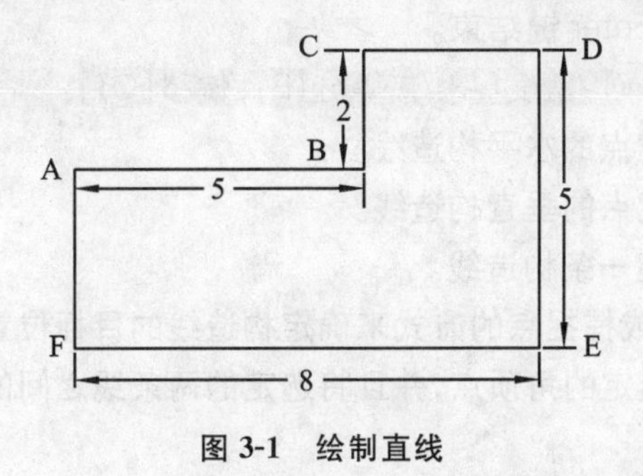

图 3-1 绘制直线

3.1.2 绘制射线 TWO

1. 功能

射线是将一端点固定后,另一端进行无限延伸的直线,在制图中经常用来作为辅助线帮助用户定位。射线具有一个确定的起点并单向无限延伸的特性。

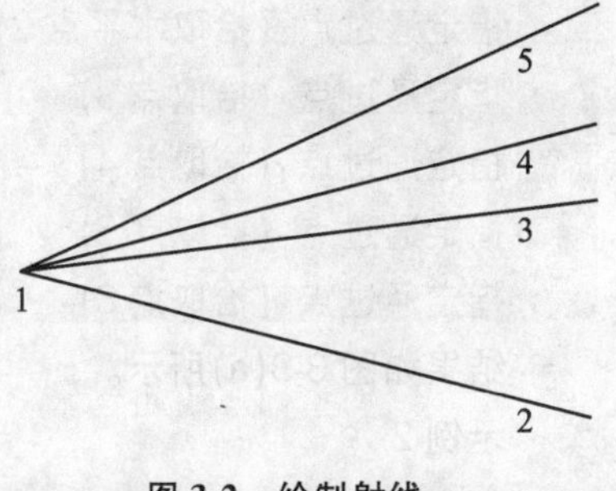

图 3-2 绘制射线

2. 执行方式

菜单栏:“绘图”→“射线”。

命令行:RAY。

工具栏:。

3. 操作示例

要求绘制完成图 3-2 所示图形。

```
命令:RAY
指定起点:(指定点 1)
指定通过点:(指定点 2)
指定通过点:(指定点 3)
指定通过点:(指定点 4)
指定通过点:(指定点 5)
指定通过点:*取消*
```

3.1.3 绘制构造线 THREE

1. 功能

向两个方向无限延伸的直线,称为构造线。构造线可以做创建其他对象的辅助参照,也可用于多个对象的交点的捕捉。构造线命令用于绘制无限长直线,与射线一样,该线也通常在绘图过程中作为辅助线使用。

2. 执行方式

菜单栏:“绘图”→“构造线”。

命令行:XLINE(XL)。

工具栏:。

3. 绘制构造线

命令行:输入 XLINE 或 XL 后按 Enter 键结束。

XLINE 指定点或[水平(H)/垂直(V)/角度(A)/二等分(B)/偏移(O)]:

- 水平(H):创建一条通过指定点的水平构造线。
- 垂直(V):创建一条通过指定点的垂直构造线。
- 角度(A):以指定的角度创建一条构造线。
- 指定点:可以通过输入坐标或捕捉点的方式来确定构造线的目标位置。
- 二等分(B):创建一条经过选定的角顶点,并且将选定的两条线之间的夹角平分的构造线。
- 偏移(O):指定向哪侧偏移。

4. 操作示例

示例 1

命令:XLINE
指定点或[水平(H)/垂直(V)/角度(A)/二等分(B)/偏移(O)]:(拾取任意一点 1)
指定通过点:(拾取水平点 2)
指定通过点:(拾取点 3)
指定通过点:(拾取点 4)
指定通过点:(拾取点 5)
指定通过点:(拾取点 6)

结果如图 3-3(a)所示。

示例 2

命令:XLINE
指定点或[水平(H)/垂直(V)/角度(A)/二等分(B)/偏移(O)]:h
指定通过点:(拾取水平点 1)
指定通过点:(拾取水平点 2)
指定通过点:(拾取水平点 3)
指定通过点:(拾取水平点 4)

结果如图 3-3(b)所示。

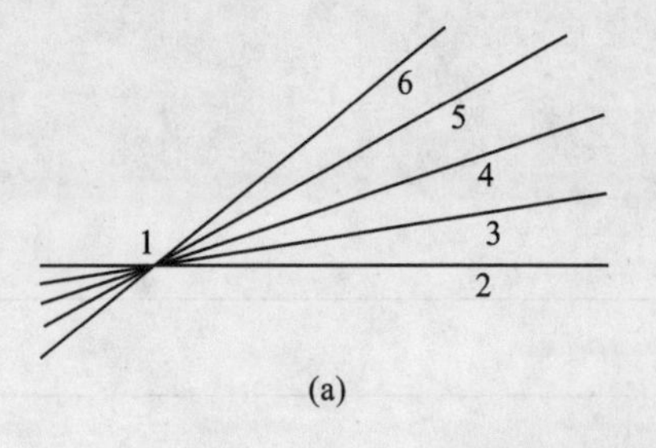

(a)

(b)

图 3-3 构造线的画法(示例 1 和示例 2)

示例 3

命令:XLINE
指定点或[水平(H)/垂直(V)/角度(A)/二等分(B)/偏移(O)]:v
指定通过点:(拾取点 1)
指定通过点:(拾取点 2)
指定通过点:(拾取点 3)
指定通过点:(拾取点 4)

结果如图 3-4(a)所示。

示例 4

命令:XLINE
指定点或[水平(H)/垂直(V)/角度(A)/二等分(B)/偏移(O)]:a
输入构造线的角度(0)或[参照(R)]:30
指定通过点:(拾取点 1)
指定通过点:(拾取点 2)
指定通过点:(拾取点 3)
指定通过点:(拾取点 4)

结果如图 3-4(b)所示。

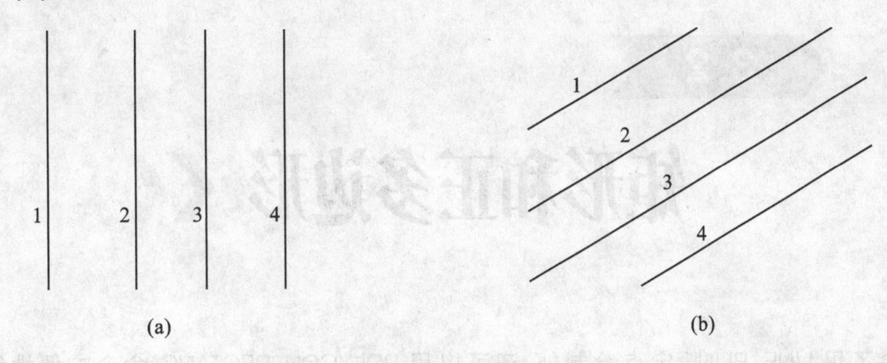

图 3-4 构造线的画法(示例 3 和示例 4)

示例 5

首先要用直线命令画出任意的三角形,三个顶点分别为 A、B、C,如图 3-5 所示。

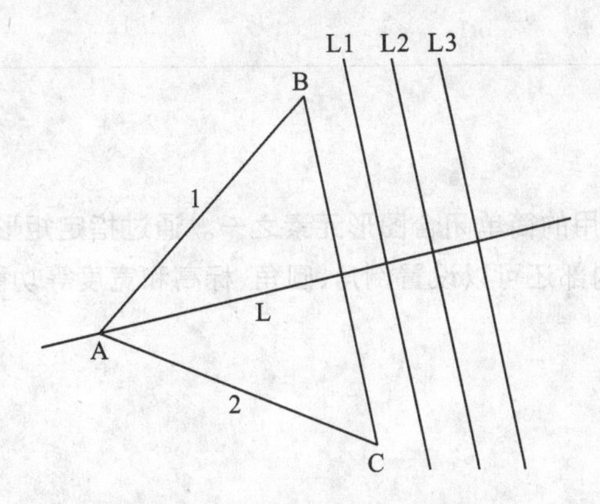

图 3-5 构造线的画法(示例 5)

命令:XLINE
指定点或[水平(H)/垂直(V)/角度(A)/二等分(B)/偏移(O)]:b
指定角的顶点:(捕捉拾取三角形 A 点)

```
指定角的起点:(在 AB 上任意拾取一点)
指定角的端点:(在 AC 上任意拾取一点)
指定角的端点:(按回车键确定)
```

结果如图 3-5 所示,得到等分线 L。

```
命令:XLINE
指定点或[水平(H)/垂直(V)/角度(A)/二等分(B)/偏移(O)]:o
指定偏移距离或[通过(T)]<40.0000>:80
选择直线对象:(拾取 BC 线段)
指定向哪侧偏移:(在线段的右侧单击,得到 L1)
选择直线对象:(拾取 L1)
指定向哪侧偏移:(在线段的右侧单击,得到 L2)
选择直线对象:(拾取 L2)
指定向哪侧偏移:(在线段的右侧单击,得到 L3)
选择直线对象:(按回车键确定)
```

结果如图 3-5 所示。

3.2 矩形和正多边形

绘制多边形除了用 LINE、PLINE 定点绘制外,还可以用 POLYGON、RECTANG 命令方便地绘制正多边形和矩形。

3.2.1 矩形 ONE

1. 功能

矩形是绘制二维平面图形时常用的简单闭合图形元素之一。通过指定矩形的对角点来创建,或通过命令行的选项命令来创建,而矩形工具自身内部还可以设置倒角、圆角、标高和宽度等功能。

2. 执行方式

菜单栏:"绘图"→"矩形"。

命令行:RECTANG(REC)。

工具栏:▭。

3. 绘制矩形

RECTANG 命令以指定两个对角点的方式绘制矩形,当两角点形成的边相同时则生成正方形,否则为矩形。

命令:RECTANG

指定第一个角点或[倒角(C)/标高(E)/圆角(F)/厚度(T)/宽度(W)]:

指定另一个角点或[面积(A)/尺寸(D)/旋转(R)]:

根据命令行选项命令指定角点的方式进行绘制,角点可以直接运用坐标值输入方式或鼠标直接拖动方式来确定。

在命令行中各选项命令的含义如下。

- 倒角(C):确定矩形第一个倒角与第二个倒角的距离值,画出具有倒角的矩形。
- 标高(E):确定矩形的标高。
- 圆角(F):确定矩形的圆角半径值。
- 厚度(T):确定矩形在三维空间的厚度值。标高和厚度是两个不同的概念。设定标高是指在距基面一定高度的面内绘制矩形,而设定厚度则表示可以绘制出具有一定厚度(给定值)的矩形。
- 宽度(W):确定矩形的线型宽度。

4. 操作示例

示例 1

命令:RECTANG

指定第一个角点或[倒角(C)/标高(E)/圆角(F)/厚度(T)/宽度(W)]:(拾取角点 1)

指定另一个角点或[面积(A)/尺寸(D)/旋转(R)]:(拾取角点 2)

结果如图 3-6(a)所示。

示例 2

命令:RECTANG

指定第一个角点或[倒角(C)/标高(E)/圆角(F)/厚度(T)/宽度(W)]:c

指定矩形的第一个倒角距离＜0.0000＞:20

指定矩形的第二个倒角距离＜20.0000＞:30

指定第一个角点或[倒角(C)/标高(E)/圆角(F)/厚度(T)/宽度(W)]:(拾取角点 1)

指定另一个角点或[面积(A)/尺寸(D)/旋转(R)]:(拾取角点 2)

结果如图 3-6(b)所示。

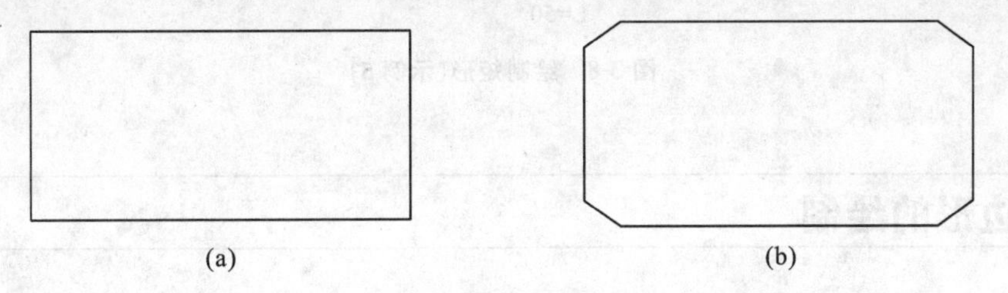

图 3-6　绘制直角、倒角矩形

示例 3

命令:RECTANG

指定第一个角点或[倒角(C)/标高(E)/圆角(F)/厚度(T)/宽度(W)]:f

指定矩形的圆角半径＜20.0000＞:20

指定第一个角点或[倒角(C)/标高(E)/圆角(F)/厚度(T)/宽度(W)]:30

指定另一个角点或[面积(A)/尺寸(D)/旋转(R)]:(拾取角点 2)

结果如图 3-7(a)所示。

示例 4

命令:RECTANG
指定第一个角点或[倒角(C)/标高(E)/圆角(F)/厚度(T)/宽度(W)]:w
指定矩形的线宽<0.0000>:5
指定第一个角点或[倒角(C)/标高(E)/圆角(F)/厚度(T)/宽度(W)]:(拾取角点 1)
指定另一个角点或[面积(A)/尺寸(D)/旋转(R)]:(拾取角点 2)

结果如图 3-7(b)所示。

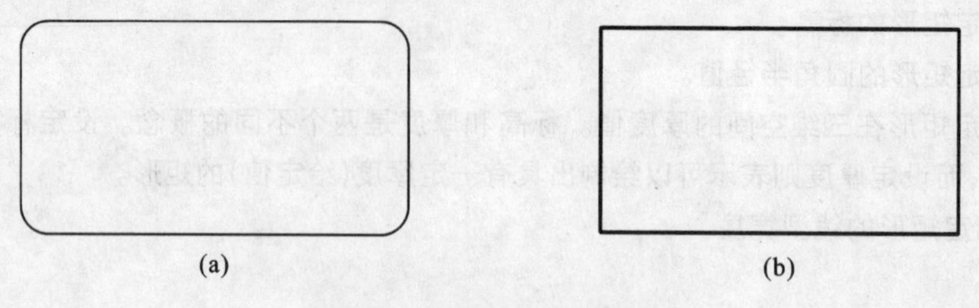

图 3-7 绘制圆角、宽度的矩形

示例 5

命令:RECTANG
指定第一个角点或[倒角(C)/标高(E)/圆角(F)/厚度(T)/宽度(W)]:(拾取角点 1)
指定另一个角点或[面积(A)/尺寸(D)/旋转(R)]:A
输入以当前单位计算的矩形面积<800.0000>:800
计算矩形标注时依据[长度(L)/宽度(W)]<长度>:L
输入矩形长度<160.0000>:50

结果如图 3-8 所示。

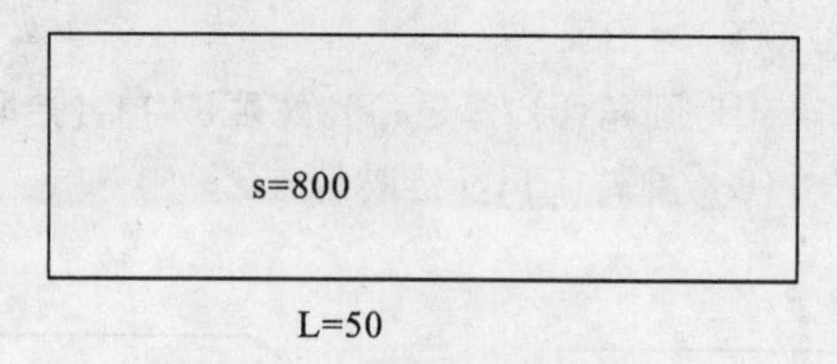

图 3-8 绘制矩形(示例 5)

3.2.2 正多边形的绘制 TWO

1. 功能

正多边形是二维绘制图形中使用频率较高的一种简单的图形。边数由 3～1024 之间的整数组成。

2. 执行方式

菜单栏:"绘图"→"多边形"。

命令行:POLYGON(POL)。PLOLYGON 命令可以绘制由 3 到 1024 条边组成的正多边形。

工具栏:⬠。

3. 绘制正多边形

正多边形实际上是多段线,所以不能用圆心捕捉方式来捕捉一个已存在的多边形的中心。使用 POLYGON 命令可以通过运用中心点的方式绘制或运用边的方式绘制多边形。

4. 操作示例(绘制正六边形)

示例 1

运用中心点的方式绘制正六边形。

```
命令行:POLYGON
输入边的数目<4>:6
指定正多边形的中心点或[边(E)]:100,100          (指定正多边形的中心点)
输入选项[内接于圆(I)/外切于圆(C)]<I>:I         (默认为内接于圆,也可以选择外切于圆的方式)
指定圆的半径:50                                (输入指定半径按 Enter 键)
```

示例 2

运用边的方式绘制正六边形。

```
命令行:POLYGON
输入边的数目<4>:6
指定正多边形的中心点或[边(E)]:E
指定边的第一个端点:                            (拾取一点)
指定边的第二个端点:@60,0                       (输入第二个端点的相对坐标值)
```

示例 1 和示例 2 两种方法绘制的正六边形如图 3-9 所示。

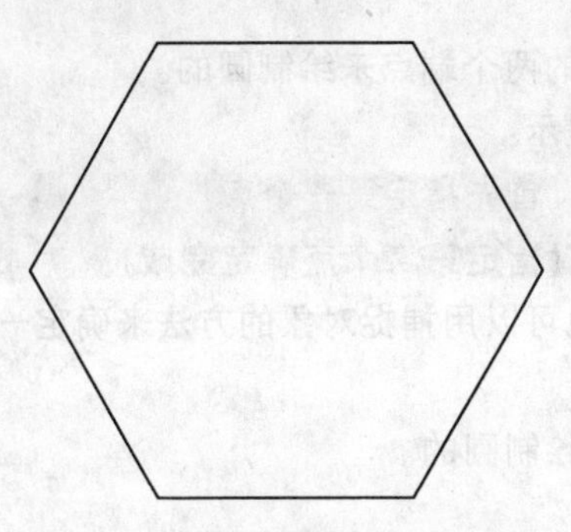

图 3-9 两种方法绘制正六边形

3.3 圆、圆弧、椭圆

3.3.1 绘制圆 ONE

1. 功能

圆是常见的图形对象,AutoCAD 提供了 6 种绘制圆的方法,包括圆心、半径,圆心、直径,两点,三点,相切、相切、半径,相切、相切、相切。

2. 执行方式

菜单栏:"绘图"→"圆"。

命令行:CIRCLE(C)。

工具栏:。

3. 绘制圆

命令行:CIRCLE (该命令是通过指定圆的圆心和半径来绘制圆的。CIRCLE 命令用于绘制没有宽度的圆形)

_circle 指定圆的圆心或[三点(3P)/两点(2P)/切点、切点、半径(T)]: (默认状态在绘图区指定圆心)

指定圆的半径或[直径(D)]<20>: (输入指定圆的半径或直径的数值,如果直接按 Enter 键,将以角括号中的数值 20 作为默认半径数值进行输入)

1) 圆心、半径方式画圆和圆心、直径方式画圆

下面命令是通过指定圆的圆心和半径或直径来绘制圆的。使用此命令后,在命令行出现如下提示:

_circle 指定圆的圆心或[三点(3P)/两点(2P)/切点、切点、半径(T)]:(默认状态在绘图区指定圆心)

指定圆的半径或[直径(D)]<20>: (单击键盘上的 D 键为指定圆的直径)

_d 指定圆的直径<5.8580>: (输入数值来确定圆的直径的大小。如果直接按 Enter 键,将以角括号中的数值 5.8580 作为默认直径数值进行输入)

2) 两点方式画圆

两点方式画圆是通过指定圆直径上的两个端点来绘制圆的。

使用此命令后,在命令行出现如下提示:

指定圆直径的第一个端点: (首先指定第一个点)

指定圆直径的第二个端点: (指定第二个点确定完成)

输入坐标点可以用坐标输入方式,也可以用捕捉对象的方法来确定一个圆。

3) 三点方式画圆

三点方式画圆是通过指定 3 个点来绘制圆的。

4) 相切、相切、半径方式画圆

该方式首先指定第一个对象的切点,再指定第二个对象的切点,输入与前两个选定对象相切圆的半径即可绘制一个与两个对象相切的圆。在绘制过程中,需要先指定相切的两个对象,再指定所绘制圆的半径。在命令行出现如下提示:

指定对象与圆的第一个切点: (首先指定第一个对象上的切点)

指定对象与圆的第二个切点: (指定第二个对象上的切点)

指定圆的半径: (指定与前面 2 个对象相切圆的半径)

5) 相切、相切、相切方式画圆

指定圆上的第一个点: (首先指定第一个对象上的切点)

指定圆上的第二个点: (指定第二个对象上的切点)

指定圆上的第三个点: (确定一个与前面 3 个对象相切的圆)

4. 绘制示例

示例 1

首先是画出圆 A、B,如图 3-10(a)所示图形。

命令:CIRCLE

CIRCLE 指定圆的圆心或[三点(3P)/两点(2P)/切点、切点、半径(T)]:t

指定对象与圆的第一个切点:(指定第一个相切实体 A)

指定对象与圆的第二个切点:(指定第一个相切实体 B)

指定圆的半径<12.4871>:40(指定第三圆 C 的半径)

结果如图 3-10(b)所示,绘制出圆 C。

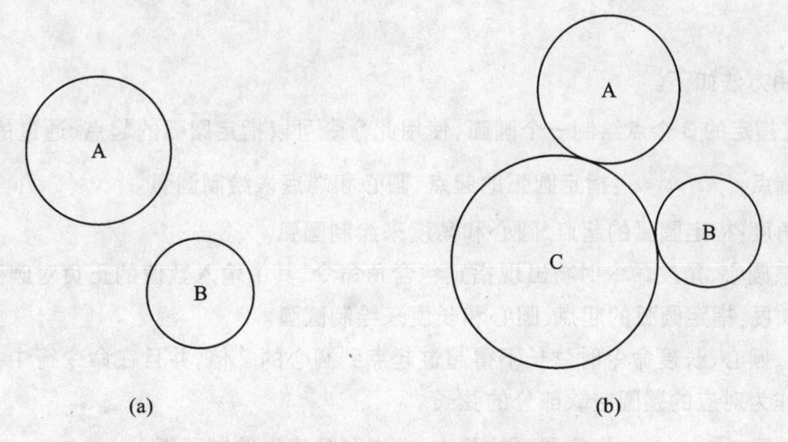

图 3-10 切点、切点、半径方式画圆

示例 2

首先是画出圆 A、B、C,如图 3-11(a)所示图形。

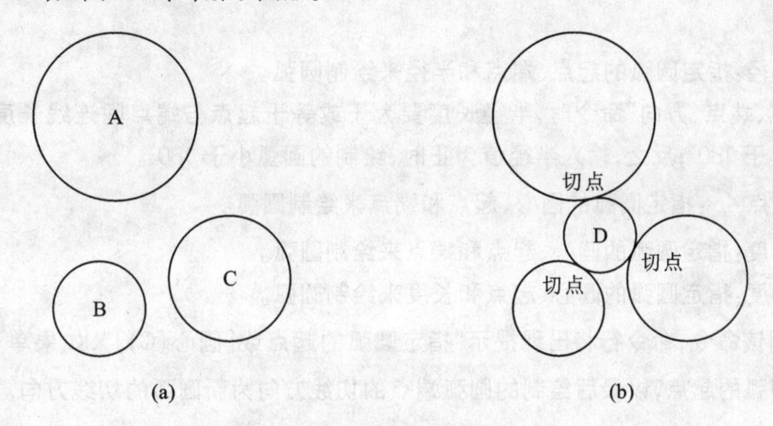

图 3-11 相切、相切、相切方式画圆

选中圆工具栏中的 相切,相切,相切 按钮,在命令行中:

命令:_circle 指定圆的圆心或[三点(3P)/两点(2P)/切点、切点、半径(T)]:_3p 指定圆上的第一个点:_tan 到(指定第一个相切实体 A)

指定圆上的第二个点:_tan 到(指定第二个相切实体 B)

指定圆上的第三个点:_tan 到(指定第三个相切实体 C)

结果如图 3-11(b)所示,绘制出圆 D。

3.3.2 绘制圆弧 TWO

1. 功能

圆弧是圆的一部分,具有与圆相同的属性,它属于重要的曲线类图形。用 AutoCAD 绘制圆弧的方法很多,共有 11 种,所有方法都是由起点、方向、中点、角度、端点、弦长等参数来确定绘制的。

2. 执行方式

菜单栏:"绘图"→"圆弧"。

命令行:ARC(A)。

工具栏：。

3. 绘制圆弧

绘制圆弧具体使用方法如下。

- 三点：通过指定的3个点绘制一个圆弧，使用此命令可以指定圆弧的起点、通过的点和端点。
- 起点、圆心、端点 起点，圆心，端点：指定圆弧的起点、圆心和端点来绘制圆弧。
- 起点、圆心、角度：指定圆弧的起点、圆心和角度来绘制圆弧。

注意：当使用起点、圆心、角度命令时将出现指定包含角命令，其中输入数值的正负对圆弧的方向有影响。

- 起点、圆心、长度：指定圆弧的起点、圆心和长度来绘制圆弧。

注意：当使用起点、圆心、长度命令时弦长不得超过起点到圆心的2倍，并且在命令行中指定弦长，如输入负值将使用该值的绝对值作为对应的整圆空缺部分的弦长。

- 起点、端点、角度 起点，端点，角度：指定圆弧的起点、端点和角度来绘制圆弧。
- 起点、端点、方向 起点，端点，方向：指定圆弧的起点、端点和方向来绘制圆弧。

注意：当使用“起点、端点、方向”命令时，出现“指定圆弧的起点切向”命令，通过移动鼠标来确定起始点的切线方向。

- 起点、端点、半径：指定圆弧的起点、端点和半径来绘制圆弧。

注意：当使用“起点、端点、方向”命令时，半径长度要大于或等于起点与端点间连线长度的一半。当输入半径值为负时绘制的圆弧大于180°；反之，输入半径值为正时，绘制的圆弧小于180°。

- 圆心、起点、端点：指定圆弧的圆心、起点和端点来绘制圆弧。
- 圆心、起点、角度：指定圆弧的圆心、起点和端点来绘制圆弧。
- 圆心、起点、长度：指定圆弧的圆心、起点和长度来绘制圆弧。
- 继续：使用该命令，命令行将出现提示“指定圆弧的起点或[圆心(C)]”，如果单击Enter键将以最后绘制的圆弧端点作为新圆弧的起点，以最后绘制的圆弧端点的切线方向为新圆弧的切线方向。

4. 操作示例

示例1

命令：ARC
ARC 指定圆弧的起点或[圆心(C)]：(指定起点A点)
指定圆弧的第二个点或[圆心(C)/端点(E)]：C
指定圆弧的圆心：(指定B点)
指定圆弧的端点：(指定C点)

结果如图3-12所示。

示例2

命令：ARC
ARC 指定圆弧的起点或[圆心(C)]：(指定起点A点)
指定圆弧的第二个点或[圆心(C)/端点(E)]：E
指定圆弧的端点：(指定起点B点)
指定圆弧的圆心或[角度(A)/方向(D)/半径(R)]：A
指定包含角：60

结果如图3-13所示。

示例3

首先使用椭圆命令，画出椭圆A，把正交打开，复制椭圆B。然后使用起点、端点、角度绘制图3-14所示的

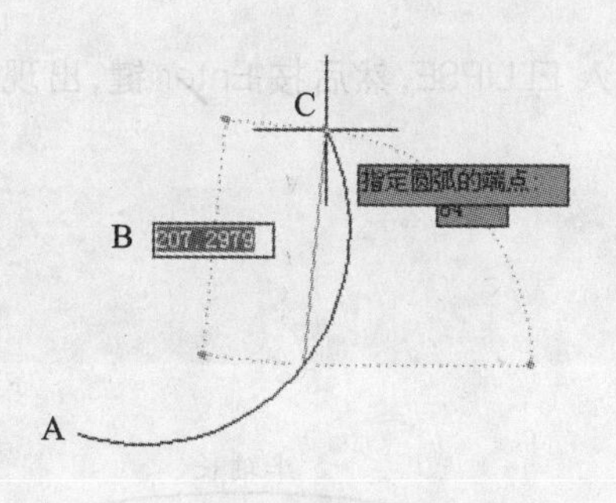

图 3-12 起点、圆心、端点法

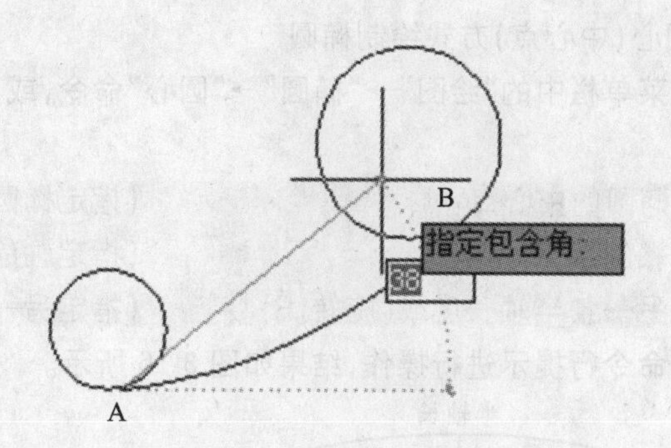

图 3-13 起点、端点、角度法

图形。

指定圆弧的起点切向:<捕捉 开>

命令:_arc 指定圆弧的起点或[圆心(C)]:(指定起点 1)

指定圆弧的第二个点或[圆心(C)/端点(E)]:_e

指定圆弧的端点:(指定端点 2)

指定圆弧的圆心或[角度(A)/方向(D)/半径(R)]:d(指定圆弧的方向)

其他弧线绘制方法相同,结果如图 3-14 所示。

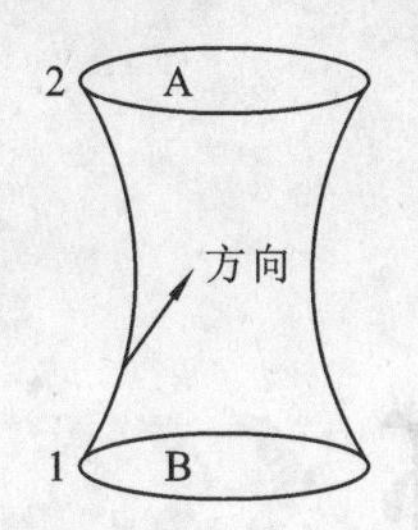

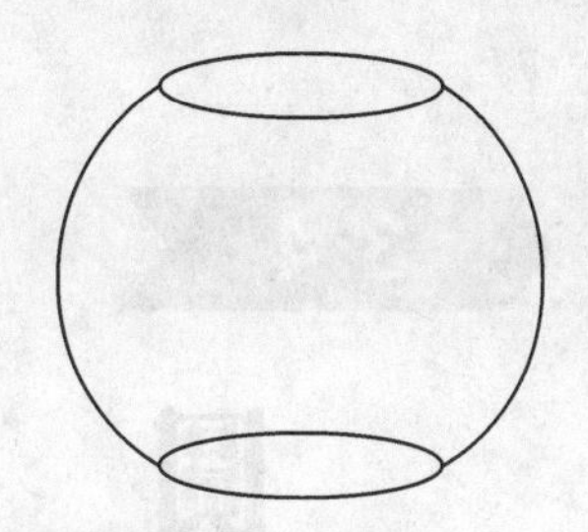

图 3-14 简单图形的绘制

3.3.3 椭圆及椭圆弧的绘制 THREE

1. 功能

椭圆被认为是有倾斜角度的圆,由定义其长度和宽度的两条轴决定,经常在制图中使用。

2. 执行方式

菜单栏:"绘图"→"椭圆"。

命令行:ELLIPSE(EL)。

工具栏:。

3. 绘制椭圆、椭圆弧

1) 轴、端点方式绘制椭圆

在命令行中输入 ELLIPSE,然后按 Enter 键。

指定椭圆的轴端点或[圆弧(A)中心点(C)]:	(指定椭圆第一条轴的第一个端点)
指定轴的另一个端点:	(指定该轴的第二个端点)
指定另一条半轴长度或[旋转(R)]:	(指定另一条半轴长度,拾取短轴的端点)

设置后效果如图 3-15 所示。

2）圆心（中心点）方式绘制椭圆

选择菜单栏中的“绘图”→“椭圆”→“圆心”命令，或在命令行中输入 ELLIPSE，然后按 Enter 键，出现如下选项命令：

```
指定椭圆的中心点：                (指定椭圆的中心点)
指定轴的端点：                    (指定轴的端点)
指定另一条半轴长度或[旋转(R)]：   (指定另一条半轴长度)
```

根据命令行提示进行操作，结果如图 3-16 所示。

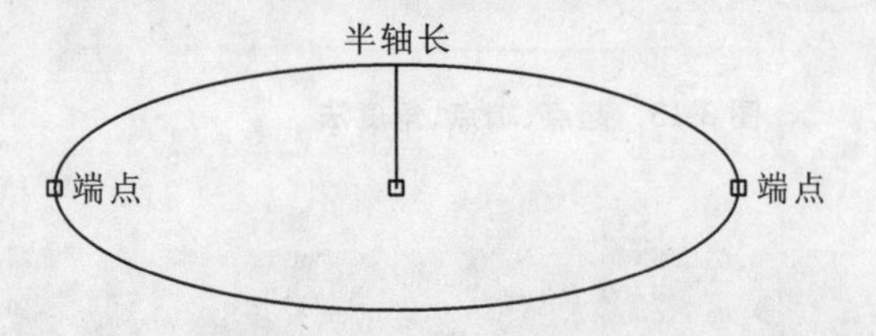

图 3-15　轴、端点方式绘制椭圆

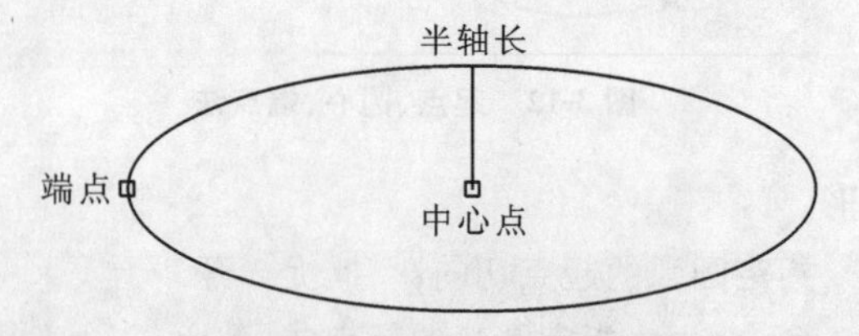

图 3-16　圆心方式绘制椭圆

3）绘制椭圆弧

椭圆绘制好后，可以根据椭圆弧所包含的角度来确定椭圆弧，经常运用椭圆和椭圆弧绘制图形，并且椭圆弧是椭圆的一部分。

3.4 圆　环

1. 功能

圆环有实体圆环和填充圆环，它实际是由一定宽度的闭合多段线形成的，应用于圆形的柱面或是电路的接点绘制。设置完一个圆弧的参数后，在绘制过程中可以自动连续绘制相同的圆环。

2. 执行方式

菜单栏：选择“绘图”→“圆环”命令，如 。

工具栏：在绘图工具栏面板中单击圆环的按钮。

命令行：在命令行中输入 DONUT 后按 Enter 键。

3. 操作示例

示例 1

```
命令：_donut
指定圆环的内径<0.5000>：50
指定圆环的外径<1.0000>：150
指定圆环的中心点或<退出>：(指定中心点 A)
指定圆环的中心点或<退出>：(指定中心点 B)
命令：DONUT
指定圆环的内径<50.0000>：＊取消＊
```

结果如图 3-17 所示。

示例 2

命令:FILL(fill 命令决定圆环的填充图案是否显示)

输入模式[开(ON)/关(OFF)]＜开＞:off(填充图案关闭)

命令:DONUT

指定圆环的内径＜50.0000＞:

指定圆环的外径＜150.0000＞:

指定圆环的中心点或＜退出＞:(指定中心点 A)

结果如图 3-18 所示。

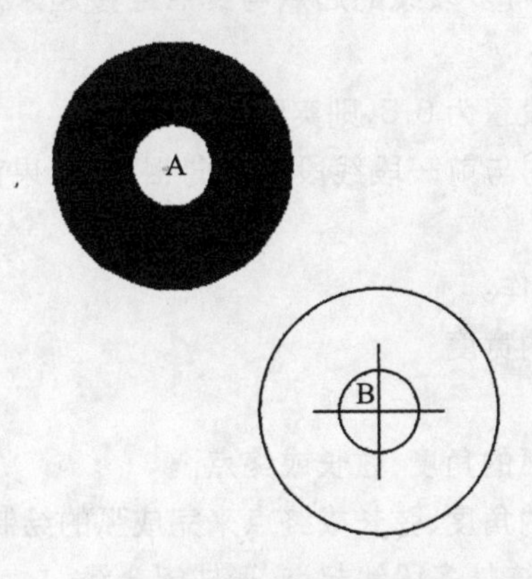

图 3-17 绘制圆环

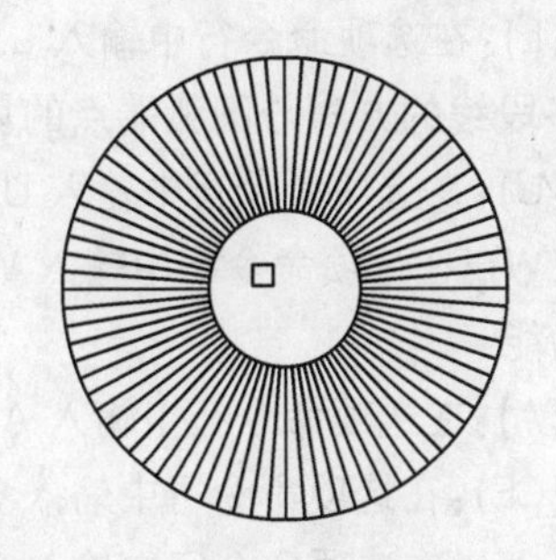

图 3-18 FILL 模式为关(OFF)的圆环

3.5 多段线

1. 功能

多段线是一种由直线段和圆弧组合而成的图形对象,多段线可具有不同线宽。这种线由于其组合形式多样,线宽可变化,弥补了直线或圆弧功能的不足,适合绘制各种复杂的图形轮廓。在 AutoCAD 中,多段线是一种非常有用的线段组合体,它们既可以一起编辑,也可以分开编辑。用户可以一次编辑一条多段线,也可以同时编辑多条多段线。

2. 执行方式

菜单栏:“绘图”→“多段线”。

命令行:PLINE。

工具栏: 多段线(P) 。

快捷菜单:选择要编辑的多段线,右击,在弹出的快捷菜单中选择编辑多段线。

注意:执行 PEDIT 命令后,如果选择的对象不是多段线,系统将显示是否将其转换为多段线提示信息。如果输入 Y,则可以将选中对象转换为多段线,然后在命令行中显示与前面相同的提示。

3. 绘制多段线

命令行:输入 PLINE 或 PL 后按 Enter 键。

当使用上述命令来创建多线段时,在命令行中显示如下选项:

指定下一点或[圆弧(A)/闭合(C)/半宽(H)/长度(L)/放弃(U)/宽度(W)]:

[角度(A)/圆心(CE)/闭合(CL)/方向(D)/半宽(H)/直线(L)/半径(R)/第二个点(S)/放弃(U)/宽度(W)]:

命令行各选项含义如下。

1) 画线功能

- 圆弧(A):在多段线中绘制圆弧,并将其作为多段线的组成部分。
- 闭合(C):连续画两条线段以上时,在选项命令行中输入 C,可将多段线的起点与终点连接起来产生闭合线段。
- 半宽(H):在选项命令行中输入 H,设置多段线的半宽值,如果设置为 0.5,则实际的宽度为 1。
- 长度(L):在选项命令行中输入 L,设置多段线的长度,使其方向与前一段线段的方向相同,如果前一段线段是圆弧,则多段线的方向与圆弧端点的切线方向相同。
- 放弃(U):在选项命令行中输入 U,取消上一步线段或圆弧的操作。
- 宽度(W):在选项命令行中输入 W,设置多段线的起点和终点的宽度。

2) 绘弧功能

- 角度(A):在选项命令行中输入 A,设置弧的中心角,接着输入弧的角度、弦长或终点。
- 圆心(CE):在选项命令行中输入 CE,输入弧的圆心,再输入弧的角度、弦长或终点来完成弧的绘制。
- 闭合(CL):在选项命令行中输入 CL,顺着圆弧端点的切线方向连接多段线起点,形成闭合线。
- 方向(D):在选项命令行中输入 D,输入圆弧起点方向和圆弧终点方向来完成圆弧的绘制。
- 半宽(H):在选项命令行中输入 H,设置多段线的半宽值。
- 直线(L):在选项命令行中输入 L,将绘制圆弧的方法切换到画线方法。
- 半径(R):在选项命令行中输入 R,输入弧的半径,再输入弧的角度或终点,完成弧的绘制。
- 第二个点(S):在选项命令行中输入 S,输入弧通过的第二点,再输入弧的终点,最终完成弧的绘制。
- 放弃(U):取消上一步绘制弧的操作。
- 宽度(W):在选项命令行中输入 W,设置多段线的起点和终点的宽度。

注意:线宽的显示需要打开"显示/隐藏线宽"命令,即单击 + 按钮。

4. 操作示例

示例 1

命令:PLINE

指定起点:

指定下一个点或[圆弧(A)/半宽(H)/长度(L)/放弃(U)/宽度(W)]:w

指定起点宽度<0.0000>:20

指定端点宽度<0.0000>:20

指定下一个点或[圆弧(A)/半宽(H)/长度(L)/放弃(U)/宽度(W)]:l

指定直线的长度:-50

指定下一点或[圆弧(A)/闭合(C)/半宽(H)/长度(L)/放弃(U)/宽度(W)]:a

指定圆弧的端点或[角度(A)/圆心(CE)/闭合(CL)/方向(D)/半宽(H)/直线(L)/半径(R)/第二个点(S)/放弃(U)/宽度(W)]:a

指定圆弧上的第二个点:180

指定圆弧的端点:60

指定圆弧的端点或[角度(A)/圆心(CE)/闭合(CL)/方向(D)/半宽(H)/直线(L)/半径(R)/第二个点(S)/放弃(U)/宽度(W)]:l

指定下一点或[圆弧(A)/闭合(C)/半宽(H)/长度(L)/放弃(U)/宽度(W)]:w

指定起点宽度<20.0000>:40

指定端点宽度<40.0000>:1

指定直线的长度:50

指定下一点或[圆弧(A)/闭合(C)/半宽(H)/长度(L)/放弃(U)/宽度(W)]:*取消*

结果如图3-19所示。

示例2

命令:PLINE

指定起点:

指定下一个点或[圆弧(A)/半宽(H)/长度(L)/放弃(U)/宽度(W)]:w

指定起点宽度<0.0000>:0

指定端点宽度<0.0000>:400

指定下一个点或[圆弧(A)/半宽(H)/长度(L)/放弃(U)/宽度(W)]:40

指定下一点或[圆弧(A)/闭合(C)/半宽(H)/长度(L)/放弃(U)/宽度(W)]:w

指定起点宽度<400.0000>:20

指定端点宽度<20.0000>:20

指定下一点或[圆弧(A)/闭合(C)/半宽(H)/长度(L)/放弃(U)/宽度(W)]:250

指定下一点或[圆弧(A)/闭合(C)/半宽(H)/长度(L)/放弃(U)/宽度(W)]:a

指定圆弧的端点或[角度(A)/圆心(CE)/闭合(CL)/方向(D)/半宽(H)/直线(L)/半径(R)/第二个点(S)/放弃(U)/宽度(W)]:a

指定包含角:180

指定下一点或[圆弧(A)/闭合(C)/半宽(H)/长度(L)/放弃(U)/宽度(W)]:100(结束绘制)

结果如图3-20所示。

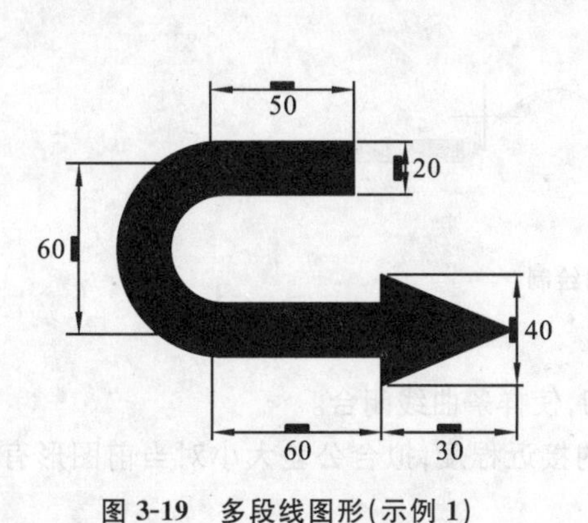

图3-19 多段线图形(示例1)

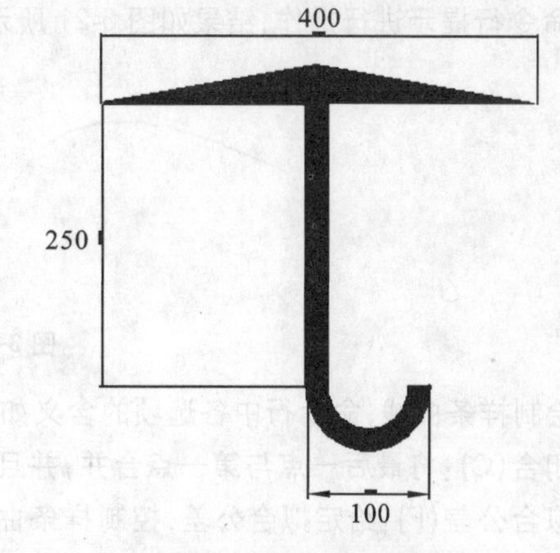

图3-20 多段线图形(示例2)

3.6 样条曲线

1. 功能

样条曲线是两个控制点之间产生一条光滑的曲线，常用来在建筑图中绘制波浪线，它可以是二维曲线或三维曲线。调用样条曲线命令后，根据命令行提示指定一些数据点，最后指定起点切向和端点切向，即可绘制样条曲线。

2. 执行方式

菜单栏："绘图"→"样条曲线"。

命令行：SPLINE。

工具栏：〜。

3. 绘制样条曲线

命令行：输入 SPLINE 命令，提示如下：

指定第一个点或[对象(O)]：　　　　(指定第一点)
指定下一点：　　　　(指定第二点)
指定下一点或[闭合(C)/拟合公差(F)]＜起点切向＞：　　　　(指定第三点)
指定下一点或[闭合(C)/拟合公差(F)]＜起点切向＞：　　　　(指定第四点)
指定下一点或[闭合(C)/拟合公差(F)]＜起点切向＞：　　　　(终止取点)
指定起点切向：　　　　(使用捕捉或指定坐标方式来确定)
指定端点切向：　　　　(使用捕捉或指定坐标方式来确定)

根据命令行提示进行操作，结果如图 3-21 所示。

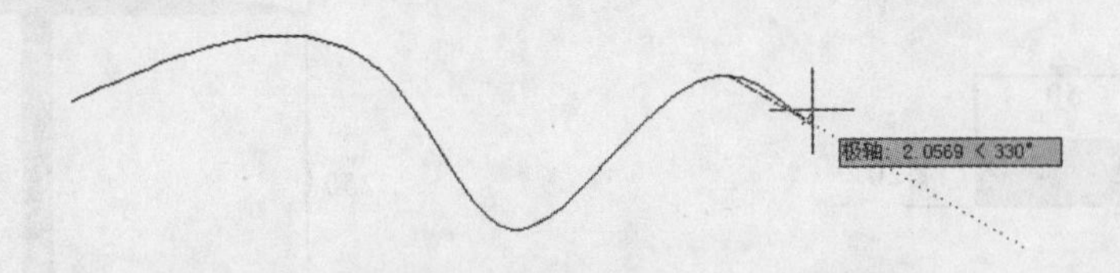

图 3-21　样条曲线的绘制

(1) 绘制样条曲线，命令行中各选项的含义如下。

● 闭合(C)：将最后一点与第一点合并，并且在连接处相切，使样条曲线闭合。

● 拟合公差(F)：给定拟合公差，控制样条曲线对数据点的接近程度，拟合公差大小对当前图形有效。公差越小，曲线越接近数据点。公差为 0，样条曲线将通过数据点。

● 取消：该选项不再提示中出现，用户可在选取任一点后输入 U 取消该段曲线。

(2) 编辑样条曲线。

样条曲线在创建后可以进行再次编辑，使用命令为编辑样条曲线。命令调用方式如下。

菜单栏：选择“修改”→“对象”→“样条曲线”命令。

工具栏：单击修改工具栏选项卡下的修改面板中的“编辑样条曲线”按钮。

命令行：输入 SPLINEDIT 后按 Enter 键。

快捷菜单：“样条曲线”

在创建了一条样条曲线后，选中该曲线并单击鼠标右键，在弹出的快捷菜单中选择“样条曲线”命令。

使用“样条曲线”命令后，在命令行出现如下提示：

输入选项[拟合数据(F)/闭合(C)/移动顶点(M)/精度(R)/反转(E)/放弃(U)]：

在命令行中输入 F 后，命令行中再次出现如下选项。

[添加(A)/闭合(C)/删除(D)/移动(M)/清理(P)/相切(T)/公差(L)/退出(X)]<退出>：

选项的作用如下。

- 添加(A)：在样条曲线中增加拟合点。
- 闭合(C)：将开放式样条曲线闭合。若样条曲线是闭合的，则该命令变为打开。
- 删除(D)：从样条曲线中删除拟合点并且用其余点重新拟合样条曲线。
- 移动(M)：把拟合点移动到新位置。
- 清理(P)：删除样条曲线的拟合数据。
- 相切(T)：编辑样条曲线的起点和端点切向。
- 公差(L)：使用新的公差值将样条曲线重新拟合至现有点。
- 退出(X)：返回到上一级提示。

在命令行重新输入 SPLINEDIT 后按 Enter 键，出现如下提示：

输入选项[拟合数据(F)/闭合(C)/移动顶点(M)/精度(R)/反转(E)/放弃(U)]：

其选项作用如下。

- 闭合(C)：将开放式样条曲线闭合。若样条曲线是闭合的，则该命令变为打开。
- 移动顶点(M)：重新定位样条曲线的控制顶点并清理拟合点。
- 精度(R)：精密调整样条曲线。
- 反转(E)：反转样条曲线的方向。
- 放弃(U)：取消上一步的编辑操作。

4. 操作示例

使用样条曲线命令拟合多线段的前后效果如图 3-22 所示，请读者自己完成。

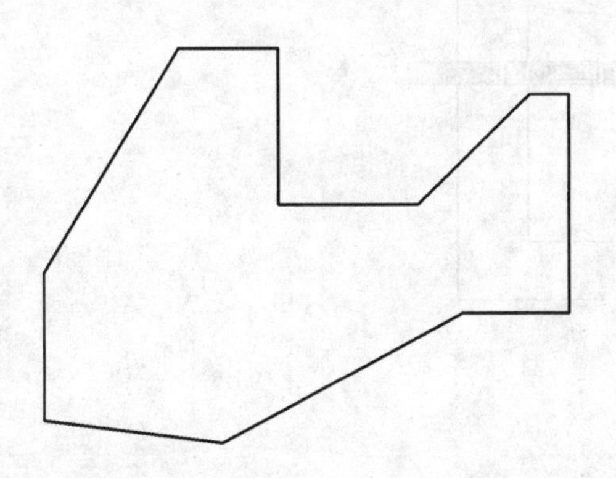
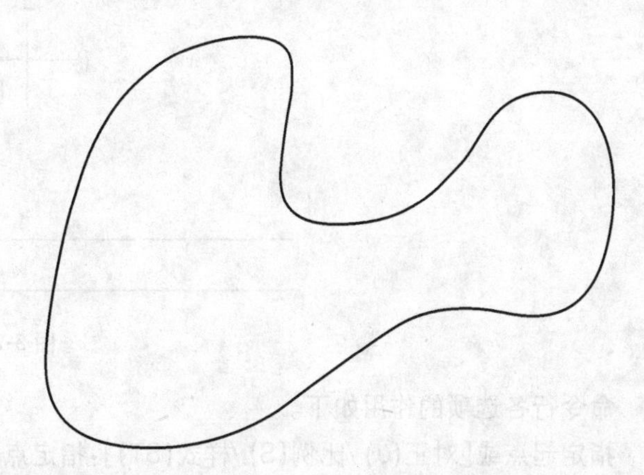

图 3-22　样条曲线拟合效果

3.7 绘制多线

1. 功能

在 AutoCAD 中,用户可以根据需要创建多线样式,设置其线条数目、线型、颜色和线的连接方式等。多线对象由 1 至 16 条平行线组成,这些平行线称为元素。多条平行线组成的组合对象、平行线之间的间距和数目等是可以调整的。多线常用于绘制建筑图中的墙体、门窗、电子线路等平行线对象。其突出的优点是能够提高绘图效率,保证图线之间的统一性。

2. 执行方式

菜单栏:“绘图”→“多线”。

命令行:MLINE。

3. 绘制多线

1) 绘制多线

命令:MLINE

当前设置:对正 = 上,比例 = 20.00,样式 = STANDARD	(系统中默认的多线设置)
指定起点或[对正(J)/比例(S)/样式(ST)]:	(指定起点)
指定下一点:	(指定下一点)
指定下一点或[放弃(U)]:	(指定下一点)
指定下一点或[闭合(C)/放弃(U)]:	

结果如图 3-23 所示。

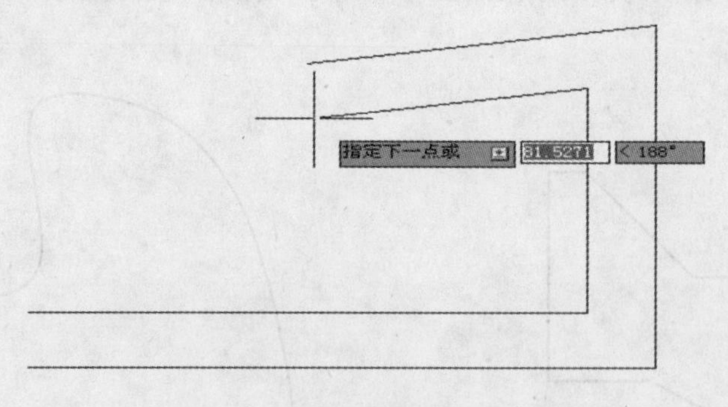

图 3-23 多线

命令行各选项的作用如下。

指定起点或[对正(J)/比例(S)/样式(ST)]:指定点或输入选项。

指定下一点:指定多线的下一个顶点。

如果用两条或两条以上的线段创建多线,则提示将包含闭合选项。

指定下一点:用当前多线样式绘制到指定点的多线线段,然后继续提示输入点。

放弃:放弃多线上的上一个顶点。

闭合:通过将最后一条线段与第一条线段接合来闭合多线。

● 对正,在命令行中:

指定起点或[对正(J)/比例(S)/样式(ST)]:j

输入对正类型[上(T)/无(Z)/下(B)]<上>:B

对正有三种模式,如图3-24所示。

上:在光标下方绘制多线,因此在指定点处将会出现具有最大正偏移值的直线,如图3-24(a)所示。

无:将光标位置作为原点绘制多线,则MLSTYLE命令的元素特性在指定点处的偏移为0.0,如图3-24(b)所示。

下:在光标上方绘制多线,因此在指定点处将会出现具有最大负偏移值的直线,如图3-24(c)所示。

● 比例:控制多线的全局宽度。该比例不影响线型比例。

这个比例基于在多线样式定义中建立的宽度。比例因子为2绘制多线(见图3-25),其宽度是样式定义的宽度的两倍。负比例因子将翻转偏移线的次序:当从左至右绘制多线时,偏移最小的多线绘制在顶部。负比例因子的绝对值也会影响比例。比例因子为0将使多线变为单一的直线。

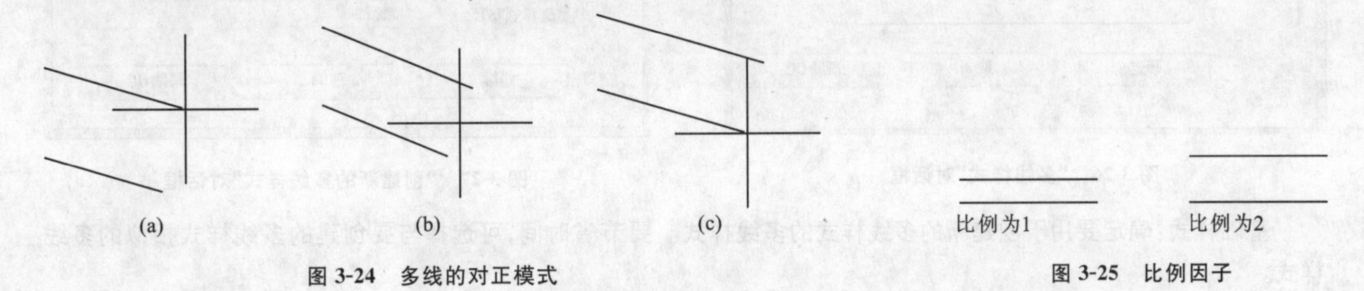

图3-24　多线的对正模式

图3-25　比例因子

● 样式:指定多线的样式,指定已加载的样式名或创建的多线库(MLN)文件中已定义的样式名。

2)"多线样式"对话框

选择"格式"→"多线样式"命令或输入命令MLSTYLE命令,打开"多线样式"对话框,如图3-26所示。可以根据需要创建多线样式,设置其多线的数量和显示拐角方式,还可控制背景色和每条多线的端点封口。

● 当前多线样式:显示当前多线样式的名称,该样式将在后续创建的多线中用到。

● 样式:显示已加载到图形中的多线样式列表。多线样式列表可包括存在于外部参照图形中的多线样式。外部参照的多线样式名称的使用语法与其他外部依赖非图形对象的使用语法相同。

● 说明:显示选定多线样式的说明。

● 预览:显示选定多线样式的名称和图像。

● 置为当前:设置用于后续创建的多线的当前多线样式。

● 修改:显示修改多线样式对话框,从中可以修改选定的多线样式。

注意:不能编辑图形中正在使用的任何多线样式的元素和多线特性。要编辑现有多线样式,必须在使用该样式绘制任何多线之前进行。

● 删除:从样式列表中删除当前选定的多线样式。此操作并不会删除MLN文件中的样式。

不能删除STANDARD多线样式、当前多线样式或正在使用的多线样式。

● 加载:显示"加载多线样式"对话框,可以从指定的MLN文件中加载多线样式。

● 保存:将多线样式保存或复制到多线库(MLN)文件中。如果指定了一个已存在的MLN文件,新样式定义将添加到此文件中,并且不会删除其中已有的定义。

3)创建多线样式

单击"多线样式"对话框中的"新建"按钮,将弹出图3-27所示的"创建新的多线样式"对话框。

"创建新的多线样式"对话框将显示以下内容。

新样式名:命名新的多线样式。只有输入新名称并单击继续按钮,元素和多线特征才可用。

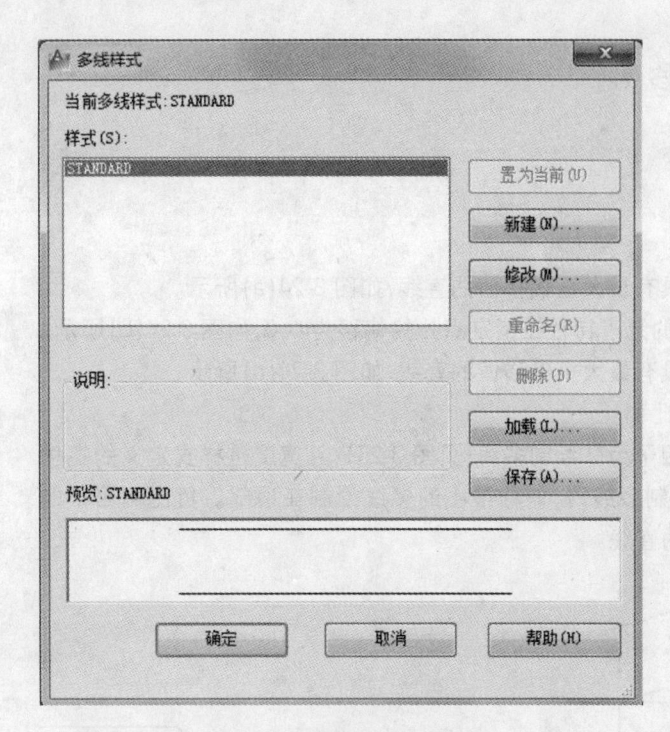

图 3-26 “多线样式”对话框

图 3-27 “创建新的多线样式”对话框

基础样式:确定要用于创建新的多线样式的多线样式。要节省时间,可选择与要创建的多线样式相似的多线样式。

继续:显示新建多线样式对话框,如图 3-28 所示。

图 3-28 新建多线样式对话框

新建多线样式对话框将显示以下内容。

说明:为多线样式添加说明。

封口:控制多线起点和端点封口。

直线:显示穿过多线每一端的直线段。

外弧:显示多线的最外端元素之间的圆弧。

内弧:显示成对的内部元素之间的圆弧。如果有奇数个元素,则不连接中心线。

角度:指定端点封口的角度。

填充:控制多线的背景填充。

填充颜色:设置多线的背景填充色。如果单击"选择颜色"选项,将弹出"选择颜色"对话框。

显示连接:控制每条多线段顶点处连接的显示。接头也称为斜接。

图元主要设置新的和现有的多线元素的元素特性,例如偏移、颜色和线型。

偏移、颜色和线型:显示当前多线样式中的所有元素。样式中的每个元素由其相对于多线的中心、颜色及其线型定义。元素始终按它们的偏移值降序显示。

添加:将新元素添加到多线样式。只有为除 STANDARD 以外的多线样式选择了颜色或线型后,此选项才可用。

删除:从多线样式中删除元素。

偏移:为多线样式中的每个元素指定偏移值。

颜色:显示并设置多线样式中元素的颜色。如果单击"选择颜色"选项,将弹出"选择颜色"对话框。

线型:显示并设置多线样式中元素的线型。如果单击"线型"按钮,将显示"选择线型"对话框,该对话框列出了已加载的线型。要加载新线型,可单击"选择线型"对话框中的"加载"按钮,将弹出"加载或重载线型"对话框。

4. 操作实例

示例 1

新建多线样式,设置如 3-29 图所示。

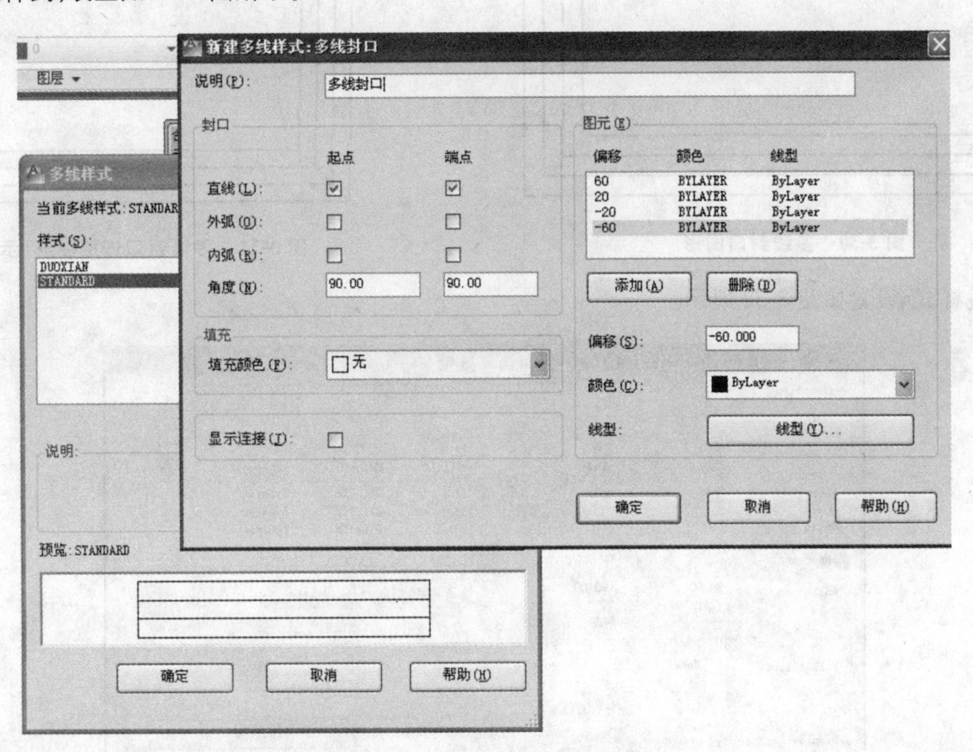

图 3-29 新建多线样式(示例 1)

命令:MLINE

当前设置:对正 = 无,比例 = 20.00,样式 = STANDARD

指定起点或[对正(J)/比例(S)/样式(ST)]:st

输入多线样式名或[?]:多线封口

当前设置:对正 = 无,比例 = 20.00,样式 = 多线封口

指定起点或[对正(J)/比例(S)/样式(ST)]:s
输入多线比例＜20.00＞:1
当前设置:对正=无,比例=1.00,样式=多线封口
指定起点或[对正(J)/比例(S)/样式(ST)]:500,500
指定下一点:＜正交 开＞
指定下一点:1000,0
指定下一点或[放弃(U)]:_u
指定下一点:@1000,0
指定下一点或[放弃(U)]:@0,-500
指定下一点或[闭合(C)/放弃(U)]:@-1000,0
指定下一点或[闭合(C)/放弃(U)]:c

结果如图 3-30 所示。

示例 2

完成图 3-31 所示的图形绘制。

图 3-30　多线封口图形

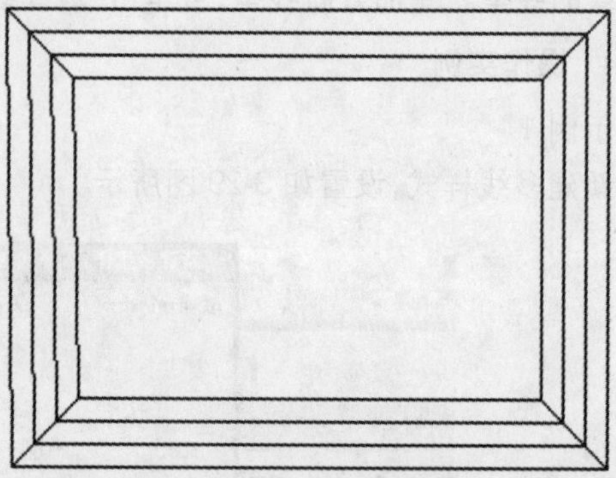

图 3-31　多线封口连接图形(示例 2)

新建多线样式,设置如图 3-32 所示。

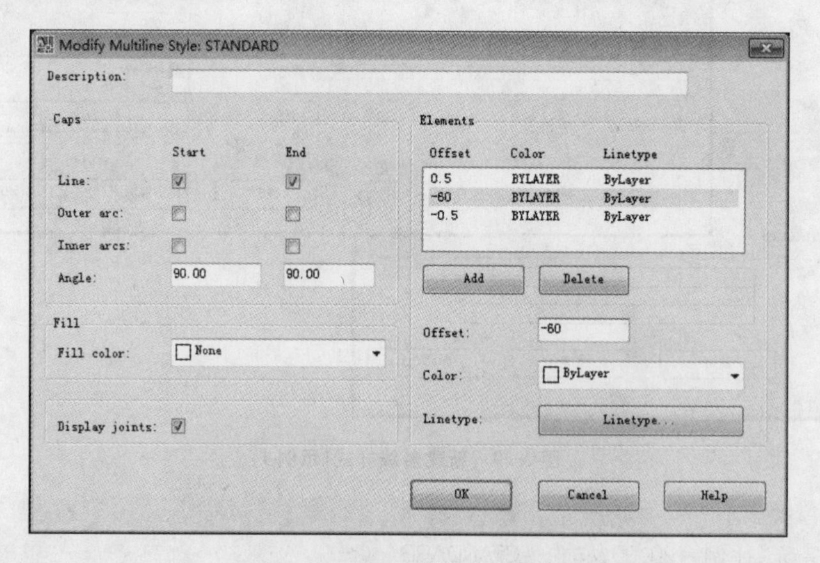

图 3-32　新建多线样式并设置

命令:MLINE
当前设置:对正=无,比例=20.00,样式=STANDARD

```
指定起点或[对正(J)/比例(S)/样式(ST)]:st
输入多线样式名或[?]:多线封口
当前设置:对正=无,比例=20.00,样式=多线封口
指定起点或[对正(J)/比例(S)/样式(ST)]:s
输入多线比例<20.00>:1
当前设置:对正=无,比例=1.00,样式=多线封口
指定起点或[对正(J)/比例(S)/样式(ST)]:500,500
指定下一点:<正交 开>
指定下一点:1000,0
指定下一点或[放弃(U)]:_u
指定下一点:@1000,0
指定下一点或[放弃(U)]:@0,-500
指定下一点或[闭合(C)/放弃(U)]:@-1000,0
指定下一点或[闭合(C)/放弃(U)]:c
```

3.8

点的绘制

1. 功能

点作为图形实体部分之一,具有各种实体属性,且可以被编辑。可以用单点、多点、定数等分、定距等分等 4 种方法创建点。

2. 执行方式

菜单栏:“格式”→“点样式”。

命令行:POINT(PO)。

工具栏:。

3. 点样式设置

“点样式”对话框如图 3-33 所示。

(1) “相对于屏幕设置大小”选项:用于按屏幕尺寸的百分比设置点的显示大小。当进行缩放时,点的显示大小并不改变。

(2) “按绝对单位设置大小”选项:用于按“点大小”下指定的实际单位设置点的显示大小。当进行缩放时,AutoCAD 显示的点的大小随之改变。

注意:在“点大小”数字框中输入控制点的大小。

```
命令:DDPTYPE
```

正在重生成模型,如图 3-33 所示,点大小为 10%。

```
命令:POINT
当前点模式:PDMODE=35  PDSIZE=-10.0000
指定点:(指定点 A)
命令:POINT
当前点模式:PDMODE=35  PDSIZE=-10.0000
指定点:(指定点 B)
```

结果如图 3-34 所示。

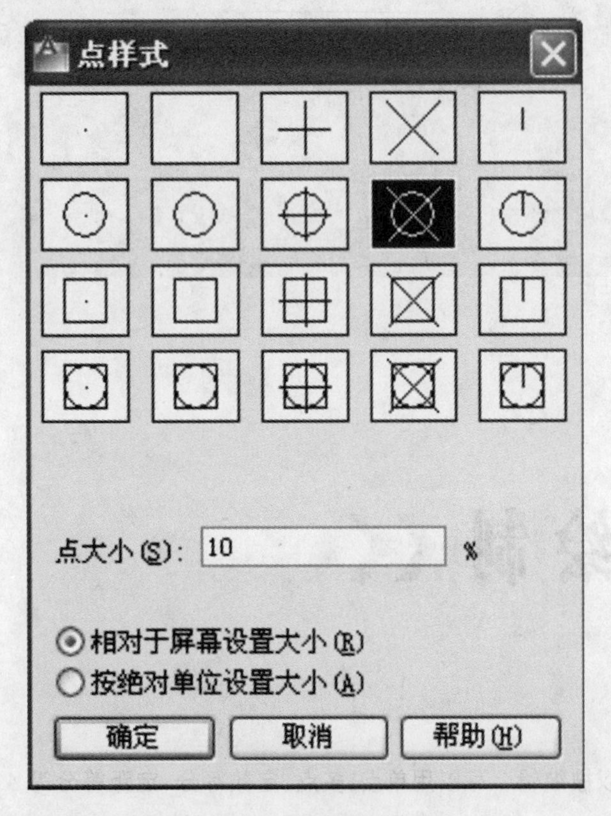

图 3-33 点样式对话框

图 3-34 绘制点

4. 操作示例

示例 1 绘制等分点

命令行:DIVIDE(DIV)。

DIVIDE 命令是在某一图形上以等分长度设置点或块。被等分的对象可以是直线、圆、圆弧、多段线等,等分数目由用户指定。

首先画一个圆。

```
命令:DIVIDE
选择要定数等分的对象:(选择圆)
输入线段数目或[块(B)]:5
```

结果如图 3-35 所示。

示例 2 绘制定距点

命令行:MEASURE(ME)。

MEASURE 命令用于在所选择对象上用给定的距离设置点,实际是提供了一个测量图形长度,并按指定距离标上标记的命令,或者说它是一个等距绘图命令。与 DIVIDE 命令相比,DIVIDE 命令是以给定数目等分所选实体,而 MEASURE 命令则是以指定的距离在所选实体上插入点或块,直到余下部分不足一个间距为止。

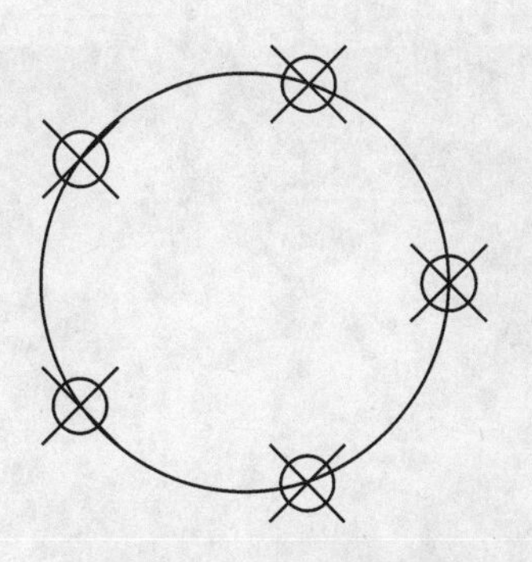

图 3-35　等分点的绘制

注意：进行定距等分时，在选择等分对象时鼠标左键应单击被等分对象的位置。单击位置不同，结果可能不同。

首先使用直线命令绘制一条直线（长度 600）。

命令：MEASURE
选择要定距等分的对象：
指定线段长度或[块(B)]：100

结果如图 3-36 所示。

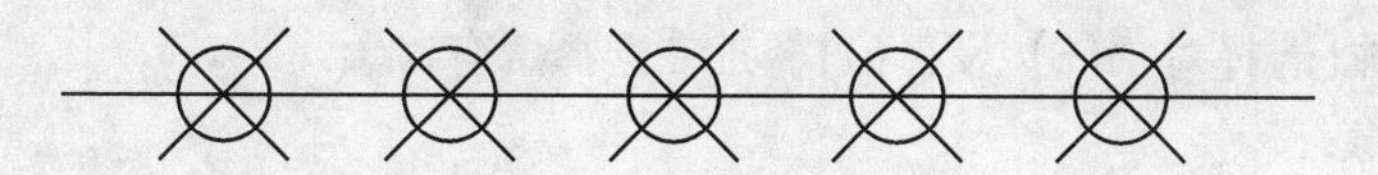

图 3-36　定距点的绘制

3.9 基本建筑图形的绘制（局部剖面图）

首先使用直线命令按照尺寸绘制建筑剖面图形，如图 3-37 所示。命令操作提示信息如下：

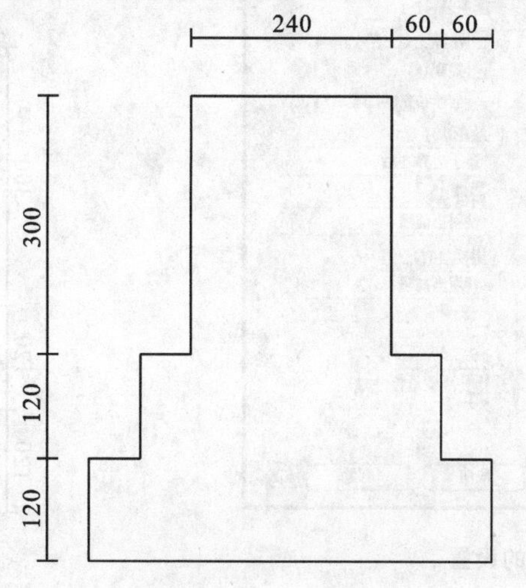

图 3-37　基本建筑图形

命令:LINE
LINE 指定第一点:100,100
指定下一点或[放弃(U)]:120
指定下一点或[放弃(U)]:60
指定下一点或[闭合(C)/放弃(U)]:120
指定下一点或[闭合(C)/放弃(U)]:60
指定下一点或[闭合(C)/放弃(U)]:300
指定下一点或[闭合(C)/放弃(U)]:240
指定下一点或[闭合(C)/放弃(U)]:300
指定下一点或[闭合(C)/放弃(U)]:60
指定下一点或[闭合(C)/放弃(U)]:120
指定下一点或[闭合(C)/放弃(U)]:60
指定下一点或[闭合(C)/放弃(U)]:120
指定下一点或[闭合(C)/放弃(U)]:c

填充截面图案。

命令:BHATC
BHATCH 拾取内部点或[选择对象(S)/设置(T)]:正在选择所有对象...
正在选择所有可见对象...
正在分析所选数据...
正在分析内部孤岛...
拾取内部点或[选择对象(S)/设置(T)]:t (设置填充图案)
拾取内部点或[选择对象(S)/设置(T)]:(拾取图形内部任意一点)

填充图案的设置如图 3-38 所示,结果如图 3-39 所示。

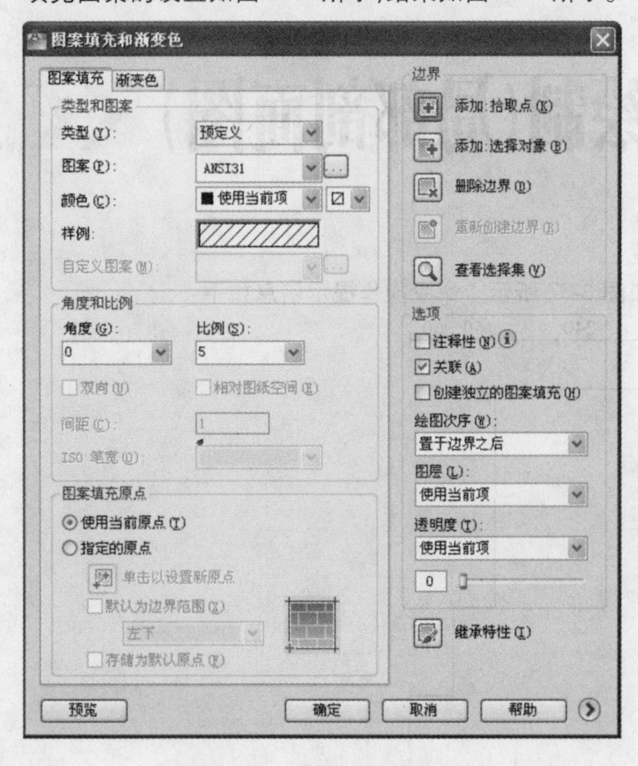

图 3-38 填充图案的设置

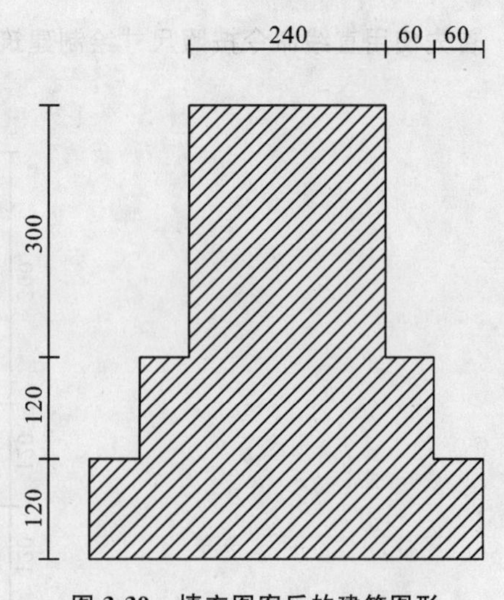

图 3-39 填充图案后的建筑图形

练习题

1. 分别使用圆弧、样条曲线、多段线等命令按照下列步骤绘图，最终完成图 3-40。

图 3-40 图形绘制习题(伞)

2. 绘制图 3-41 所示的由三角形、五边形、六边形和圆组成的图形(尺寸自定)。

图 3-41 图形绘制习题(由三角形、五边形、六边形和圆组成的图形)

命令提示参考如下：

命令：CIRCLE

CIRCLE 指定圆的圆心或[三点(3P)/两点(2P)/切点、切点、半径(T)]：200,200

指定圆的半径或[直径(D)]<50.0000>：

命令：POL

POLYGON 输入侧面数<3>：

指定正多边形的中心点或[边(E)]：200,200

输入选项[内接于圆(I)/外切于圆(C)]<I>：c

指定圆的半径：50

命令：POL

POLYGON 输入侧面数<3>：6

指定正多边形的中心点或[边(E)]：200,200

输入选项[内接于圆(I)/外切于圆(C)]<I>：i

指定圆的半径：50

指定正多边形的中心点或[边(E)]：e

指定边的第一个端点：<打开对象捕捉>指定边的第二个端点：(操作 6 次)

3. 绘制书桌，如图 3-42 所示。

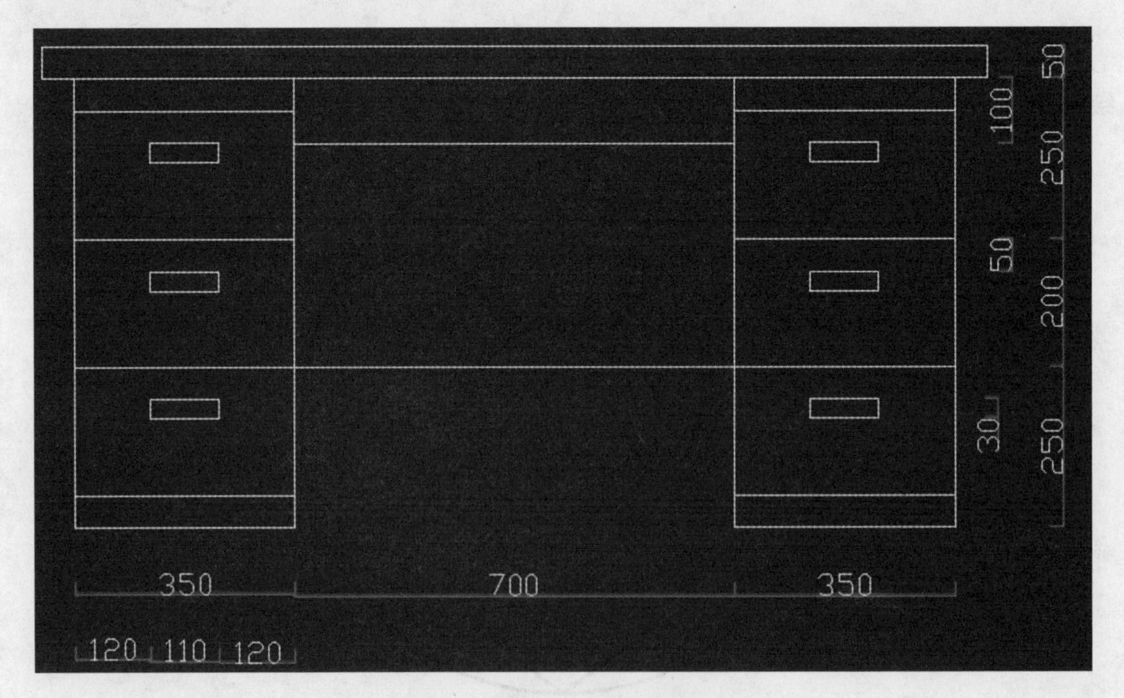

图 3-42　图形绘制习题(书桌)

4. 绘制门，如图 3-43 所示。

图 3-43　图形绘制习题（门）

第4章
二维图形的编辑

AutoCAD
JIANZHU ZHITU YU YINGYONG

在 AutoCAD 中,使用绘图命令或绘图工具只能绘制一些基本的图形对象,而绘制复杂图形,很多情况下都需借助图形的编辑来完成。AutoCAD 提供了丰富的图形修改编辑命令,如复制、移动、旋转、镜像、偏移、阵列、拉伸、修剪等。使用这些命令可以帮助用户合理地构造和组织图形,以保证绘图的准确性,简化绘图操作,从而极大地提高绘图效率。

4.1 选择对象

在对图形进行编辑操作之前,首先需要选择要编辑的对象。AutoCAD 用虚线亮显表示所选的对象,这些对象就属于选择集。选择集可以包括单个对象,也可以包括复杂的对象编组。

4.1.1 选择状态及模式的设置 ONE

选择"工具"→"选项"命令,打开"选项"对话框。通过该对话框中的"选择集"选项卡设置选择集模式、拾取框的大小及夹点功能等,如图 4-1 所示。

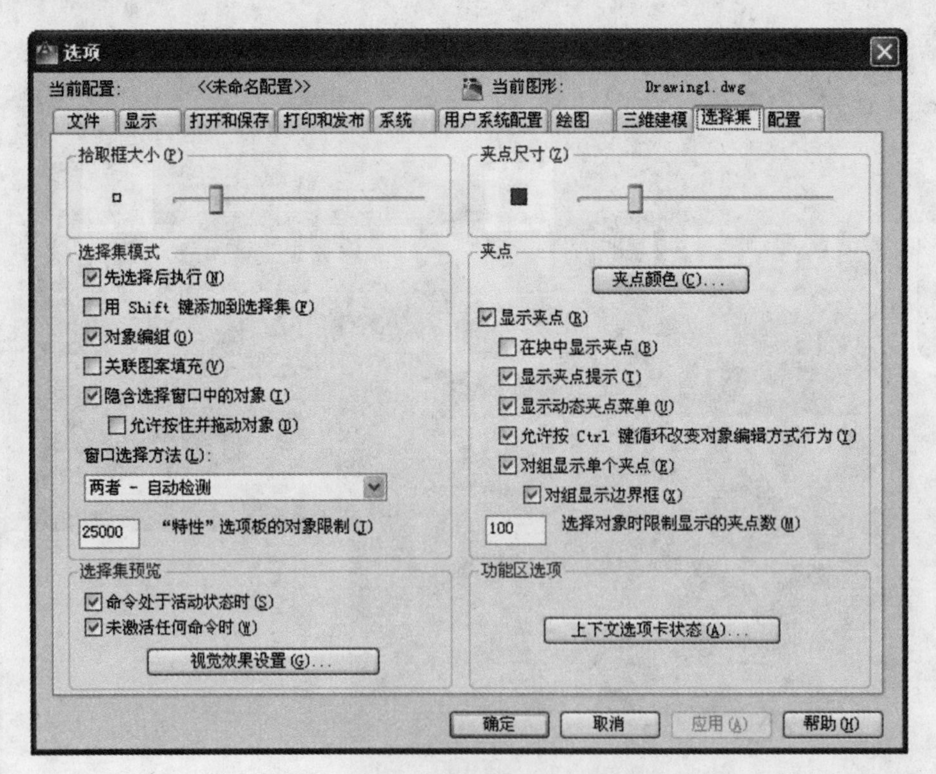

图 4-1 选择状态的设置

4.1.2 选择对象的方法 TWO

在 AutoCAD 中选择对象的方法很多。例如:可以通过单击对象逐个拾取,如图 4-2 所示;也可以利用矩形窗口或交叉窗口选择,如图 4-3 所示;还可以选择最近创建的对象、前面创建的对象或选择图形中的所有对象,也可以从选择集中添加对象或从中删除对象。

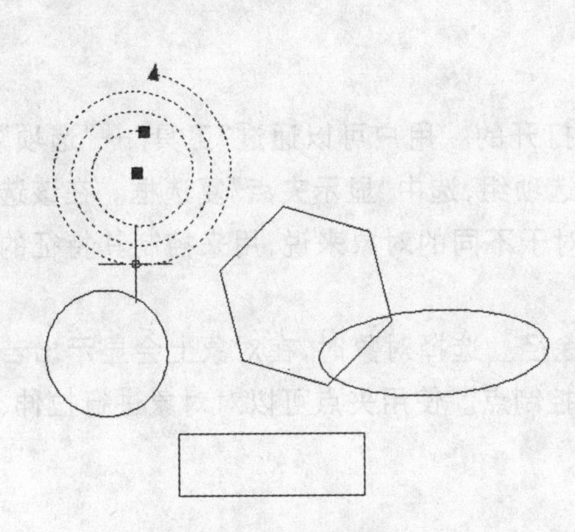

图 4-2 单击拾取

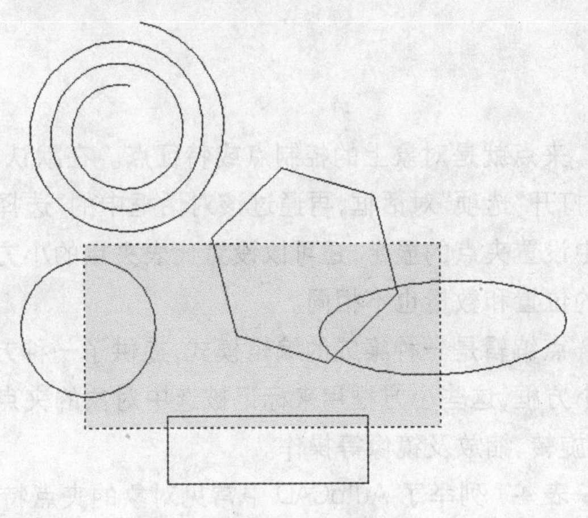

图 4-3 框选

在命令行中输入 SELECT 命令,将提示如下信息:

选择对象:使用对象选择方法

需要点或窗口(W)/上一个(L)/窗交(C)/框选(BOX)/全部(ALL)/栏选(F)/圈围(WP)/圈交(CP)/编组(G)/添加(A)/删除(R)/多个(M)/上一个(P)/放弃(U)/自动(AU)/单选(SI)/子对象(SU)/对象(O)

命令各选项的功能如下。

- 选择对象:指定点或输入选项。
- 窗口(W):选择矩形(由两点定义)中的所有对象。从左到右指定角点创建窗口选择,从右到左指定角点则创建窗交选择。
- 上一个(L):选择最近一次创建的可见对象。对象必须在当前空间(模型空间或图纸空间),并且一定不要将对象的图层设定为冻结或关闭状态。
- 窗交(C):选择区域(由两点确定)内部或与之相交的所有对象。窗交显示的方框为虚线或高亮度方框,这与窗口选择框不同。
- 框选(BOX):选择矩形(由两点确定)内部或与之相交的所有对象。如果矩形的点是从右至左指定的,则框选与窗交等效。
- 全部(ALL):选择模型空间或当前布局中除冻结图层或锁定图层上的对象之外的所有对象。
- 栏选(F):选择与选择栏相交的所有对象。栏选方法与圈交方法相似,只是栏选不闭合,并且栏选可以自交。
- 圈围(WP):选择多边形(通过待选对象周围的点定义)中的所有对象。该多边形可以为任意形状,但不能与自身相交或相切。圈围将绘制多边形的最后一条线段,所以该多边形在任何时候都是闭合的。
- 圈交(CP):选择多边形(通过在待选对象周围指定点来定义)内部或与之相交的所有对象。该多边形可以为任意形状,但不能与自身相交或相切。圈交将绘制多边形的最后一条线段,所以该多边形在任何时候都是闭合的。
- 编组(G):选择指定组中的全部对象。
- 添加(A):切换到添加模式,可以使用任何对象选择方法将选定对象添加到选择集。

4.2 夹点编辑图形对象

夹点就是对象上的控制点或特征点。在默认情况下,夹点始终是打开的。用户可以通过"工具"→"选项"命令,打开"选项"对话框,再通过该对话框中的"选择集"选项卡下的夹点选项组,选中"显示夹点"复选框。在该选项卡中设置夹点的显示,还可以设置代表夹点的小方格的尺寸和颜色。对于不同的对象来说,用来控制其特征的夹点的位置和数量也不相同。

点编辑是一种集成的编辑模式,提供了一种方便快捷的编辑操作途径。选择对象时,在对象上会显示出若干个小方框,这些小方框用来标记被选中对象的夹点,夹点就是对象上的控制点。使用夹点可以对对象进行拉伸、移动、旋转、缩放及镜像等操作。

表 4-1 列举了 AutoCAD 中常见对象的夹点特征。

表 4-1　AutoCAD 中常见对象的夹点特征

对象类型	夹点特征
直线	两个端点和中点
多段线	直线段的两端点、圆弧段的中点和两端点
构造线	控制点以及线上的邻近两点
射线	起点及射线上的一个点
多线	控制线上的两个端点
圆弧	两个端点和中点
圆	4 个象限点和圆心
椭圆	4 个顶点和中心
椭圆弧	端点、中点和中心点
区域填充	各个顶点
文字	插入点和第 2 个对齐点(如果有的话)
段落文字	各顶点
属性	插入点
形	插入点
三维网络	网格上的各个顶点
三维面	周边点
线性标注、对齐标注	尺寸线和尺寸界线的端点,尺寸文字的中心点
角度标注	尺寸线端点和指定尺寸标注弧的端点,尺寸文字的中心点
半径标注、直径标注	半径或直径标注的端点,尺寸文字的中心点
坐标标注	被标注点,用户指定的引出线端点和尺寸文字的中心点

4.2.1 使用夹点拉伸对象 ONE

1. 功能

在不执行任何命令的情况下选择对象，显示其夹点，然后单击其中的一个夹点，进入编辑拉伸状态。

2. 执行方式

在夹点编辑模式下，AutoCAD 自动将其作为拉伸的基点，进入拉伸编辑模式。

命令行将显示如下提示信息：

** 拉伸 **
指定拉伸点或[基点(B)/复制(C)/放弃(U)/退出(X)]：

其选项的功能如下。

- 基点(B)：重新确定拉伸基点。
- 复制(C)：允许确定一系列的拉伸点，以实现多次拉伸。
- 放弃(V)：取消一次操作。
- 退出(X)：退出当前的操作。

3. 操作示例

使用夹点拉伸对象，如图 4-4 所示。

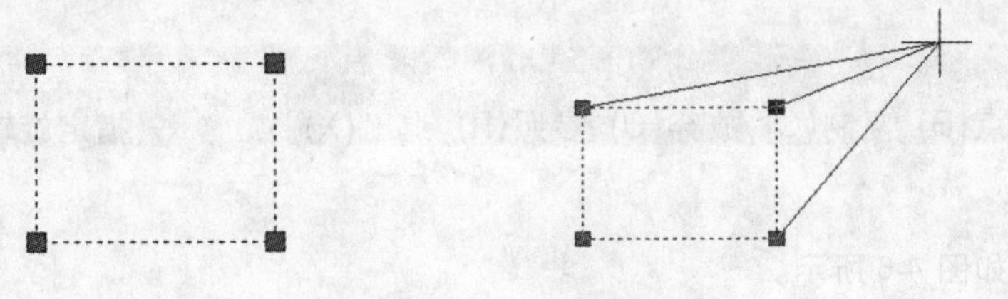

图 4-4 夹点拉伸编辑状态

默认情况下，指定拉伸点(可以通过输入点的坐标或者直接用鼠标指针拾取点)，把对象拉伸或移动到新的位置。对于某些夹点，只能移动对象而不能拉伸对象，如文字、块、直线中点、圆心、椭圆中心和点对象上的夹点。

4.2.2 使用夹点移动对象 TWO

1. 功能

移动对象仅仅是位置上的平移，对象的方向和大小并不会改变。要精确地移动对象，可使用捕捉模式和对象捕捉模式。

2. 执行方式

在夹点编辑模式下确定基点后，在命令行提示下输入 MOVE 或 MO 进入移动模式，命令行将显示如下提示信息。

** 移动 **
指定移动点或[基点(B)/复制(C)/放弃(U)/退出(X)]：　　(指定移动点)

3. 操作示例

使用夹点移动对象，如图 4-5 所示。

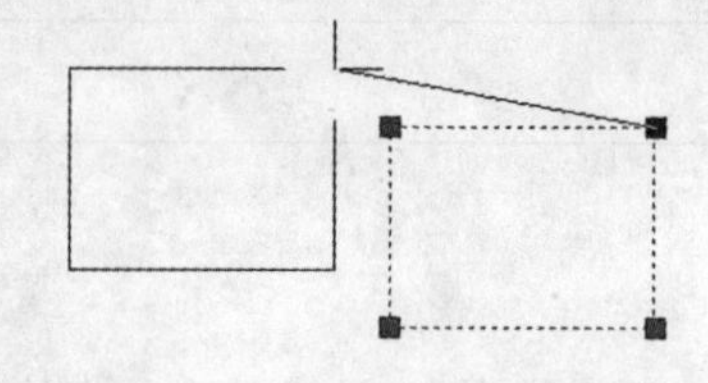

图 4-5　使用夹点移动对象

通过输入点的坐标或拾取点的方式来确定平移对象的目的点后,即可以基点为平移起点,以目的点为终点将所选对象平移到新位置。

4.2.3　使用夹点旋转对象　THREE

1. 功能

默认情况下,输入旋转的角度值或通过拖动方式确定旋转角度后,即可将对象绕基点旋转指定的角度,也可以选择参照,以参照方式旋转对象。

2. 执行方法

在夹点编辑模式下,确定基点后,在命令行提示下输入 ROTATE 或 RO 进入旋转模式,命令行将显示如下提示信息。

```
** 旋转 **
指定旋转角度或[基点(B)/复制(C)/放弃(U)/参照(R)/退出(X)]:　　(指定旋转角度)
```

3. 操作示例

使用夹点旋转对象,如图 4-6 所示。

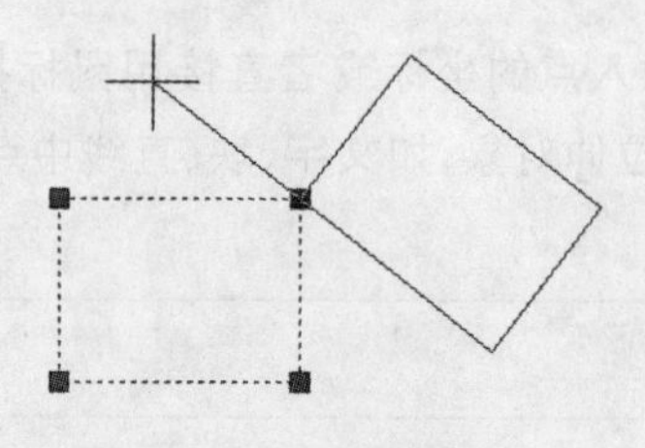

图 4-6　使用夹点旋转对象

4.2.4　使用夹点缩放对象　FOUR

1. 功能

在夹点编辑模式下可以通过比例因子缩放对象。

2. 执行方式

在夹点编辑模式下,确定基点后,在命令行提示下输入 SCALE 或 SC 进入缩放模式,命令行将显示如下提示信息。

** 比例缩放 **

指定比例因子或[基点(B)/复制(C)/放弃(U)/参照(R)/退出(X)]:

默认情况下,当确定了缩放的比例因子后,AutoCAD 将相对于基点进行缩放对象操作。当比例因子大于 1 时放大对象,当比例因子大于 0 而小于 1 时缩小对象。

3. 操作示例

使用夹点缩放对象,如图 4-7(a)所示,缩放比例因子为 2,结果如图 4-7(b)所示。

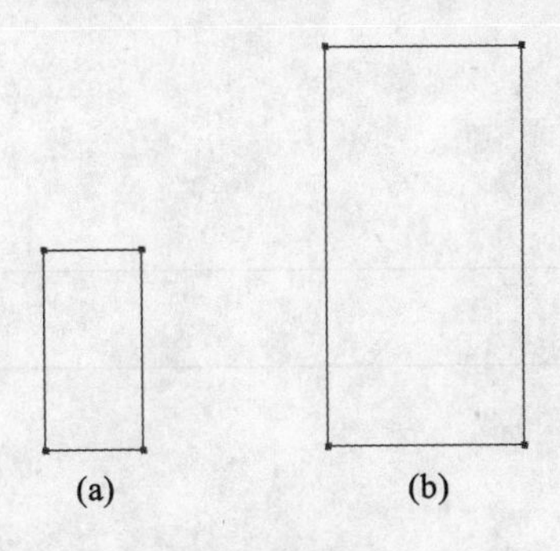

图 4-7　使用夹点缩放对象

4.2.5　使用夹点镜像对象　FIVE

1. 功能

与镜像命令的功能类似,镜像操作后将删除源对象。

2. 执行方式

在夹点编辑模式下确定基点后,在命令行提示下输入 MI 进入镜像模式,命令行将显示如下提示信息。

** 镜像 **

指定第二点或[基点(B)/复制(C)/放弃(U)/退出(X)]:

3. 操作示例

以基点作为镜像线上的第一个点,新指定的点为镜像线上的第二个点,将对象进行镜像操作并删除源对象。使用夹点镜像对象,如图 4-8 所示。

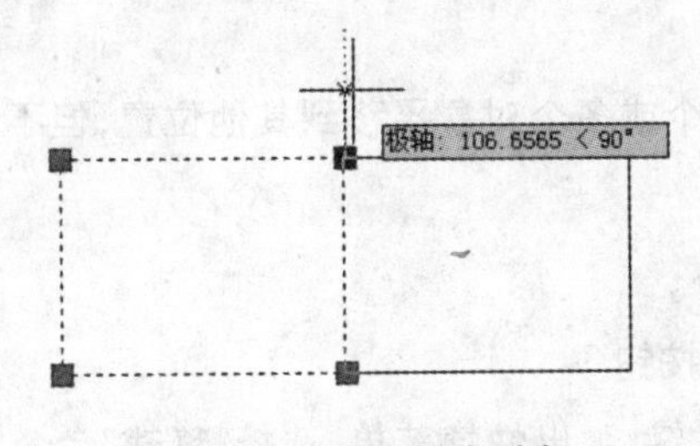

图 4-8　使用夹点镜像对象

注意:使用夹点移动、旋转及镜像对象时,在命令行中输入 C,可以在进行编辑操作时复制图形。

4.3 删除、移动、旋转对象

4.3.1 删除对象 ONE

1. 功能

删除用户所选择的一个或多个对象。对于一个已删除的对象，虽然用户在屏幕上看不到它，但在图形文件还没有被关闭之前该对象仍保留在图形数据库中，用户可利用 UNDO 命令进行恢复。当图形文件被关闭后，该对象将被永久性地删除。

2. 执行方式

菜单栏："修改"→"删除"。

工具栏：单击修改工具栏中的按钮。

快捷菜单：选定对象后单击鼠标右键，弹出快捷菜单，选择"删除"命令。

命令：ERASE(或别名 E)。

3. 操作示例

命令：ERASE
选择对象：　　　　(选择图形)
选择对象：　　　　(按 Enter 键或 Delete 删除所选择的图形)

4.3.2 移动对象 TWO

1. 功能

移动命令可以将用户所选择的一个或多个对象平移到其他位置，但不改变对象的方向和大小。

2. 执行方式

菜单栏：选择"修改"→"移动"命令。

工具栏：单击修改工具栏中的按钮。

快捷菜单：选定对象后单击鼠标右键，弹出快捷菜单，选择"移动"命令。

命令：MOVE(或别名 M)。

命令各选项的功能如下。

- 选择对象：用户可在此提示下构造要移动的对象的选择集，并按 Enter 键确定，系统将提示：

指定基点或[位移(D)]＜位移＞：(指定基点或输入 d)

● 要求用户指定一个基点，用户可通过键盘输入或鼠标选择来确定基点，此时系统提示为：

指定第二点或<使用第一点作为位移>：

指定第二点：系统将根据基点到第二点之间的距离和方向来确定选中对象的移动距离和移动方向。在这种情况下，移动的效果只与两个点之间的相对位置有关，而与点的绝对坐标无关。确定后，系统将基点的坐标值作为相对的 X、Y、Z 位移值。在这种情况下，基点的坐标确定了位移矢量(即原点到基点之间的距离和方向)，因此基点不能随意确定。

4.3.3 旋转对象 THREE

1. 功能

旋转命令可以改变用户所选择的一个或多个对象的方向(位置)。用户可通过指定一个基点和一个相对或绝对的旋转角对选择对象进行旋转。

2. 执行方式

菜单栏：选择“修改”→“旋转”命令。

工具栏：单击修改工具栏中的按钮。

快捷菜单：选定对象后单击鼠标右键，弹出快捷菜单，选择“旋转”命令。

命令：ROTATE (或别名 RO)。

调用该命令后，系统首先提示 UCS 当前的正角方向，并提示用户选择对象。用户可在此提示下构造要旋转的对象的选择集，并按 Enter 键确定，系统将提示：

指定基点：(指定一个基准点)
指定旋转角度或[复制(C) /参照(R)]：　　(输入角度或指定点，或者输入 c 或 r)

用户首先需要指定一个基点，即旋转对象时的中心点，然后指定旋转的角度，这时有两种方式可供选择。

● 直接指定旋转角度：以当前的正角方向为基准，按用户指定的角度进行旋转。

● 选择 Reference(参照)：选择该选项后，系统首先提示用户指定一个参照角，然后再指定以参照角为基准的新的角度。

指定参照角度<上一个参照角度>：　　(通过输入值或指定两点来指定角度)
指定新角度或[点(P)]<上一个新角度>：　　(通过输入值或指定两点来指定新的绝对角度)

3. 操作示例

命令：_rotate
UCS 当前的正角方向：ANGDIR = 逆时针　ANGBASE = 0
选择对象：找到 1 个　　(选择图 4-9(a)所示的正方形)
选择对象：　　(按 Enter 键确定选择对象结束)
指定基点：　　(单击正方形的中心点为基点)
指定旋转角度，或[复制(C) /参照(R)]<0>：45　　(输入旋转角度)

效果如图 4-9 所示。

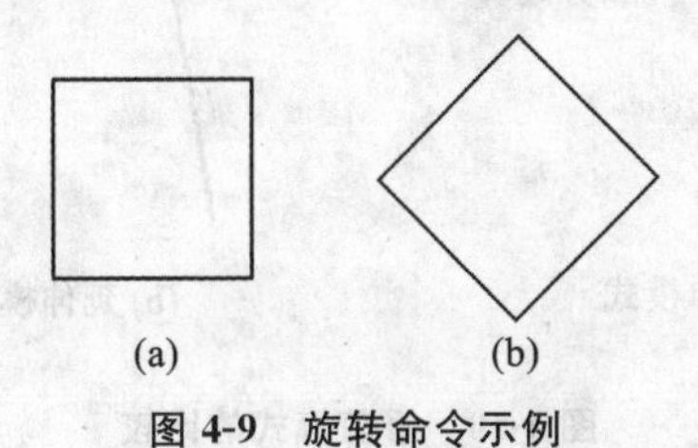

图 4-9 旋转命令示例

4.4 修剪对象

1．功能

修剪命令用来修剪图形实体。该命令的用法很多，不仅可以修剪相交或不相交的二维对象，还可以修剪三维对象。

2．执行方式

菜单栏：选择“修改”→“修剪”命令。

工具栏：单击修改工具栏中的 -/-- 按钮。

命令行：TRIM（或别名 TR）。

命令各选项的功能如下。

● 系统首先显示 TRIM 命令的当前设置，并提示用户选择修剪边界。

当前设置：投影 = 当前值，边 = 当前值
选择剪切边...
选择对象或<全部选择>：（选择一个或多个对象并按 Enter 键，或者按 Enter 键选择所有显示的对象）

● 用户确定修剪边界后，系统进一步提示。

选择要修剪的对象或按住 Shift 键选择要延伸的对象或[栏选（F）/窗交（C）/投影（P）/边（E）/删除（R）/放弃（U）]：（选择要修剪的对象，按住 Shift 键选择要延伸的对象，或输入选项）

● 用户直接用鼠标选择被修剪的对象。

按 Shift 键的同时来选择对象，这种情况下可作为延伸命令使用。用户所确定的修剪边界就作为延伸的边界。

投影选项：指定修剪对象时是否使用投影模式。

边选项：指定修剪对象时是否使用延伸模式，系统提示如下。

输入隐含边延伸模式[延伸（E）/不延伸（N）]<不延伸>：

其中延伸选项可以在修剪边界与被修剪对象不相交的情况下，假定修剪边界延伸至被修剪对象并进行修剪。而同样的情况下，使用不延伸模式则无法进行修剪。两种模式的比较如图 4-10 所示。

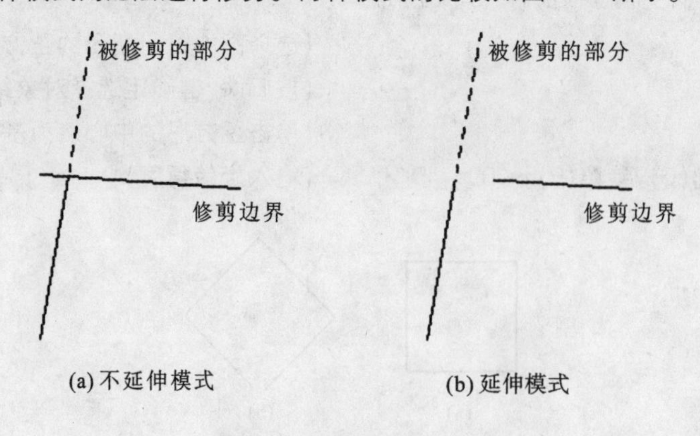

图 4-10 修剪模式的比较

使用 TRIM 命令时必须先启动命令后选择要编辑的对象；启动该命令时已选择的对象将自动取消选择状态。

注意：默认情况下，选择要修剪的对象(即选择被剪边)，系统将以剪切边为界，将被剪切对象上位于拾取点一侧的部分剪切掉。修剪图形时最后的一段或单独的一段是无法剪掉的，可以用删除命令删除。在使用修剪命令时，可以选中所有参与修剪的实体作为修剪边，让它们互为剪刀。

4.5 复制、阵列、偏移和镜像对象 ❮❮❮

4.5.1 复制对象 ONE

1. 功能

复制命令可以将用户所选择的一个或多个对象生成一个副本，并将该副本放置到其他位置，复制后原图形仍然存在。

2. 执行方式

菜单栏："修改"→"复制"。

工具栏：单击修改工具栏中的 按钮。

快捷菜单：选定对象后单击鼠标右键，弹出快捷菜单，选择"复制"命令。

命令：COPY(或别名 CO、CP)。

调用该命令后，系统将提示用户选择对象。命令各选项的功能如下。

选择对象：用户可在此提示下构造要复制的对象的选择集，并按 Enter 键确定。系统将提示：

当前设置：复制模式 = 当前值
指定基点或[位移(D) /模式(O) /多个(M)]<位移>： (指定基点或输入选项)

上述命令中各选项的意义如下。

● 指定基点：输入对象复制的基点。选中该选项后，系统继续出现如下提示信息：

指定基点或[位移(D) /模式(O) /多个(M)]<位移>： (指定基点或<使用第一个点作为位移>复制后将所选对象指定的两点所确定的位移量复制到新的位置)

● 位移(D)：通过指定的位移量来复制选中的对象。
● 模式(O)：输入复制模式选项(单个或多个)。

3. 操作示例

如图 4-11(a)所示，用复制命令复制矩形中左边的图形，复制结果如图 4-11(b)所示。

命令：_copy
选择对象：找到 1 个 (选择如图 4-11 中的小圆)
选择对象：找到 1 个，总计 2 个 (选择图中的小矩形)

选择对象:
当前设置:复制模式 = 多个
指定基点或[位移(D)/模式(O)]<位移>: (以圆心作为基点)
指定第二个点或<使用第一个点作为位移>:80 (沿水平极轴方向输入距离 80)
指定第二个点或[退出(E)/放弃(U)]<退出>: (按 Enter 键结束)

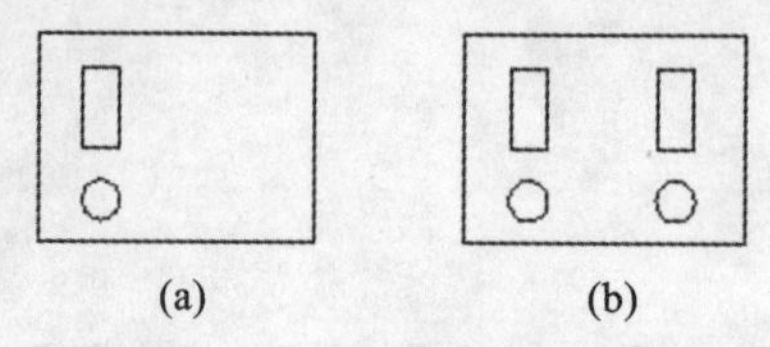

图 4-11 复制命令编辑示例

4.5.2 阵列对象 TWO

1. 功能

在 AutoCAD 中,可以通过阵列命令多重复制对象。阵列命令复制呈规则分布的图形,创建按指定方式排列的多个对象副本,使用矩形阵列选项创建由选定对象副本的行数和列数所定义的阵列,使用环形阵列选项通过围绕圆心复制选定对象来创建阵列。

2. 执行方式

工具栏:选择"修改"→"阵列"命令。

工具栏:单击修改工具栏中的 按钮。

命令:ARRAY(或别名 AR)。

单击修改工具栏中的阵列按钮,将弹出图 4-12 所示的对话框。

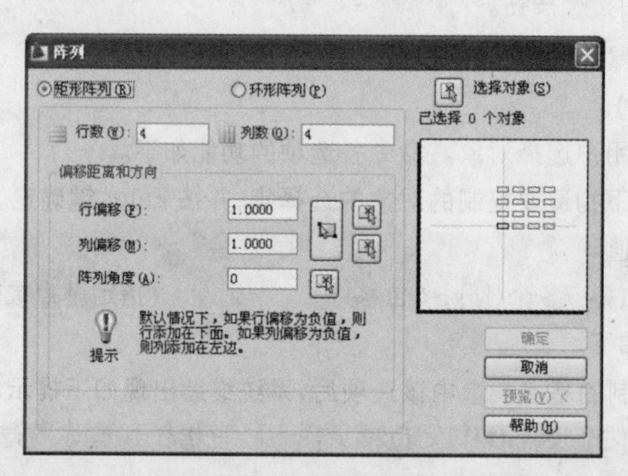

图 4-12 "阵列"对话框

- 矩形阵列:按照网格行列的方式复制实体对象。用户必须告知将实体复制成几行、几列,行距、列距分别为多少。
- 环形阵列:通过围绕圆心复制选定对象来创建阵列。
- 选择对象:选择阵列的对象。
- 中心点:选中环形矩形后输入环形的中心点的 X 坐标值和 Y 坐标值。
- 行偏移:选中矩形阵列时输入行距。
- 列偏移:选中矩形阵列时输入列距。

● 阵列角度：选中环形阵列后输入复制对象之间的角度值。

注意：行偏移、列偏移和阵列角度的值的正负性将影响将来的阵列方向。行偏移和列偏移为正值将使阵列沿 X 轴或 Y 轴正方向阵列复制对象；阵列角度为正值则沿逆时针方向阵列复制对象，负值则相反。如果是通过单击按钮在绘图窗口设置偏移距离和方向，则给定点的前后顺序将确定偏移的方向。

3. 操作示例

示例 1

对图 4-13(a)使用环形阵列命令，结果为图 4-13(b)所示的 10 人餐桌。

命令：ARRAY

选择对象：找到 1 个　　　　　　(选择桌面大圆)

选择对象：　　　　　　　　　　(确定选择结束)

输入阵列类型[矩形(R)/路径(PA)/极轴(PO)]<极轴>：

类型＝极轴　关联＝是

指定阵列的中心点或[基点(B)/旋转轴(A)]：

输入项目数或[项目间角度(A)/表达式(E)]<4>：

指定填充角度(＋＝逆时针、－＝顺时针)或[表达式(EX)]<360>：选择对象：找到 1 个：

(选择图 4-13(a)中的小圆)

选择对象：

指定阵列中心点：拾取或按 Esc 键返回到对话框或单击鼠标右键接受阵列：

(拾取大圆的圆心作为中心点，所得“阵列”对话框如图 4-14 所示，单击对话框中的“确定”按钮，得到如图 4-13(b)所示的图形)

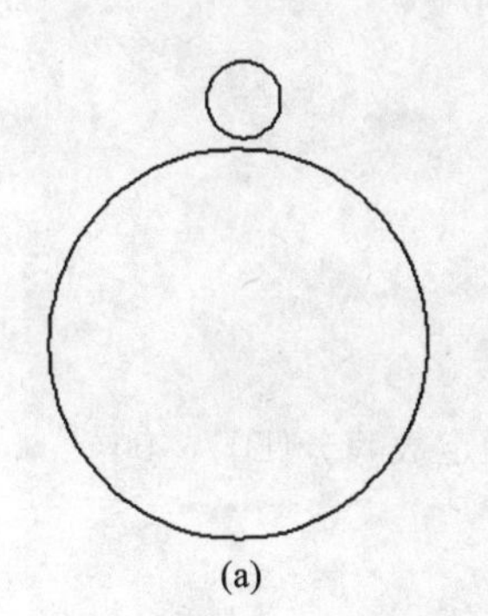

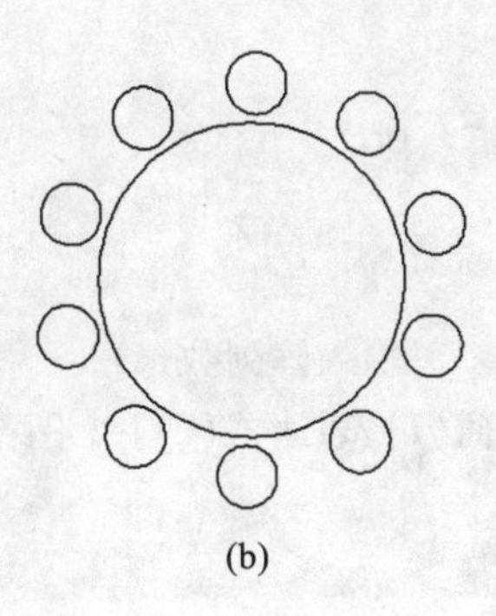

图 4-13　环形阵列示例

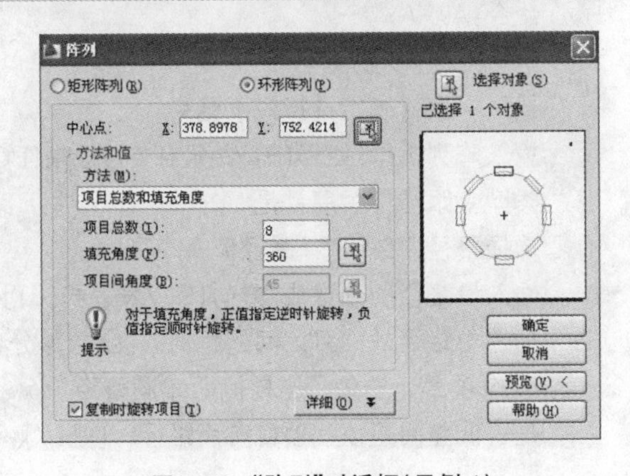

图 4-14　“阵列”对话框(示例 1)

示例 2

对图 4-15(a)使用矩形阵列命令，结果如图 4-15(b)所示。

命令：_array

选择对象：找到 1 个　　　　　(选择如图 4-15(a)所示的小矩形)

选择对象：　　　　　　　　　(按 Enter 键出现“阵列”对话框，如图 4-16 所示)

指定行间距：第二点：　　　　(指出行间距为-100)

指定列间距：第二点：　　　　(指出列间距为-100)

按图 4-16 设置参数后，结果如图 4-15(b)所示。

示例 3

如图 4-17 所示，沿着路径 L，阵列圆 A，阵列数量 15 个，结果如图 4-18 所示。

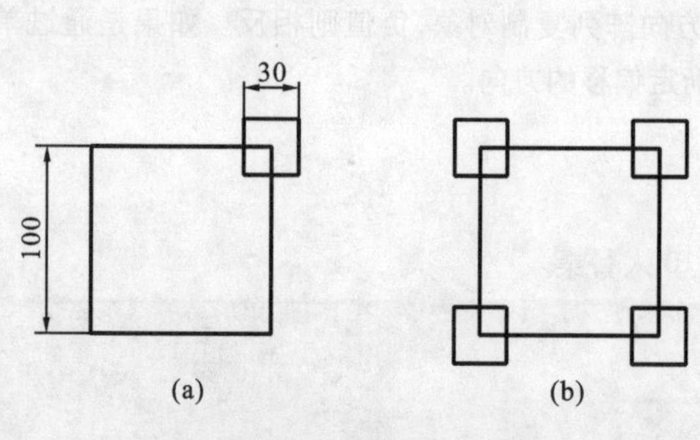

图 4-15　矩形阵列示例

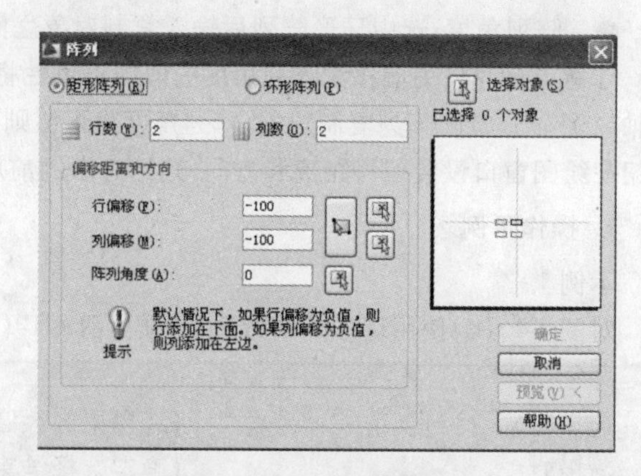

图 4-16　“阵列”对话框(示例 2)

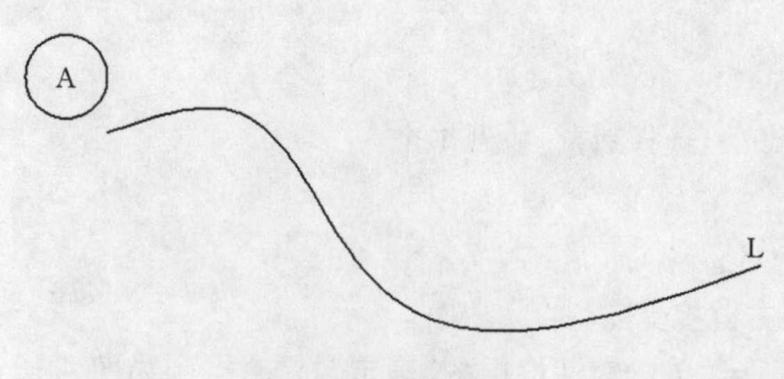

图 4-17　路径阵列

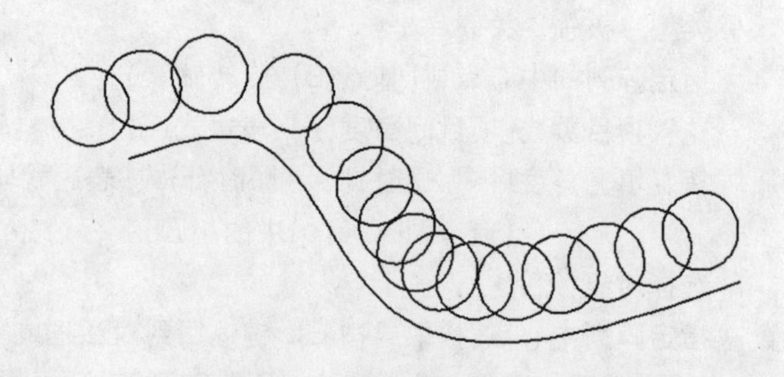

图 4-18　沿路径阵列后的效果

命令：ARRAY

选择对象：找到 1 个

选择对象：(确定选择对象结束)

输入阵列类型[矩形(R)/路径(PA)/极轴(PO)]＜极轴＞：pa

类型＝路径　关联＝是

选择路径曲线：选择路径 L

输入沿路径的项数或[方向(O)/表达式(E)]＜方向＞：15(输入阵列数量)

指定沿路径的项目之间的距离或[定数等分(D)/总距离(T)/表达式(E)]＜沿路径平均定数等分(D)＞：50

15 个项目无法使用当前间距布满路径。

是否调整间距以使项目布满路径？[是(Y)/否(N)]＜是＞：Y

4.5.3　偏移　THREE

1．功能

偏移就是可以将对象复制，并且将复制对象偏移到给定的距离。可利用两种方式对选中对象进行偏移操作，从而创建新的对象。一种是按指定的距离进行偏移，另一种则是通过指定点来进行偏移，如图 4-19 所示。该命令常用于创建同心圆、平行线和平行曲线等。

2．执行方式

菜单栏：选择“修改”→“偏移”命令。

工具栏：单击修改工具栏中的按钮。

命令行：OFFSET(或别名 O)。

调用该命令后,系统首先要求用户指定偏移的距离或选择指定通过点方式。

当前设置:删除源＝当前值　图层＝当前值 OFFSETGAPTYPE＝当前值
指定偏移距离或[通过(T)/删除(E)/图层(L)]<当前>:（输入偏移距离）
指定要偏移的那一侧上的点,或[退出(E)/多个(M)/放弃(U)]<退出或下一个对象>:
（指定对象上要偏移的那一侧上的点）
指定通过点或[退出(E)/多个(M)/放弃(U)]<退出或下一个对象>:
（指定偏移对象要通过的点）

偏移操作的两种方式如图 4-19 所示。

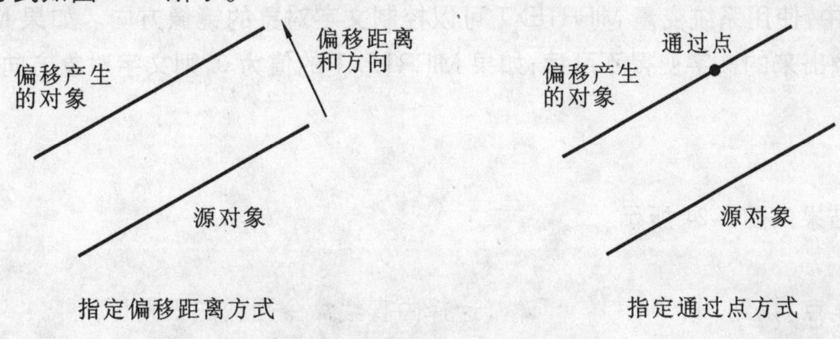

图 4-19　偏移操作方式的比较

3. 操作示例

如图 4-20(a)所示,使用偏移命令,结果如图 4-20(b)所示。在命令行信息提示如下:

命令:_offset
当前设置:删除源＝否　图层＝源　OFFSETGAPTYPE＝0
指定偏移距离或[通过(T)/删除(E)/图层(L)]<通过>:5　（输入偏移的距离 5）
选择要偏移的对象,或[退出(E)/放弃(U)]<退出>:　（选择图 4-20(a)所示的圆弧和线段）
指定要偏移的那一侧上的点,或[退出(E)/多个(M)/放弃(U)]<退出>:　（单击图 4-20(a)内部任意点）
选择要偏移的对象,或[退出(E)/放弃(U)]<退出>:　（按 Enter 键得到如图 4-20(b)所示的结果）

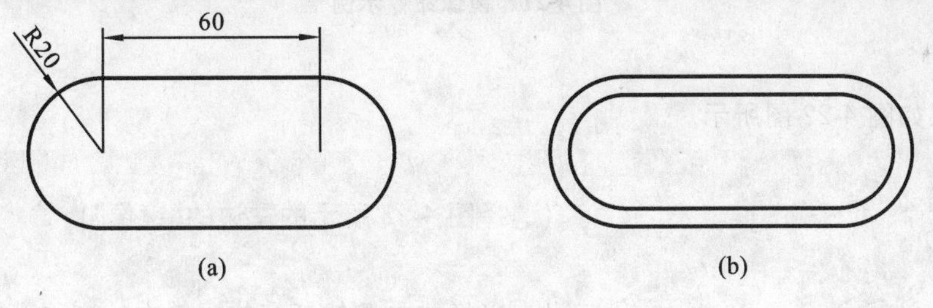

图 4-20　偏移命令示例

注意:

(1) 使用 OFFSET 命令时必须先启动命令,然后选择要编辑的对象。启动该命令时已选择的对象将自动取消选择状态。OFFSET 命令不能用在三维面或三维对象上。

(2) 偏移命令用于偏移复制线性实体,得到原有实体的平行实体。

(3) 系统变量 OFFSET DIST 存储当前偏移值。

4.5.4　镜像　FOUR

1. 功能

可以使用镜像命令,将对象以镜像线对称复制。

2. 执行方式

菜单栏：选择“修改”→“镜像”命令。

工具栏：单击修改工具栏中的 按钮。

命令行：MIRROR(或别名 MI)。

执行该命令时，需要选择要镜像的对象，然后依次指定镜像线上的两个端点，命令行将显示“删除源对象吗？[是(Y)/否(N)]<N>：”提示信息。如果直接按 Enter 键，则默认输入 N，镜像复制对象，并保留原来的对象；如果输入 Y，则在镜像复制对象的同时删除源对象。

注意：在 AutoCAD 中，使用系统变量 MIRRTEXT 可以控制文字对象的镜像方向。如果 MIRRTEXT 的值为 1，则文字对象完全镜像，镜像出来的文字变得不可读；如果 MIRRTEXT 的值为 0，则文字对象方向不镜像。

3. 操作示例

示例 1

用镜像命令镜像，结果如图 4-21 所示。

命令：_mirror	
选择对象：指定对角点：找到 3 个	(选择由直线命令画成的三角形)
选择对象：	(确定选择结束)
指定镜像线的第一点：	(在三角形垂直线的右边任意位置单击作为镜像线第一点)
指定镜像线的第二点：	(在第一点的垂直线的下方单击作为镜像线的第二点)
要删除源对象吗？[是(Y)/否(N)]<N>：	(按 Enter 键结束，不删除源对象)

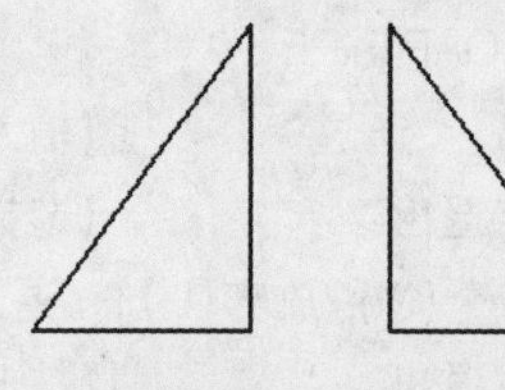

图 4-21　镜像命令示例

示例 2

用镜像命令，结果如图 4-22 图所示。

命令：_mirror	
选择对象：找到 1 个	(选择图 4-22 所示的左边的“镜像”)
选择对象：	
指定镜像线的第一点：	(在镜像的右侧的任意位置单击一点作为镜像线的第一点)
指定镜像线的第二点：	(在第一点的垂直下方单击作为镜像线的第二点)
要删除源对象吗？[是(Y)/否(N)]<N>：	(不删除源对象，结果如图 4-22 所示)

当 MIRRTEXT 的值为 1 时，镜像出来的结果如图 4-23 所示，操作同上。

镜像 镜像

图 4-22　当 MIRRTEXT 的值为 0 时文字镜像

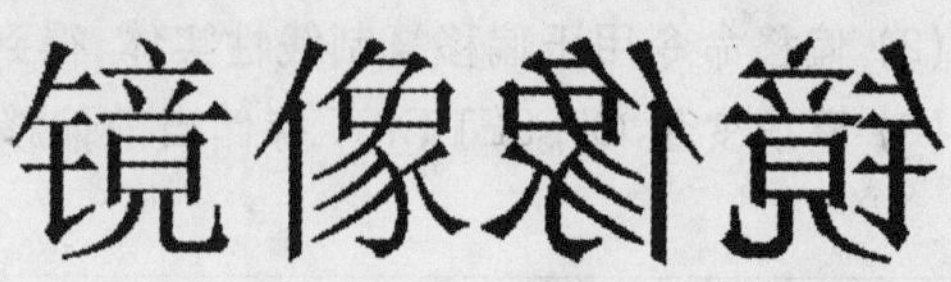

图 4-23　当 MIRRTEXT 的值为 1 时的文字镜像

4.6

拉伸、拉长、延伸

4.6.1 拉伸 ONE

1. 功能

使用拉伸命令时，必须用交叉多边形或交叉窗口的方式来选择对象。如果将对象全部选中，则该命令相当于移动命令。如果选择了部分对象，则 STRETCH 命令只移动选择范围内的对象的端点，而其他端点保持不变。可用于 STRETCH 命令的对象包括圆弧、椭圆弧、直线、多段线、射线和样条曲线等。

2. 执行方式

菜单栏：选择“修改”→“拉伸”命令。

工具栏：单击修改工具栏中的按钮。

命令：STRETCH（或别名 S）。

选择对象：（用户可以交叉窗口或交叉多边形选择要拉伸的对象）

用交叉窗口选择方式选择两个交点：（改变选择端点的位置，其他不变，然后提示用户进行移动操作，操作过程同移动命令）

指定基点或[位移(D)]<位移>：

指定第二个点或<使用第一个点作为位移>：

3. 操作示例

如图 4-24(a)所示，使用拉伸命令，结果如图 4-24(b)所示。

命令：_stretch

以交叉窗口或交叉多边形选择要拉伸的对象...

选择对象：指定对角点：找到 3 个 （选择正六边形的三条边）

选择对象：//按 Enter 键指定基点或[位移(D)]<位移>：（单击正六边形的右下角点）

指定第二个点或<使用第一个点作为位移>：50 （输入数值 50）

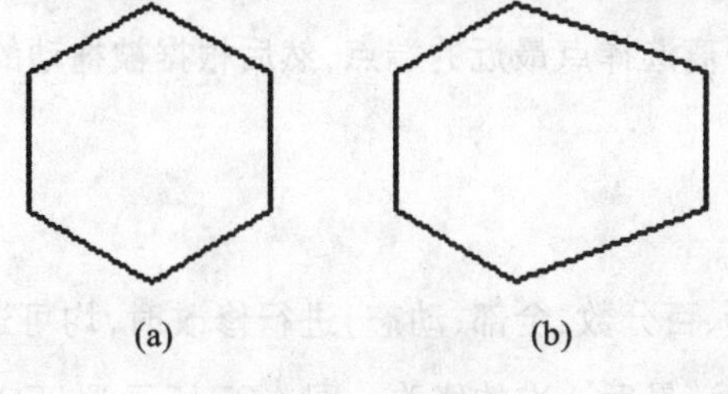

图 4-24 拉伸示例

4.6.2 拉长 TWO

1. 功能

拉长命令用于改变圆弧的角度，或改变非闭合对象的长度，包括直线、圆弧、非闭合多段线、椭圆弧和非闭合样条曲线等。

2. 执行方式

菜单栏：选择“修改”→“拉长”命令。

命令行：LENGTHEN（或别名 LEN）。

命令各选项的功能如下。

- 选择对象或[增量(DE)/百分数(P)/全部(T)/动态(DY)]：调用该命令后，系统将提示用户选择对象。
- 输入长度差值或[角度(A)]＜当前＞：当用户选择了某个对象时，系统将显示该对象的长度、包含角度。

其他选项则给出了 4 种改变对象长度或角度的方法。

- 增量(DE)：指定一个长度或角度的增量，并进一步提示用户选择对象。

```
选择对象或[增量(DE)/百分数(P)/全部(T)/动态(DY)]：DE
输入长度增量或[角度(A)]＜0.0000＞：
```

如果用户指定的增量为正值，则对象从距离选择点最近的端点开始增加一个增量长度（或角度）；如果用户指定的增量为负值，则对象从距离选择点最近的端点开始缩短一个增量长度（或角度）。

- 百分数(P)：指定对象总长度或总角度的百分比来改变对象长度或角度，并进一步提示用户选择对象。

```
输入长度百分数＜当前＞：          （输入非零正值或按 Enter 键）
选择要修改的对象或[放弃(U)]：     （选择一个对象或输入 u）
```

如果用户指定的百分比大于 100，则对象从距离选择点最近的端点开始延伸，延伸后的长度（或角度）为原长度（或角度）与指定的百分比的乘积；如果用户指定的百分比小于 100，则对象从距离选择点最近的端点开始修剪，修剪后的长度（或角度）为原长度（或角度）与指定的百分比的乘积。

- 全部(T)：指定对象修改后的总长度（或角度）的绝对值，并进一步提示用户选择对象。

```
指定总长度或[角度(A)]＜当前＞：          （注意：用户指定的总长度（或角度）值必须是非零正值，否则系统给出提示并要求用户重新指定）
```

- 动态(DY)：指定该选项后，系统首先提示用户选择对象。

```
选择要修改的对象或[放弃(U)]：     （选择一个对象或输入 u）
```

打开动态拖动模式，动态拖动距离选择点最近的端点，然后根据被拖动的端点的位置改变选定对象的长度（或角度）。

3. 操作示例

用户在使用以上 4 种方法（增量、百分数、全部、动态）进行修改时，均可连续选择一个或多个对象实现连续多次修改，并可随时选择放弃选项来取消最后一次的修改。图 4-25 所示为 LENGTHEN 命令的 4 种方法。

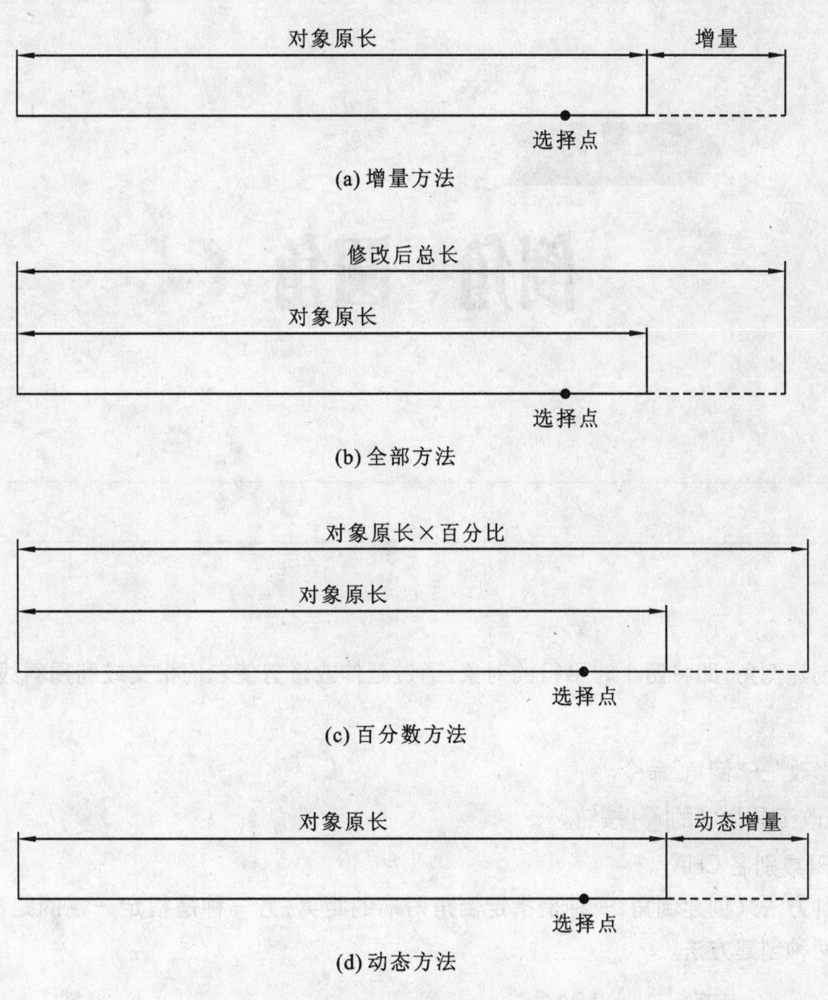

图 4-25 拉长命令的 4 种方法

4.6.3 延伸 THREE

1. 功能

在 AutoCAD 中，可以使用延伸命令拉长对象。可以延长指定的对象与另一对象相交或外观相交。

2. 执行方式

菜单栏：选择"修改"→"延伸"命令。

工具栏：单击修改工具栏中的 按钮。

命令行：EXTEND。

延伸命令的使用方法和修剪命令的使用方法相似，不同之处在于，使用延伸命令时，如果在按下 Shift 键的同时选择对象，则执行修剪命令；使用修剪命令时，如果在按下 Shift 键的同时选择对象，则执行延伸命令。

在绘图过程中，有时希望某个实体在某点断开，截取实体中的一部分。AutoCAD 提供了打断命令。修剪图形，将实体的多余部分除去，可以使用修剪命令完成此项功能，使作图更方便。

4.7 倒角、圆角

4.7.1 倒角 ONE

1. 功能

倒角命令用来创建倒角，即将两个非平行的对象，通过延伸或修剪使它们相交或利用斜线连接。

2. 执行方式

菜单栏：选择“修改”→“倒角”命令。

工具栏：单击修改工具栏中的按钮。

命令：CHAMFER(或别名 CHA)。

用户可使用两种方法来创建倒角，一种是指定倒角两端的距离，另一种是指定一端的距离和倒角的角度。图4-26 所示为倒角的两种创建方法。

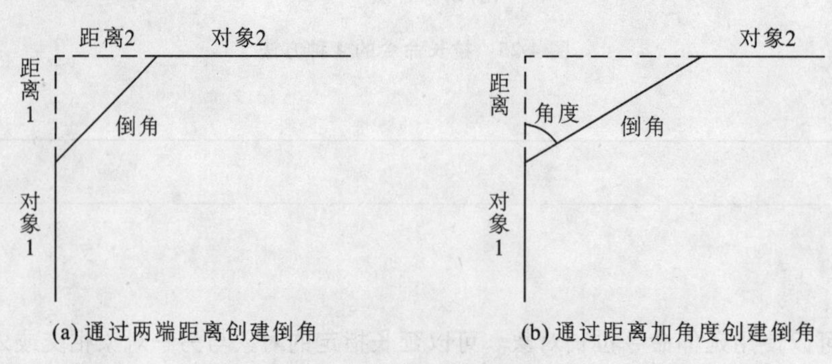

图 4-26 倒角的两种创建方法

命令各选项的功能如下。

(修剪模式)当前倒角距离 1 = 当前，距离 2 = 当前
选择第一条直线或[放弃(U)/多段线(P)/距离(D)/角度(A)/修剪(T)/方式(E)/多个(M)]：

调用该命令后，系统首先显示 CHAMFER 命令的当前设置，并提示用户选择进行倒角操作的对象。使用对象选择方式或输入选项。

- 多段线(P)：该选项用法同 FILLET 命令。
- 距离(D)：指定倒角两端的距离，系统提示如下：

指定第一个倒角距离＜当前＞： (给一个数值作为第一个倒角距离)
指定第二个倒角距离＜当前＞： (给一个数值作为第二个倒角距离)

- 角度(A)：指定倒角一端的长度和角度，系统提示如下：

指定第一条直线的倒角长度＜当前＞:
指定第一条直线的倒角角度＜当前＞:

● 修剪(T):该选项用于设置修剪的模式选项,系统提示如下:

输入修剪模式选项[修剪(T)/不修剪(N)]＜修剪＞

● 方式(E):该选项用于决定创建倒角的方法,即使用两端距离的方法或使用距离加角度的方法。

● 多个(M):为多组对象的边倒角。CHAMFER 将重复显示主提示和选择第二个对象的提示,直到用户按 Enter 键结束命令。

注意:

使用 CHAMFER 命令时必须先启动命令,然后选择要编辑的对象。启动该命令时已选择的对象将自动取消选择状态。

如果要进行倒角的两个对象都位于同一图层,那么倒角线将位于该图层。否则,倒角线将位于当前图层中。此规则同样适用于颜色、线型和线宽。

4.7.2 圆角 TWO

1. 功能

可以通过一个指定半径的圆弧来光滑地连接两个对象,用来创建圆角。可以进行圆角处理的对象包括直线、多段线的直线段、样条曲线、构造线、射线、圆、圆弧和椭圆等。其中,直线、构造线和射线在相互平行时也可进行圆角。在 AutoCAD 中可以为所有真实(三维)实体创建圆角。

2. 执行方式

菜单栏:选择"修改"→"圆角"命令。

工具栏:单击修改工具栏中的 按钮。

命令行:FILLET(或别名 F)。

调用该命令后,系统首先显示 FILLET 命令的当前设置,并提示用户选择进行圆角操作的对象。

当前设置:模式 = 当前值,半径 = 当前值
选择第一个对象或[放弃(U)/多段线(P)/半径(R)/修剪(T)/多个(M)]:(使用对象选择方法或输入选项)

命令各选项的功能如下。

● 多段线(P):选择该选项后,系统提示用户指定二维多段线,并在二维多段线中两条线段相交的每个顶点处插入圆角弧。

● 半径(R):指定圆角的半径,系统提示选择二维多段线。

● 修剪(T):指定进行圆角操作时是否使用修剪模式,系统提示如下:

输入修剪模式选项[修剪(T)/不修剪(N)]＜当前＞: (输入选项或按 Enter 键)

其中修剪选项可以自动修剪进行圆角的对象,使之延伸到圆角的端点。而使用不修剪选项则不进行修剪。两种修剪模式的比较如图 4-27 所示。

注意:

使用 FILLET 命令时必须先启动命令,然后选择要编辑的对象。启动该命令时已选择的对象将自动取消选择状态。

如果要进行圆角的两个对象都位于同一图层上,那么圆角线将位于该图层上。否则,圆角将位于当前图层中。此规则同样适用于圆角、颜色、线型和线宽。

系统变量 TRIMMODE 控制圆角和倒角的修剪模式。如果取值为 1(缺省值),则使用修剪模式;如果取值为 0,则使用不修剪模式。

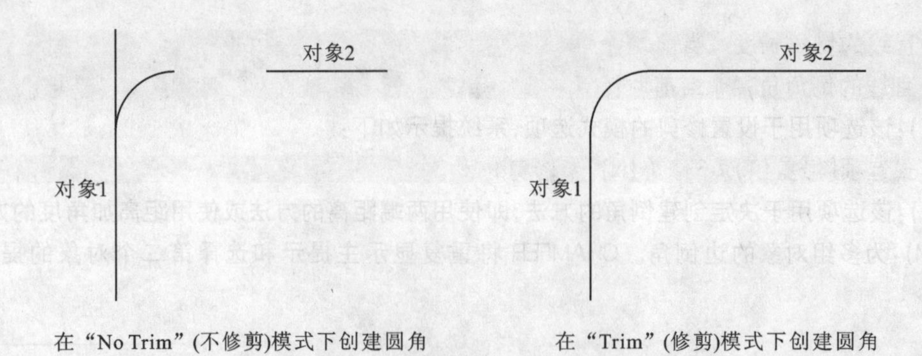

图 4-27　圆角命令的两种修剪模式

4.8 编辑对象特性

1．功能

对象特性包含一般特性和几何特性，一般特性包括对象的颜色、线型、图层及线宽等，几何特性包括对象的尺寸和位置。可以直接在特性选项板中设置和修改对象的特性。

2．执行方式

菜单栏：选择“修改”→“特性”命令。

工具栏：单击标准工具栏中的按钮。

命令行：PROPERTIES(或别名 PR)。

3．特性选项板

特性选项板默认处于浮动状态。在特性选项板的标题栏上单击鼠标右键，将弹出一个快捷菜单。可通过该快捷菜单确定是否隐藏选项板、是否在选项板内显示特性的说明部分以及是否将选项板锁定在主窗口中，如图 4-28 所示。

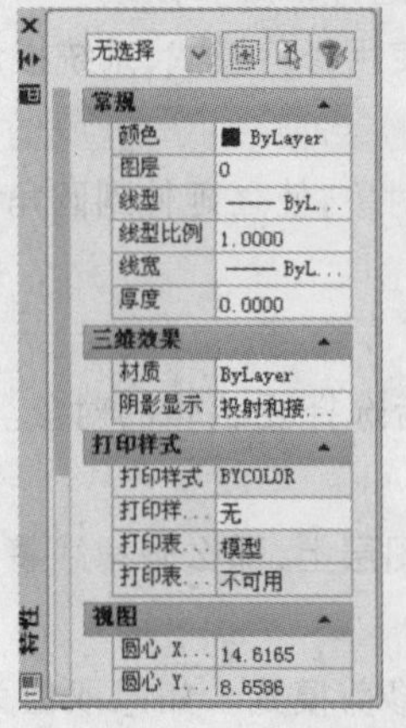

图 4-28　特性选项板

特性选项板中显示了当前选择集中对象的所有特性和特性值，当选中多个对象时，将显示它们的共有特性。可以通过它浏览、修改对象的特性，也可以通过它浏览、修改满足应用程序接口标准的第三方应用程序对象。

4.9 编辑多线

1. 功能

多线的编辑是一个专用于多线对象的编辑命令。

2. 执行方式

菜单栏："修改"→"对象"→"多线"。

命令行：MLEDIT。

在 AutoCAD 中，可以使用编辑工具编辑多线。单击"修改"→"对象"→"多线"命令，打开"多线编辑工具"对话框，可以修改选定的多线样式，不能修改默认的 STANDARD 多线样式，如图 4-29 所示。

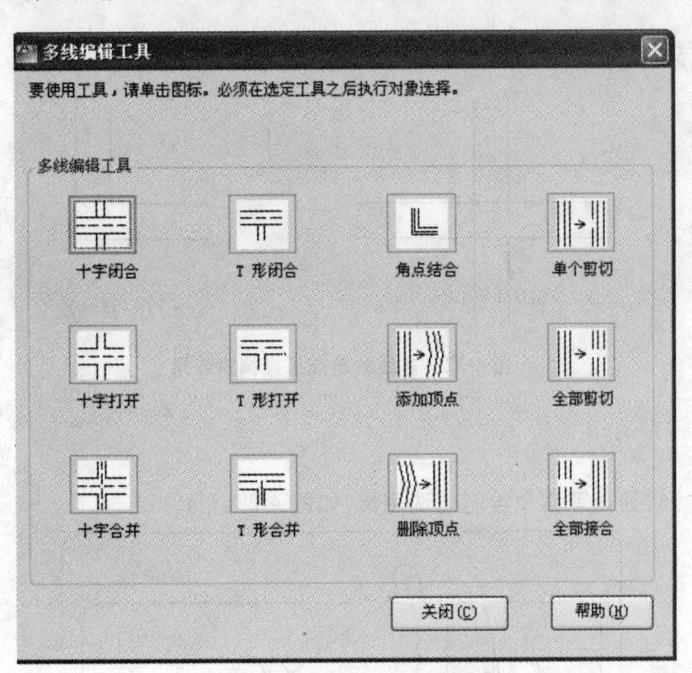

图 4-29 多线编辑工具对话框

注意：不能编辑 STANDARD 多线样式或图形中正在使用的任何多线样式的元素和多线特性。要编辑现有多线样式，必须在使用该样式绘制任何多线之前进行。

3. 操作示例

示例 1

使用十字工具消除相交线，如图 4-30 所示。

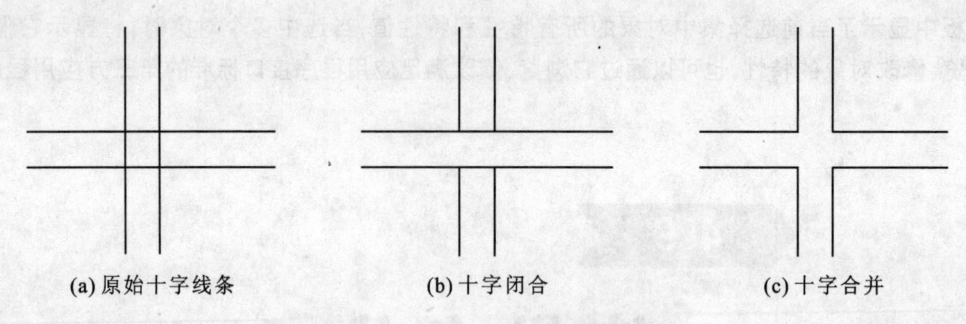

图 4-30　多线的十字工具编辑效果

示例 2

使用 T 形工具消除相交线，如图 4-31 所示。

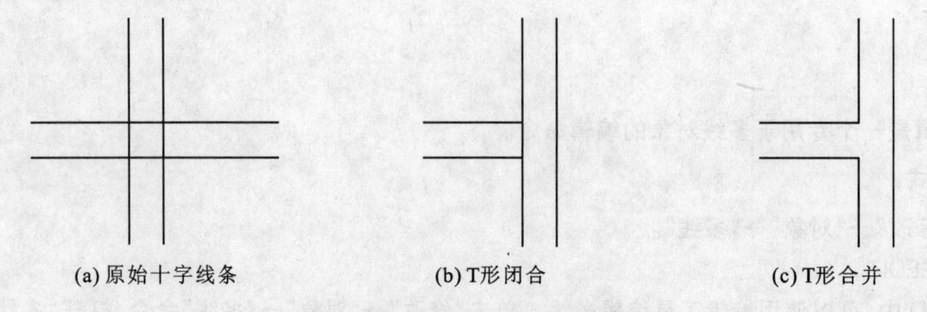

图 4-31　多线的 T 形工具编辑效果

示例 3

使用角点工具消除相交线，如图 4-32 所示。

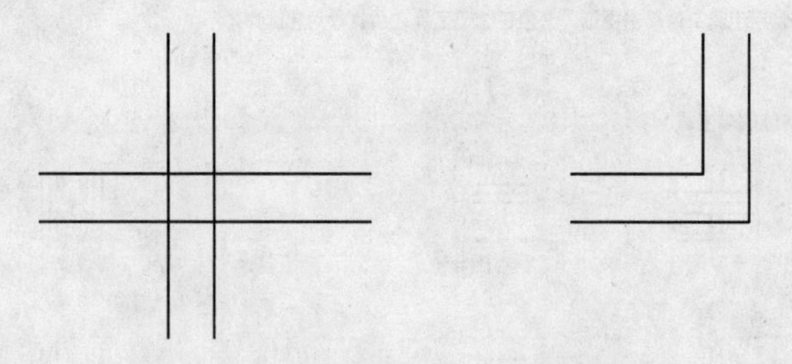

图 4-32　多线的角点工具编辑效果

练习题

1. 利用矩形、圆、多边形、圆角等命令绘制盥洗用具，如图 4-33 所示。

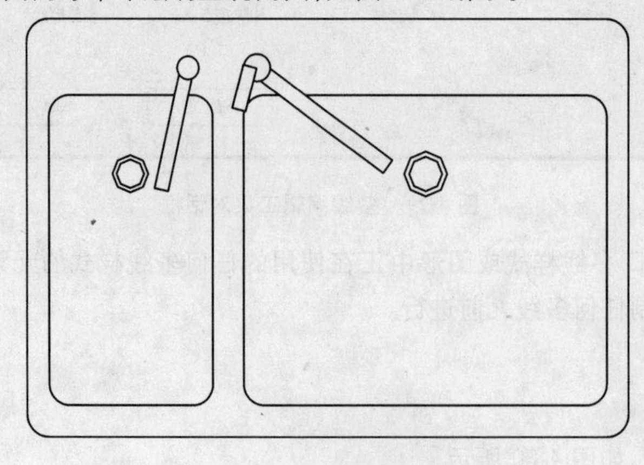

图 4-33　盥洗用具

2. 利用矩形、镜像、偏移等命令绘制双扇门，如图 4-34 所示。

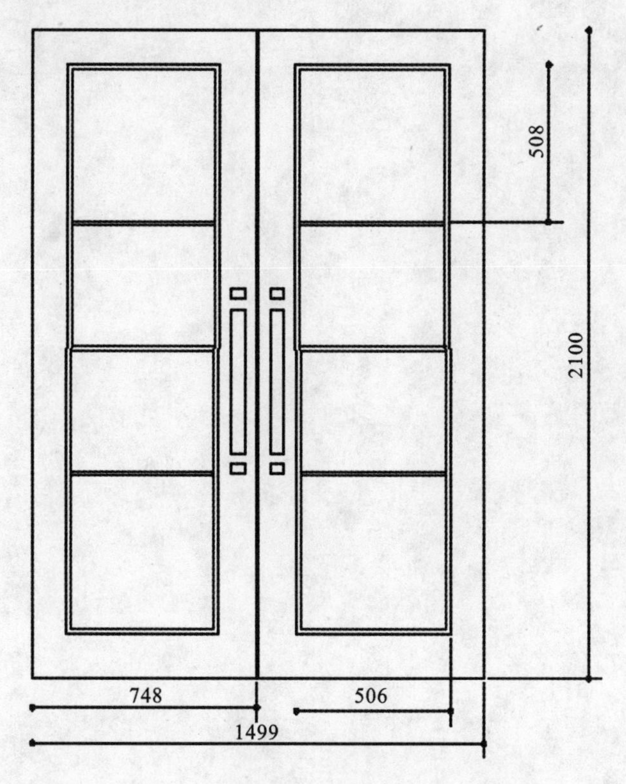

图 4-34　双扇门

3. 利用直线、矩形、复制、偏移等命令绘制书柜，如图 4-35 所示。

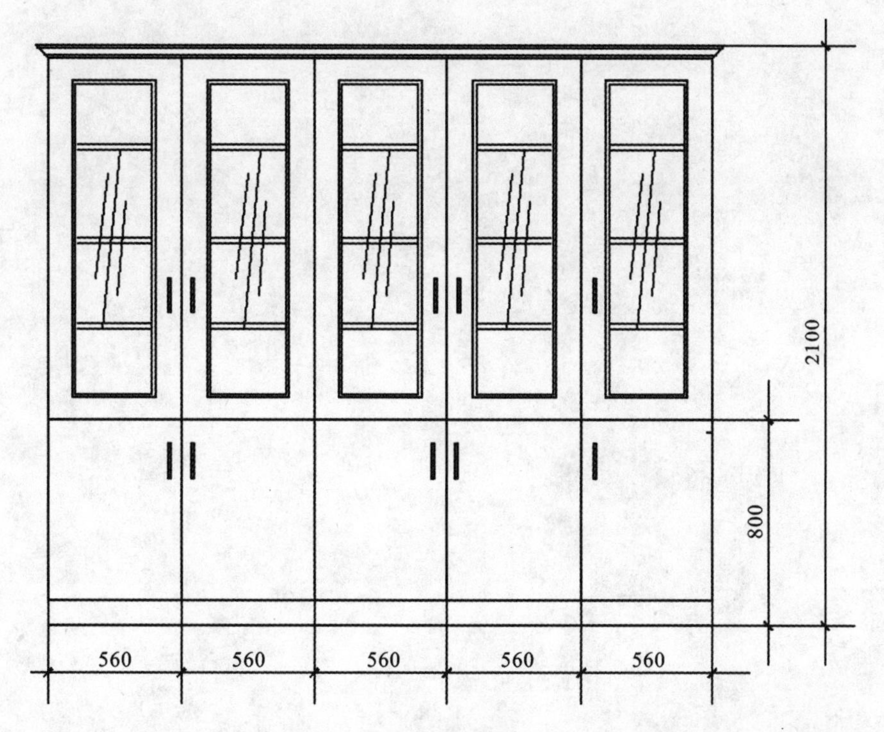

图 4-35　书柜

第5章 建筑图的尺寸标注与编辑

AutoCAD

JIANZHU ZHITU YU

YINGYONG

在建筑工程中，由于点、线、面等图形元素繁多、错综交叉，使得整个图形空间显得比较复杂，因此在图形设计中尺寸标注是一项重要内容。图形中各个对象的真实大小和相互位置只有经过尺寸标注后才能确定。AutoCAD中包括了一整套的尺寸标注命令和使用程序，用户可以使用它们来完成图纸中要求的尺寸标注。

5.1 尺寸标注基础知识

尺寸标注是图形的测量注释，可以测量和显示对象的长度、角度等测量值。AutoCAD 提供了多种标注样式和多种设置标注格式的方法，可以满足建筑、室内设计、机械、电子等大多数应用领域的要求。

5.1.1 尺寸标注的规则 ONE

在 AutoCAD 中，对绘制的图形进行尺寸标注时应该遵循以下规则：

(1) 物体的实际大小应该以图样中所标注的尺寸值为依据，与图形大小及绘图的准确无关；

(2) 图形中的尺寸以毫米(mm)为单位时，不需要标注计量单位的代号或名称，如采用其他单位，则必须注明相应计量单位的代号或名称，如度、厘米、米等；

(3) 图形中所标注的尺寸为该图形所表示的对象的最后完工尺寸，否则应另加说明；

(4) 一般物体的每一尺寸只需要标注一次，并应该标注在最后反映该结构最清晰的图形上。

5.1.2 尺寸标注基本元素的构成 TWO

尽管 AutoCAD 提供了多种类型的尺寸标注，但通常都是由以下几种基本元素所构成的，如图 5-1 所示。

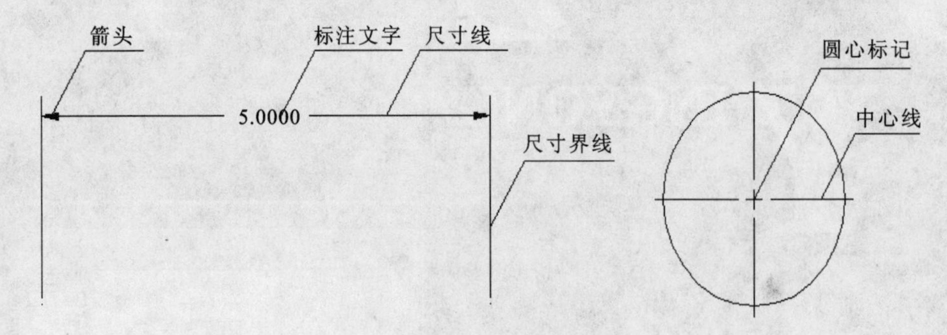

图 5-1 尺寸标注的基本元素

尺寸标注基本元素主要有以下几种。

(1) 标注文字：表明实际测量值。可以使用由 AutoCAD 自动计算出的测量值，并可附加公差、前缀和后缀等。用户也可以自行指定文字或取消文字。标注文字应按照标准字体书写，同一张图纸上的字高度要一致。在图中遇到图线时,需将图线断开或调整尺寸标注的位置。

(2) 尺寸线:表明标注的范围。通常使用箭头来指出尺寸线的起点和端点。尺寸线是一条带有双箭头的线段,一般分为两段显示。角度标注尺寸线是一段圆弧。尺寸线使用细实线绘制。

(3) 箭头:表明测量的开始和结束位置。AutoCAD 提供了多种符号可供选择,用户也可以创建自定义符号。

(4) 尺寸界线:从被标注的对象起点引出的标明标注范围的直线,可以从图形的轮廓线、轴线、对称中心线引出。同时,轮廓线、轴线、中心线也可以作为尺寸界线。尺寸界线使用细实线绘制。

(5) 圆心标记和中心线:标记圆或圆弧的圆心。

5.1.3 尺寸标注类型 THREE

AutoCAD 提供了 12 种标注用以测量设计对象,如图 5-2 所示。

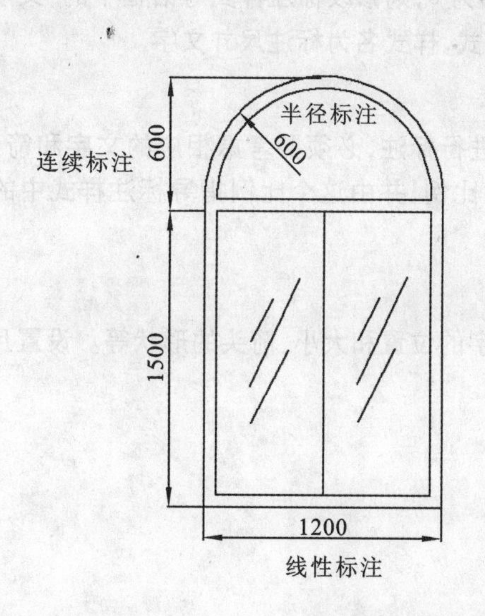

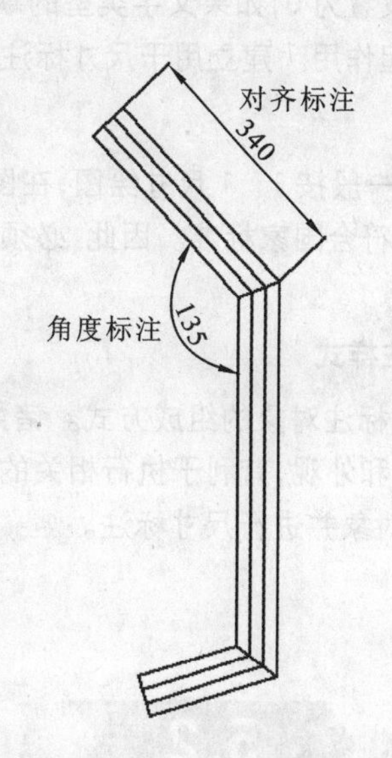

图 5-2 尺寸标注的类型(部分)

(1) 线性标注:可以设置线性标注的单位格式、精度、比例因子等。

(2) 对齐标注:是线性标注尺寸的一种特殊形式。在对直线进行标注时,如果该直线的倾斜角度未知,使用线性标注方法无法得到准确的结果,这时可以使用对齐标注。

(3) 快速标注:可以快速地创建成组的基线、连续、阶梯和坐标标注,也可以快速标注多个圆、圆弧等。

(4) 坐标标注:可以标注相对于用户坐标的原点坐标。

(5) 半径标注:通过选择圆或圆弧来标注其半径的尺寸。

(6) 直径标注:通过选择圆或圆弧来标注其直径的尺寸。

(7) 角度标注:可以设置标注角度时的单位、尺寸精度,标注图形中的角度。

(8) 基线标注:可以创建一系列有相同的标注原点测量出来的标注。与连续标注一样,在进行基线标注之前必须创建或选择一个线性标注或角度标注作为一个基准标注,然后再执行基线标注。

(9) 连续标注:在进行连续标注之前必须创建或选择一个线性标注或角度标注作为一个基准标注,可以确定连续标注所需要的前一尺寸标注的尺寸界线,然后再执行连续标注。

(10) 引线标注:创建图形的引线或注释。

(11) 公差标注:可以使用公差设置是否标注公差,以及以何种方式标注公差。

(12) 折弯标注:可以折弯标注圆或圆弧的半径。

5.1.4 尺寸标注步骤 FOUR

在 AutoCAD 中，对图形进行尺寸标注应遵循以下步骤。

1. 建立尺寸标注层

在 AutoCAD 中编辑、修改工程图样时，各种图线与尺寸混杂在一起，使操作非常不方便。为了便于控制尺寸标注对象的显示与隐藏，在 AutoCAD 中要为尺寸标注创建独立的图层，并运用图层技术使其与图形的其他信息分开，以便于操作。

2. 创建用于尺寸标注的文字样式

为了方便尺寸标注时修改所标注的各种文字，应建立专门用于尺寸标注的文字样式。在建立尺寸标注文字样式时，应将文字高度设置为 0，如果文字类型的默认高度不为 0，则修改标注样式对话框中的“文字”选项卡中的“文字高度”数字框将不起作用。建立用于尺寸标注的文字样式，样式名为标注尺寸文字。

3. 确定比例

在 AutoCAD 中，一般按 1 : 1 尺寸绘图，在图形上要进行标注，必须要考虑相应的文字和箭头等因素，以确保按比例输出后的图纸符合国家标准。因此，必须首先确定比例，并由这个比例指导标注样式中的标注特征比例的填写。

4. 设置尺寸标注样式

标注样式是尺寸标注对象的组成方式。诸如标注文字的位置和大小、箭头的形状等。设置尺寸标注样式可以控制尺寸标注的格式和外观，有利于执行相关的绘图标准。

最后，捕捉标注对象并进行尺寸标注。

5.2 尺寸标注的样式

在实际绘图时，不同的图形需要不同的标注样式，以满足实际工作的要求。与向图形中输入文字一样，在标注前需要定义标注样式或对原有的样式进行修改，这样才能使绘制出的图形保证标注的样式统一、完整。

5.2.1 新建标注样式 ONE

在 AutoCAD 中使用标注样式可以控制标注的格式和外观，不同的标注样式决定了标注各基本元素的不同特征。如果没有进行标注样式的设定，当新建文件为英制的时候系统将以 Standard 作为默认的标注样式。当新建文件为公制的时候系统将以 ISO-25 作为默认的标注样式。

1. 执行方式

菜单栏：选择“格式”→“标注样式”命令。

工具栏：单击标注工具栏中的按钮。

命令行：DIMSTYLE。

2．设置尺寸标注样式

在命令行中输入 DIMSTYLE 命令后将出现图 5-3 所示的“标注样式管理器”对话框。“标注样式管理器”对话框中各项的具体含义如下。

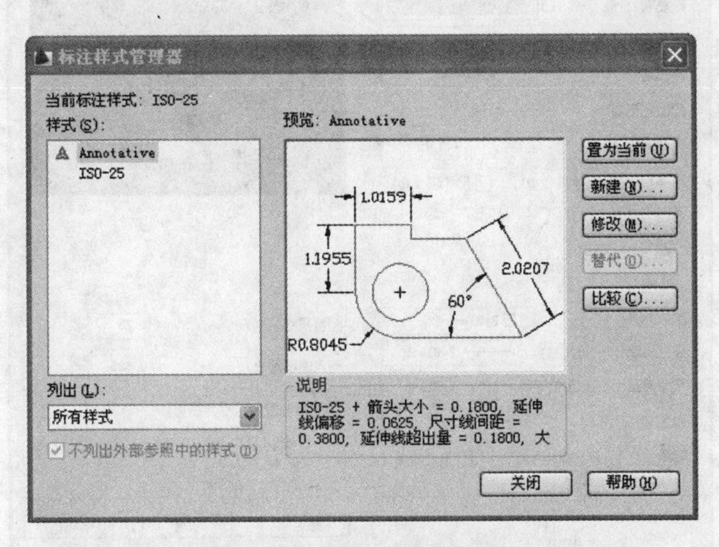

图 5-3 “标注样式管理器”对话框

- 样式：该文本框用于显示当前图形所使用的所有标注样式名称。如果用户绘制新图时使用的是英制的单位，则系统缺省时标注格式是 Standard(美国国家标准协会)；如果用户绘制新图时使用的是公制单位，则系统缺省时标注格式是 ISO-25(国家标准协会)。
- 列出：在该下拉列表中提供了显示标注样式的选项，包括“所有样式”和“正在使用的样式”两项。
- 不列出外部参照中的样式：该复选框用于控制样式显示区中是否显示外部参照图形中的标注样式。
- 预览：在该文本框中可以显示用户所选中样式格式标注图形所能达到的效果。
- 说明：用于显示样式区域中所选定的标注样式格式和当前使用的标注样式格式的异同。

置为当前(U)：系统将用户选中的标注样式设置为当前标注样式。

新建(N)...：单击该按钮将弹出图 5-4 所示的“创建新标注样式”对话框，用于指定新建样式的名称、在哪种样式的基础上进行修改以及使用范围。

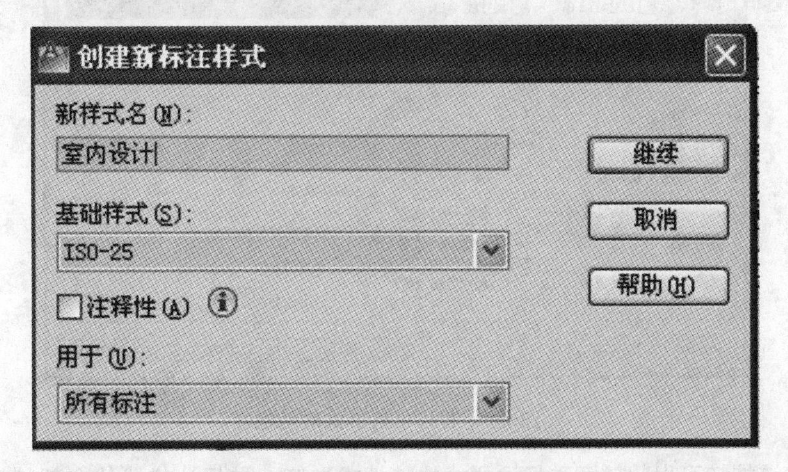

图 5-4 “创建新标注样式”对话框

修改(M)... :单击该按钮将弹出图 5-5 所示的修改标注样式对话框,使用该对话框可以对所选标注样式进行修改。

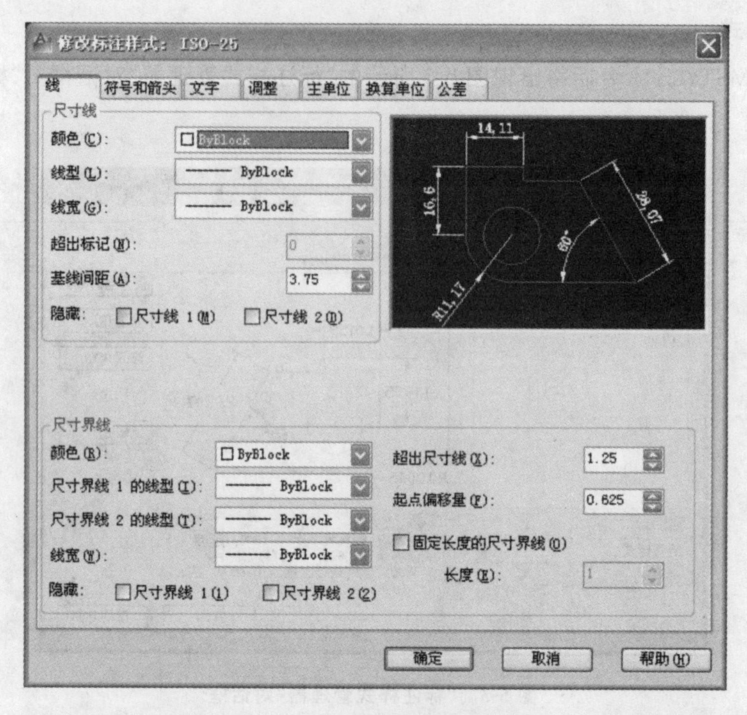

图 5-5　修改标注样式对话框

替代(O)... :单击该按钮将弹出替代当前样式对话框(见图 5-6),使用该对话框可以设置当前使用的标注样式的临时替代值。

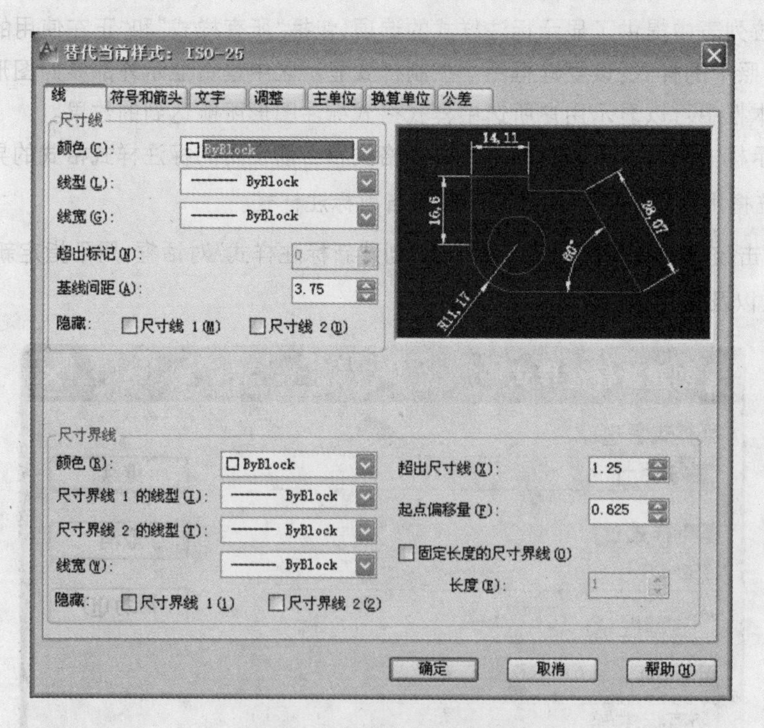

图 5-6　替代当前样式对话框

比较(C)... :单击该按钮可以比较两种标注样式的特性或浏览一种标注样式的全部特性,并可将比较结果输出到 Windows 剪贴板上,然后再粘贴到其他 Windows 应用程序中去,图 5-7 所示为“比较标注样式”对话框。

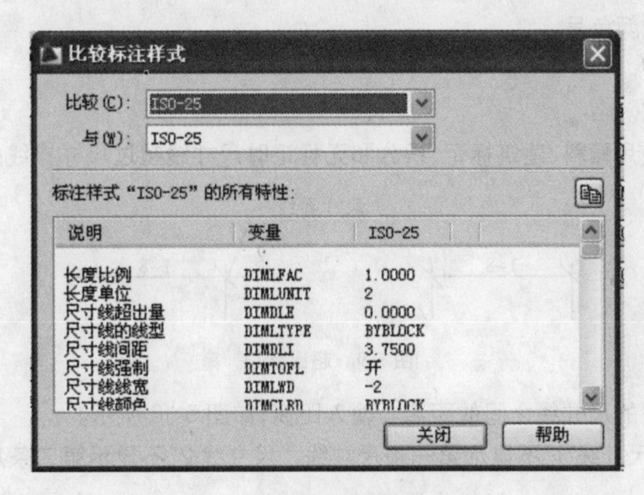

图 5-7 "比较标注样式"对话框

5.2.2 标注样式管理器 TWO

标注样式是标注设置的命名集合,可用来控制标注的外观,如箭头样式、文字位置和尺寸公差等。用户可以创建标注样式,以快速指定标注的格式,并确保标注符合行业或工程标准。创建标注时,标注将使用当前标注样式中的设置。如果要更改标注样式中的设置,则图形中的所有标注将自动使用更新后的样式。

1. "线"选项卡

"线"选项卡主要设定尺寸线、尺寸界线的格式和特性,如图 5-8 所示。

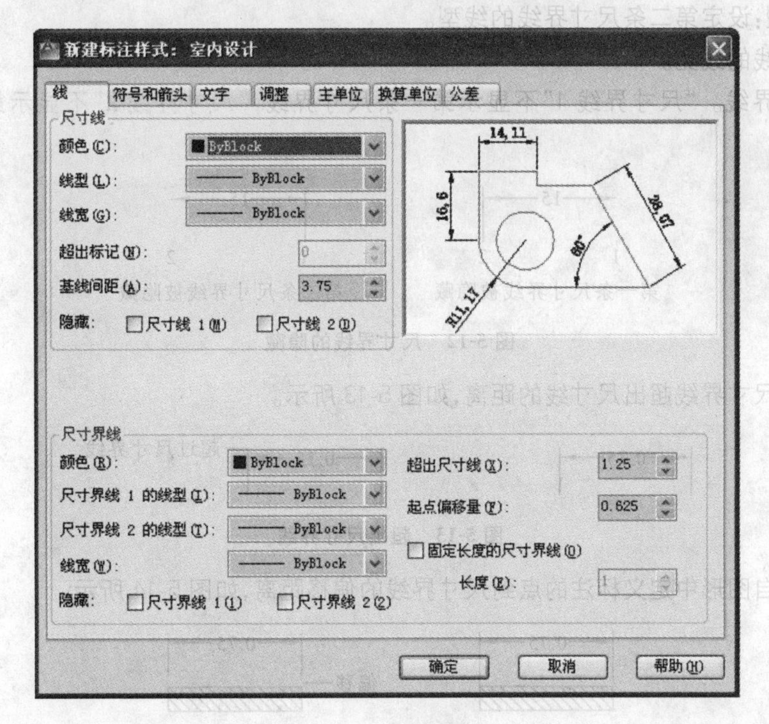

图 5-8 "线"选项卡

- 尺寸线

颜色:显示并设定尺寸线的颜色。如果单击"选择颜色"(在"颜色"下拉列表的底部)选项,将显示"选择颜色"

对话框，也可以输入颜色名或颜色号。

线型：设定尺寸线的线型。

线宽：设定尺寸线的线宽。

超出标记：指定当箭头使用倾斜、建筑标记、积分和无标记时尺寸线超过尺寸界线的距离，如图5-9所示。

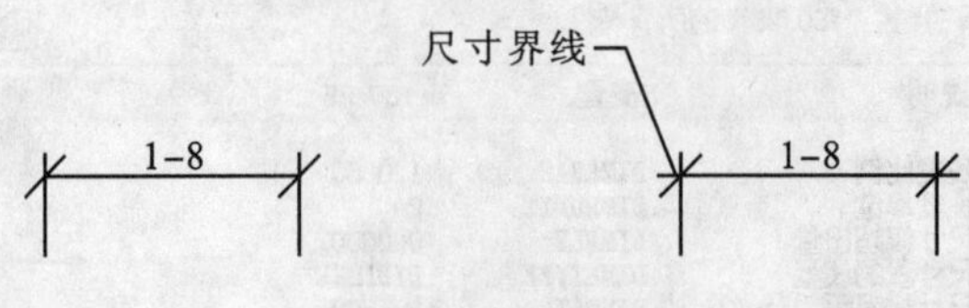

图5-9 超出标记

基线间距：设定基线标注的尺寸线之间的距离。输入距离，如图5-10所示。

隐藏：不显示尺寸线。"尺寸线1"不显示第一条尺寸线，"尺寸线2"不显示第二条尺寸线，如图5-11所示。

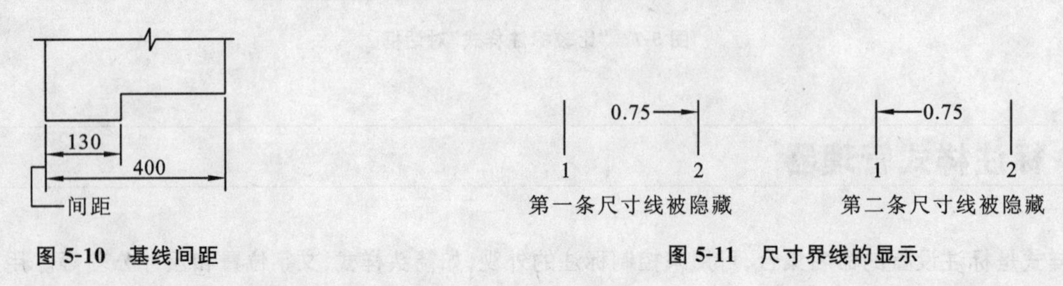

图5-10 基线间距　　图5-11 尺寸界线的显示

● 尺寸界线：控制尺寸界线的外观。

颜色：设定尺寸界线的颜色。如果单击"选择颜色"（在"颜色"下拉列表的底部）选项，将显示"选择颜色"对话框，也可以输入颜色名或颜色号。

尺寸界线1的线型：设定第一条尺寸界线的线型。

尺寸界线2的线型：设定第二条尺寸界线的线型。

线宽：设定尺寸界线的线宽。

隐藏：不显示尺寸界线。"尺寸界线1"不显示第一条尺寸界线，"尺寸界线2"不显示第二条尺寸界线，如图5-12所示。

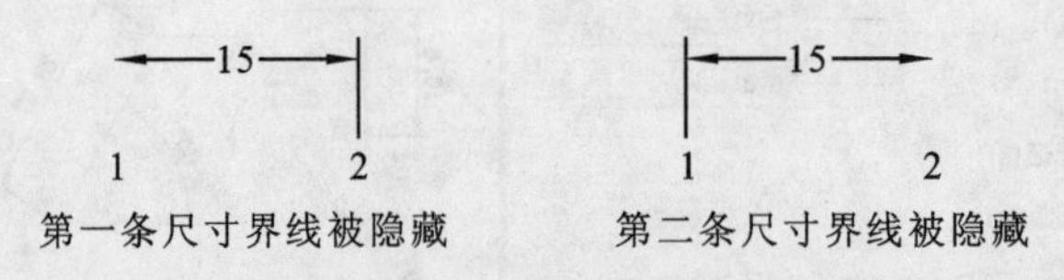

图5-12 尺寸界线的隐藏

超出尺寸线：指定尺寸界线超出尺寸线的距离，如图5-13所示。

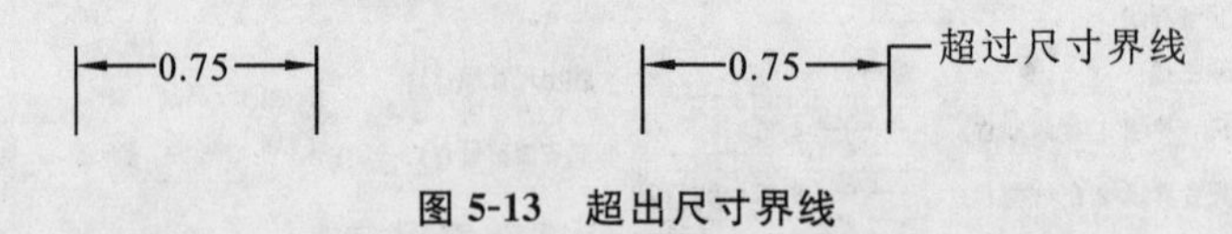

图5-13 超出尺寸界线

起点偏移量：设定自图形中定义标注的点到尺寸界线的偏移距离，如图5-14所示。

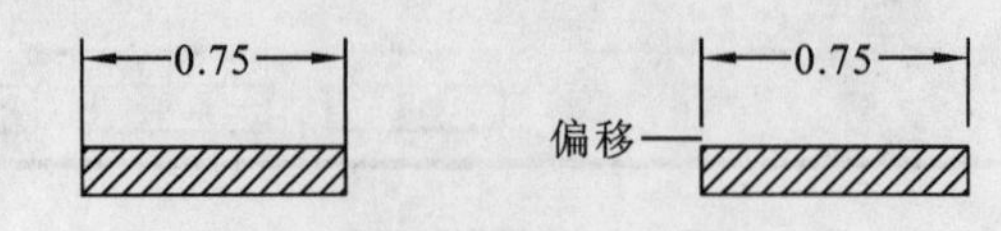

图5-14 起点偏移量

2. "符号和箭头"选项卡

"符号和箭头"选项卡设定箭头、圆心标记、弧长符号和半径折弯标注的格式和位置，如图5-15所示。

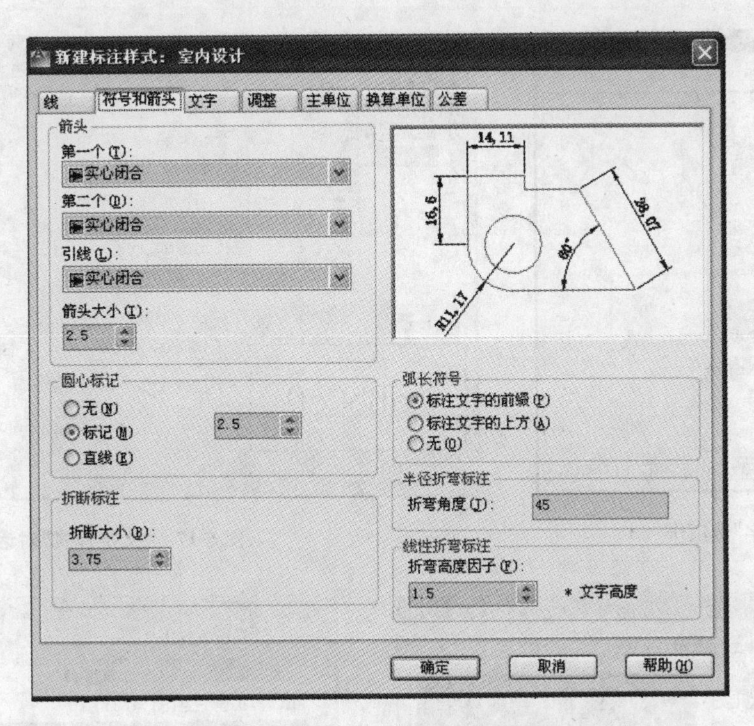

图 5-15 “符号和箭头”选项卡

1）箭头

第一个：设定第一条尺寸线的箭头。当更改第一个箭头的类型时，第二个箭头将自动更改以同第一个箭头相匹配。要指定用户定义的箭头块，可选择“用户箭头”选项，将弹出“选择自定义箭头块”对话框，在该对话框中选择用户定义的箭头块的名称。

第二个：设定第二条尺寸线的箭头。要指定用户定义的箭头块，可选择“用户箭头”选项，将弹出“选择自定义箭头块”对话框，在该对话框中选择用户定义的箭头块的名称。

引线：设定引线箭头。要指定用户定义的箭头块，可选择“用户箭头”选项，将弹出“选择自定义箭头块”对话框，在该对话框中选择用户定义的箭头块的名称。

箭头大小：显示和设定箭头的大小。

2）圆心标记

控制直径标注和半径标注的圆心标记和中心线的外观。DIMCENTER、DIMDIAMETER 和 DIMRADIUS 命令使用中心标记和中心线。对于 DIMDIAMETER 和 DIMRADIUS，仅当将尺寸线放置到圆或圆弧外部时，才绘制圆心标记。

无：不创建圆心标记或中心线。该值在 DIMCEN 系统变量中存储为 0(零)。

标记：创建圆心标记。在 DIMCEN 系统变量中，圆心标记的大小存储为正值。

直线：创建中心线。中心线的大小在 DIMCEN 系统变量中存储为负值。

3. “文字”选项卡

“文字”选项卡设定标注文字的格式、位置和对齐，如图 5-16 所示。

1）文字外观

文字样式：列出可用的文字样式。

文字样式按钮：显示“文字样式”对话框(见图 5-17)，从中可以创建或修改文字样式。

文字颜色：设定标注文字的颜色。如果单击“选择颜色”(在“文字颜色”列表的底部，见图 5-18)选项，将显示“选择颜色”对话框(见图 5-19)。也可以输入颜色名或颜色号。

填充颜色：设定标注中文字背景的颜色。如果单击“选择颜色”(在“填充颜色”列表的底部)选项，将显示“选择颜色”对话框。也可以输入颜色名或颜色号。

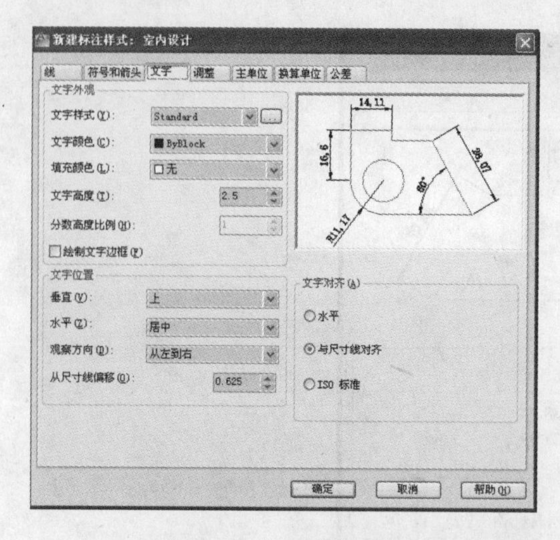

图 5-16 “文字”选项卡

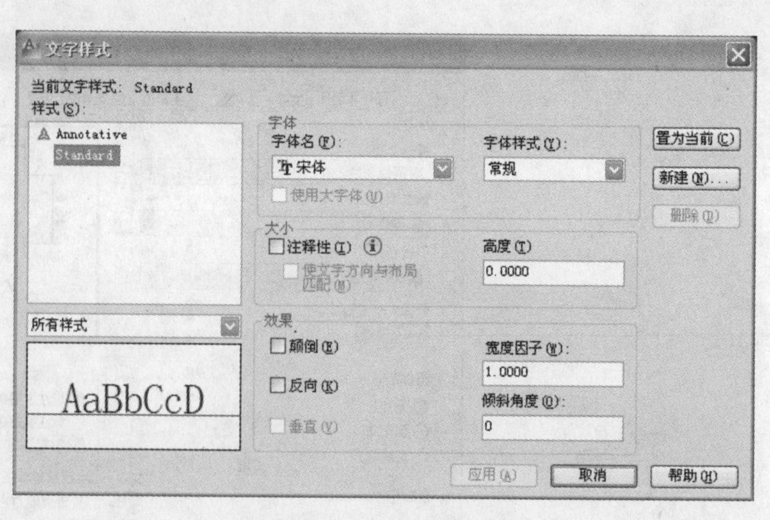

图 5-17 “文字样式”对话框

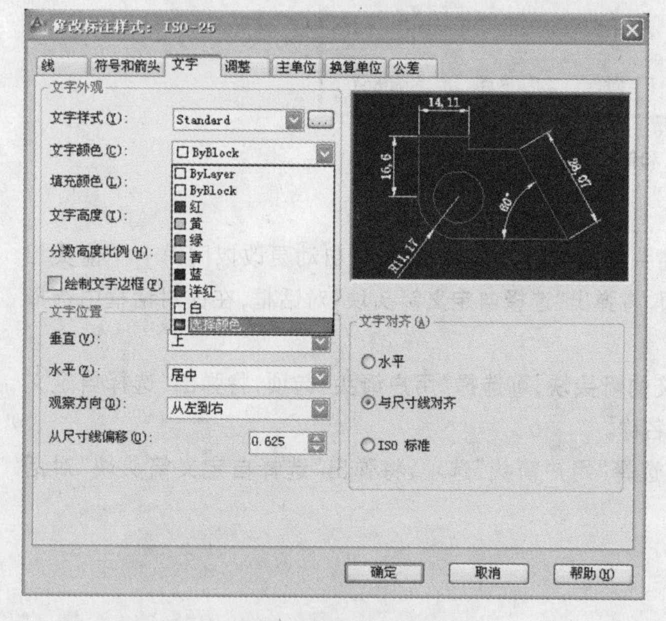

图 5-18 单击“选择颜色”

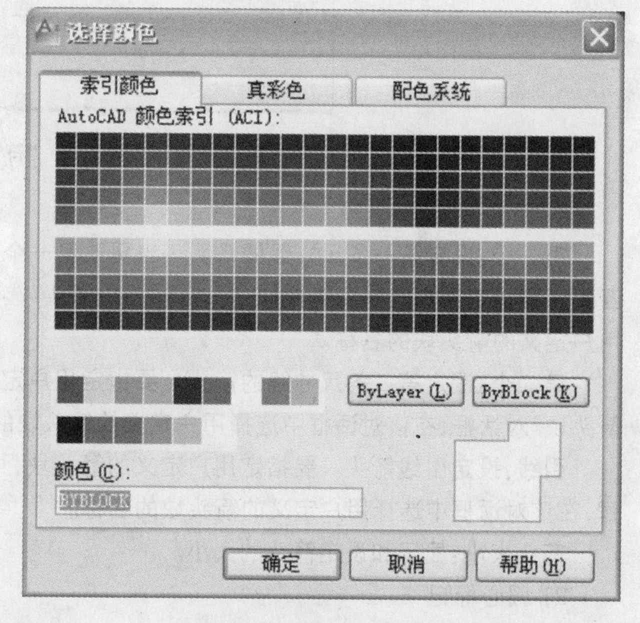

图 5-19 “选择颜色”对话框

文字高度:设定当前标注文字样式的高度。如果在文字样式中将文字高度设定为固定值(即文字样式高度大于 0),则该高度将替代此处设定的文字高度。如果要使用在“文字”选项卡中设定的高度,需确保文字样式中的文字高度设定为 0。

分数高度比例:设定相对于标注文字的分数比例。仅当在“主单位”选项卡上选择分数作为单位格式时,此选项才可用。在此处输入的值乘以文字高度,可确定标注分数相对于标注文字的高度。

2) 文字位置

文字位置控制标注文字的位置。

● 垂直:控制标注文字相对尺寸线的垂直位置。

垂直位置选项包括居中、上、外部、JIS 及下等,如图 5-20 所示。

居中:将标注文字放在尺寸线的两部分中间。

上:将标注文字放在尺寸线上方。从尺寸线到文字的最低基线的距离就是当前的文字间距。

外部:将标注文字放在尺寸线上远离第一个定义点的一边。

下:将标注文字放在尺寸线下方。从尺寸线到文字的最低基线的距离就是当前的文字间距。

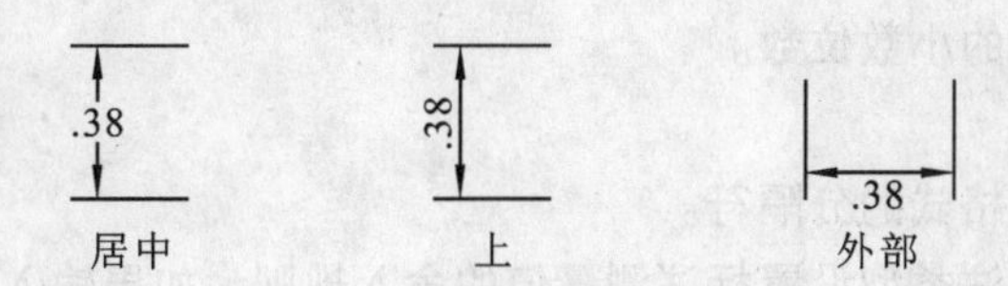

图 5-20 文字垂直位置

● 水平：控制标注文字在尺寸线上相对于尺寸界线的水平位置。

水平位置选项包括居中、第一条尺寸界线、第二条尺寸界线、第一条尺寸界线上方、第二条尺寸界线上方。前三个选项如图 5-21 所示。

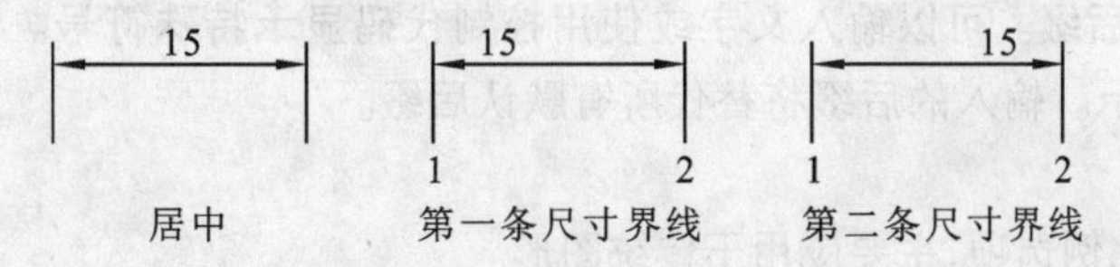

图 5-21 文字水平位置

居中：将标注文字沿尺寸线放在两条尺寸界线的中间。

第一条尺寸界线：沿尺寸线与第一条尺寸界线左对正。尺寸界线与标注文字的距离是箭头大小加上文字间距之和的两倍。

第二条尺寸界线：沿尺寸线与第二条尺寸界线右对正。尺寸界线与标注文字的距离是箭头大小加上文字间距之和的两倍。

4．"主单位"选项卡

"主单位"选项卡主要设置了线性标注的单位格式、精度，测量单位的比例因子，角度标注的单位格式、精度等，如图 5-22 所示。

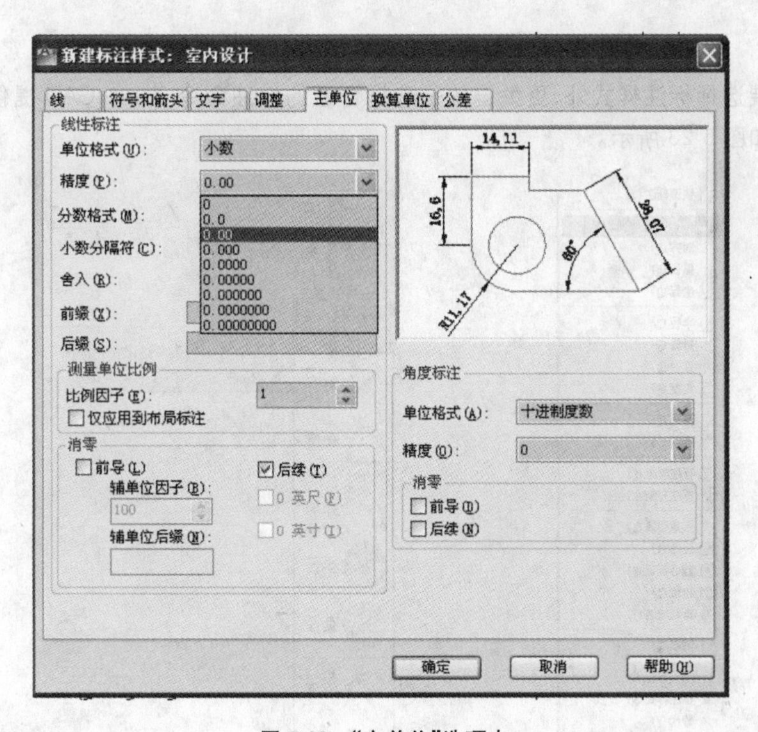

图 5-22 "主单位"选项卡

1）线性标注

线性标准设定线性标注的格式和精度。

单位格式：设定除角度之外的所有标注类型的当前单位格式。

精度:显示和设定标注文字中的小数位数。

分数格式:设定分数格式。

小数分隔符:设定用于十进制格式的分隔符。

舍入:为除角度之外的所有标注类型设置标注测量值的舍入规则。如果输入 0.25,则所有标注距离都以 0.25 为单位进行舍入。如果输入 1.0,则所有标注距离都将舍入为最接近的整数。小数点后显示的位数取决于精度设置。

前缀:在标注文字中包含前缀。可以输入文字或使用控制代码显示特殊符号。例如,输入控制代码%%c 显示直径符号。当输入前缀时,将覆盖在直径和半径等标注中使用的任何默认前缀。

后缀:在标注文字中包含后缀。可以输入文字或使用控制代码显示特殊符号。例如,在标注文字中输入 mm 的结果如图 5-22 中的图例所示。输入的后缀将替代所有默认后缀。

2) 测量单位比例

测量单位比例定义线性比例选项,主要应用于传统图形。

比例因子:设置线性标注测量值的比例因子。建议不要更改此值的默认值 1.00。

5.3 尺寸标注的种类

创建标注,除了需要选择标注样式外,更关键的是选择合适的标注命令。AutoCAD 提供了专门用于标注的标注菜单和标注工具栏,如图 5-23 所示。

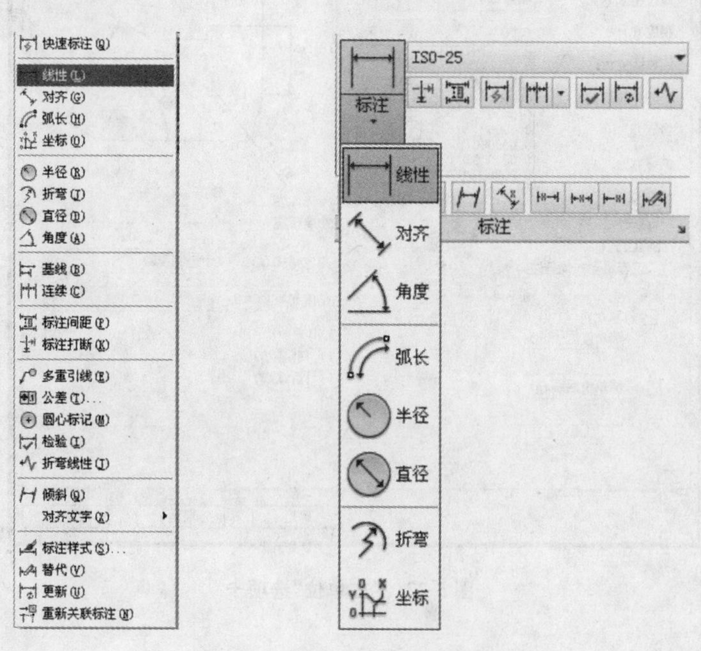

图 5-23 标注菜单和标注工具栏

5.3.1　线性标注

ONE

1. 功能

线性标注是建筑制图中最常用的标注形式，它用于测量两点之间水平或垂直距离，因此线性标注分为水平和垂直两种。不管建立什么样的标注，只有精确拾取点，才能准确地实现测量和标注，所以用户在进行标注时可打开对象捕捉等辅助工具。

线性标注的创建方法，调用线性标注命令后，根据命令行的提示依次指定第一条、第二条尺寸延伸线原点和尺寸线的位置即可。

2. 执行方式

菜单栏：选择“标注”→“线性”命令。

工具栏：单击标注工具栏中的⊢⊣按钮。

命令行：DIMLINE。

3. 操作示例

示例 1

首先绘制一个等边三角形，然后标注正三角形的边长，如图 5-24 所示。

命令：_dimlinear
指定第一条延伸线原点或<选择对象>：　　(选择三角形的底边左下角点为第一条延伸线原点)
指定第二条延伸线原点：　　(选择三角形的底边左下角点为第二条延伸线原点)
指定尺寸线位置或　　(指定尺寸线位置)
[多行文字(M)/文字(T)/角度(A)/水平(H)/垂直(V)/旋转(R)]：
标注文字 = 80　　(把标注文字放到适当的位置)

最终效果如图 5-24 所示。

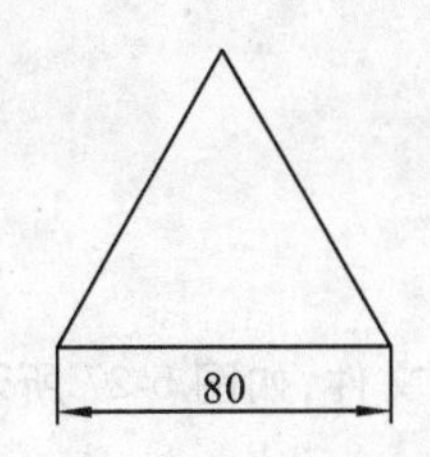

图 5-24　线性标注(示例 1)

命令行中常用选项的含义如下。

- 多行文字(M)：在命令行中输入 m 后按 Enter 键，系统将打开文字格式工具栏，进入多行文字编辑状态，用户可在文本输入区域输入标注文字。
- 文字(T)：在命令行中输入 t 后，按 Enter 键，将以单行文字的形式输入标注性文字且输入的文字将代替系统测量的原数据。
- 角度(A)：设置标注文字的旋转角度。图 5-25(a)所示为文字旋转 90°的效果。
- 水平(H)、垂直(V)：分别设置标注对象的水平尺寸和垂直尺寸。
- 旋转(R)：旋转标注的尺寸线。使用该命令用户可标注相应角度方向上投影的长度尺寸。图 5-25(b)所示为 60°方向上的线性标注。

示例 2

首先绘制一个四边形，然后用 DIMLINE 命令标注文件，如图 5-26 所示。

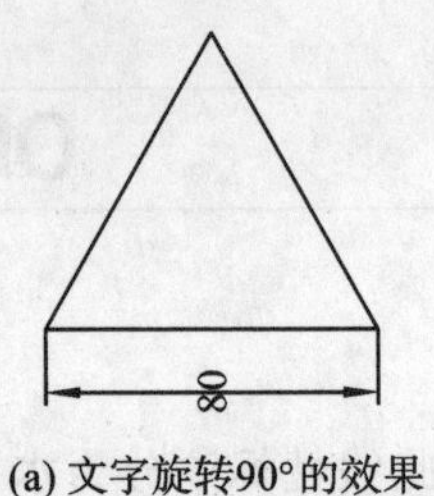

(a) 文字旋转90°的效果

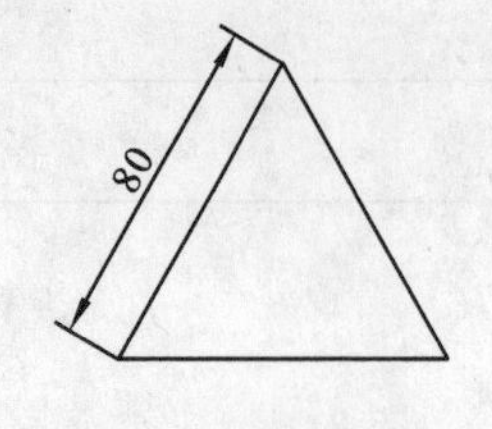

(b) 尺寸线的旋转效果

图 5-25 线性标注

50

图 5-26 用直接“选择对象”的方法线性标注图

命令:_dimlinear
指定第一条延伸线原点或＜选择对象＞:　　　　(直接按 Enter 键,采用默认选项)
选择标注对象:　　　　(选择矩形的底边作为标注对象)
指定尺寸线位置或
[多行文字(M)/文字(T)/角度(A)/水平(H)/垂直(V)/旋转(R)]:
标注文字=50　　　　(标注文字 50)

5.3.2 对齐标注 TWO

1. 功能

对齐标注是线性标注尺寸的一种特殊形式。在对直线段进行标注时,如果该直线的倾斜角度未知,那么使用线性标注方法将无法得到准确的测量结果,这时可以使用对齐标注。它与线性标注的区别在于:线性标注只能标注两点之间的水平距离或垂直距离,而对齐标注则可直接测量两点之间的直线的长度。

2. 执行方式

调用对齐标注命令后,根据命令行的提示依次指定第一条、第二条尺寸延伸线原点和尺寸线的位置即可。

菜单栏:选择“标注”→“对齐”命令。

工具栏:单击标注工具栏中的 按钮。

命令行:DIMALIGNED。

3. 操作示例

绘制一个六边形,用 DIMALIGNED 命令标注文件,如图 5-27 所示。

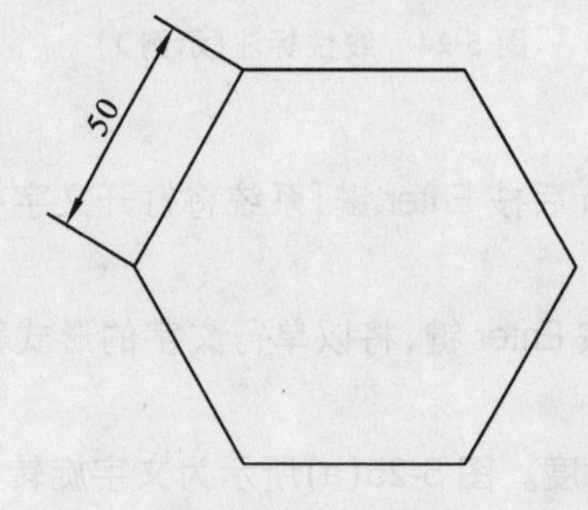

图 5-27 对齐标注

命令:_dimaligned
指定第一条延伸线原点或＜选择对象＞:　　　　(选正六边形的左上角点为第一条延伸线原点)
指定第二条延伸线原点:　　　　(单击这个线段的另一边为第二条延伸线原点)

指定尺寸线位置或　　　(指定尺寸线位置)
[多行文字(M)/文字(T)/角度(A)]:
标注文字=50　　　　(标注文字移到适当的位置,得到图 5-27 所示的标注图)

注意:在使用对齐标注时,要注意拾取尺寸界线原点的位置。

5.3.3　基线标注　THREE

1. 功能

标注时,不但要把各种尺寸表达清楚、全面,还要考虑加工的方便。所以,在标注时经常会遇到有共同尺寸延伸线的情况,此时用基线标注很方便。基线标注以第一个标注的第一条延伸线为基准,连续标注多个线性尺寸,每个新尺寸线会自动偏移一段距离以避免重叠。使用基线标注可以提高工作效率。

2. 执行方式

先创建一个线性标注或角度标注作为基准标注,然后调用基线标注命令,再根据命令行的提示连续地选择第二条尺寸延伸线的原点即可。

菜单栏:选择"标注"→"基线"命令。

工具栏:单击标注工具栏中的按钮。

命令行:DIMBASELINE。

3. 操作示例

绘制矩形,用 DIMBASELINE 命令标注文件,如图 5-28 所示。

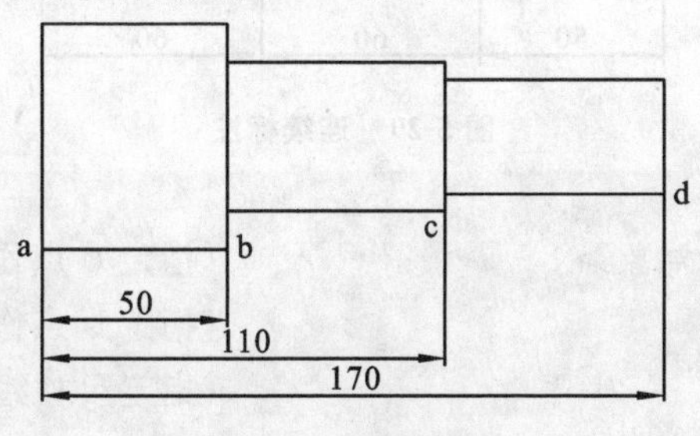

图 5-28　基线标注

命令:_dimlinear
指定第一条延伸线原点或<选择对象>:　　(单击 a 点作为第一条延伸线的原点)
指定第二条延伸线原点:　　(单击 b 点作为第二条延伸线的原点)
指定尺寸线位置或　　(指定尺寸线的位置)
[多行文字(M)/文字(T)/角度(A)/水平(H)/垂直(V)/旋转(R)]:
标注文字=50　　(标注文字为"50")
命令:_dimbaseline　　(输入基线标注命令)
指定第二条延伸线原点或[放弃(U)/选择(S)]<选择>:　　(单击 c 点作为基线的第二条延伸线原点)
标注文字=110　　(标注文字为"110")
指定第二条延伸线原点或[放弃(U)/选择(S)]<选择>:　　(单击 d 点作为基线的第二条延伸线原点)
标注文字=170　　(标注文字为"170")
指定第二条延伸线原点或[放弃(U)/选择(S)]:　　(按 Enter 键得到图 5-28 所示的基线标注)

注意:基线标注是以线性标注或角度标注的第一条尺寸延伸线作为基线尺寸延伸线的。在创建基线标注时,如果两条尺寸线的距离太近,可以在修改标注样式对话框中打开"线"选项卡,然后修改"基线间距"直至满足要求。

5.3.4 连续标注 FOUR

1. 功能

连续标注用于首尾相连的多个尺寸的标注。它是将前一个尺寸标注的第二条尺寸延伸线作为下一个标注的起始点。连续标注共享一条公共的尺寸延伸线，类似于基线标注，在创建连续标注之前，也必须至少创建线性标注、对齐标注或角度标注中的一种。

2. 执行方式

先创建一个线性标注或角度标注作为基准标注，然后调用连续标注命令，再根据命令行的提示连续地选择第二条尺寸延伸线的原点即可。

菜单栏：选择"标注"→"连续"命令。

工具栏：单击标注工具栏中的 按钮。

命令行：DIMCONTINUE。

3. 操作示例

绘制矩形，用 DIMCONTINUE 命令标注文件，如图 5-29 所示。

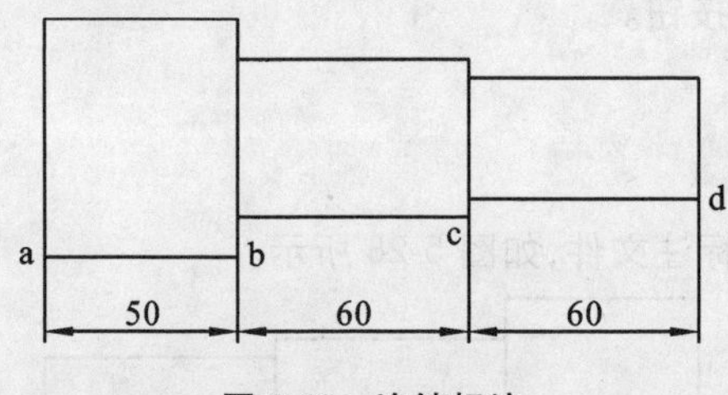

图 5-29 连续标注

```
命令：_dimlinear
指定第一条延伸线原点或<选择对象>：              (指定 a 点作为第一条延伸线的原点)
指定第二条延伸线原点：                          (指定 b 点作为第二条延伸线的原点)
指定尺寸线位置或                                (指定尺寸线位置)
[多行文字(M)/文字(T)/角度(A)/水平(H)/垂直(V)/旋转(R)]：
标注文字=50                                     (标注文字为"50")
命令：_dimcontinue                              (输入连续标注命令)
指定第二条延伸线原点或[放弃(U)/选择(S)]<选择>：  (指定 c 点作为第二条延伸线的原点)
标注文字=60                                     (标注文字为"60")
指定第二条延伸线原点或[放弃(U)/选择(S)]<选择>：  (指定 d 点为第二条延伸线的原点)
标注文字=60                                     (标注文字为"60")
指定第二条延伸线原点或[放弃(U)/选择(S)]<选择>：  (按 Enter 键)
选择连续标注：                                  (按 Enter 键得到图 5-29 所示的连续标注图)
```

5.3.5 快速标注 FIVE

1. 功能

在对图形进行标注时，若遇到多个同一类型的标注，如线性标注、圆的直径和半径标注等，可使用 AutoCAD 提供的快速标注命令，同时对多个对象进行标注。

2. 执行方式

调用快速标注命令后，根据命令行的提示，选择要标注的几何图形，然后指定尺寸线的位置即可。

菜单栏：选择“标注”→“快速标注”命令。

工具栏：单击标注工具栏中的 按钮。

命令行：QDIM。

3. 操作示例

绘制矩形，用 QDIM 命令标注文件，如图 5-30 所示。

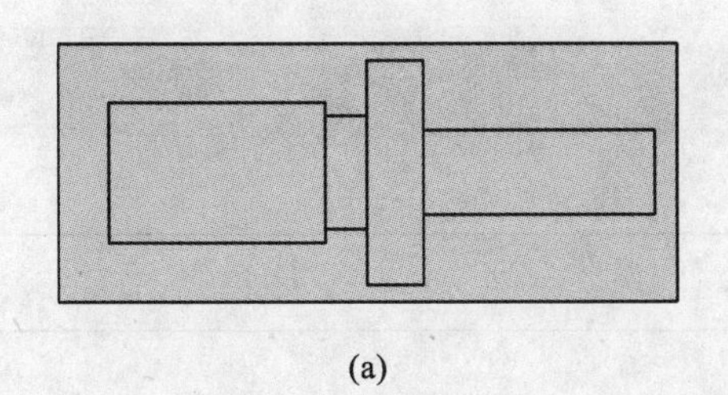
(a)

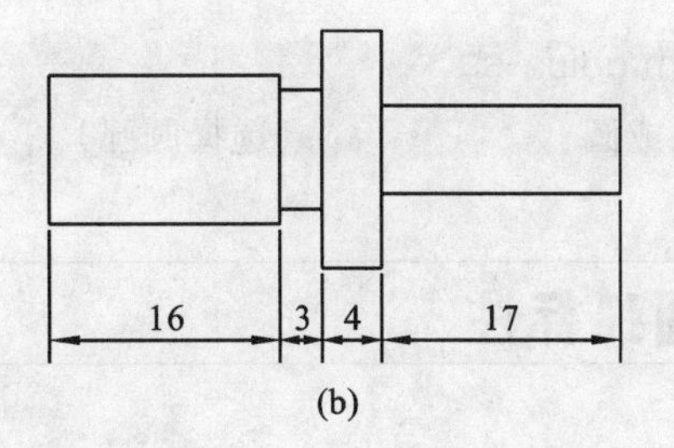

(b)

图 5-30 选择标注对象，快速标注

命令：_qdim

关联标注优先级 = 端点

选择要标注的几何图形：指定对角点：找到 6 个　　(使用窗口选择所有要标注的对象，如图 5-30(a)所示)

选择要标注的几何图形：　　(按 Enter 键结束选择)

指定尺寸线位置或[连续(C)/并列(S)/基线(B)/坐标(O)/半径(R)/直径(D)/基准点(P)/编辑(E)]：　(采用默认的“连续”选项，移动光标至合适的位置，单击鼠标左键得到最终效果，如图 5-30(b)所示)

命令行中常用的选项的含义如下。

- 连续(C)：选择该选项后，系统可以一次性地对选择的对象进行连续标注。
- 并列(S)：选择该选项后，系统可以一次性地对选择的对象进行并列标注。
- 基线(B)：选择该选项后，系统可以一次性地对选择的对象进行基线标注。
- 坐标(O)：选择该选项后，系统可以一次性地对选择的对象进行坐标标注。
- 半径(R)：选择该选项后，系统可以一次性地对选择的圆或圆弧进行半径标注。
- 直径(D)：选择该选项后，系统可以一次性地对选择的圆或圆弧进行直径标注。
- 基准点(P)：选择该选项后，用户在选择新的基准点提示下重新指定一点后又返回到前一个提示。

5.3.6 半径标注 SIX

1. 功能

标注圆或圆弧的半径。

2. 执行方式

菜单栏：选择“标注”→“半径”命令。

工具栏：单击标注工具栏中的 按钮。

命令行：DIMRADIUS。

3. 操作示例

练习半径标注命令，绘制一个圆弧，用 DIMRADIUS 命令标注文件，如图 5-31 所示。

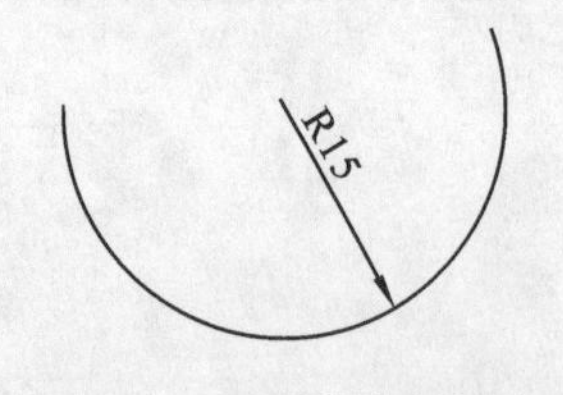

图 5-31　圆弧的半径标注

命令：_dimradius
选择圆弧或圆：　　　　　　　　（选择圆弧）

5.3.7　圆弧标注　SEVEN

示例 1　圆角度标注

命令：_dimangular
选择圆弧、圆、直线或＜指定顶点＞：　　　　（指定 A 点为顶点）
指定角的第二个端点：　　　　（指定 B 点为第二个端点）
指定标注弧线位置或[多行文字(M)/文字(T)/角度(A)/象限点(Q)]：　　　　（指定标注弧线位置）
标注文字 = 128　　　　（文字标注为“128”，效果如图 5-32 所示）

示例 2　角度标注中的三点角度标注

确定三个点，用 DIMANGULAR 命令标注文件，如 5-33 所示。

命令：_dimangular
选择圆弧、圆、直线或＜指定顶点＞：　　　　（直接按 Enter 键）
指定角的顶点：　　　　（指定 A 点作为角度的顶点）
指定角的第一个端点：　　　　（指定 B 点作为指定角的第一个端点）
指定角的第二个端点：　　　　（指定 C 点作为指定角的第二个端点）
指定标注弧线位置或[多行文字(M)/文字(T)/角度(A)/象限点(Q)]：　　　　（指定标注弧线位置）
标注文字 = 52　　　　（标注文字“52”，效果如图 5-33 所示）

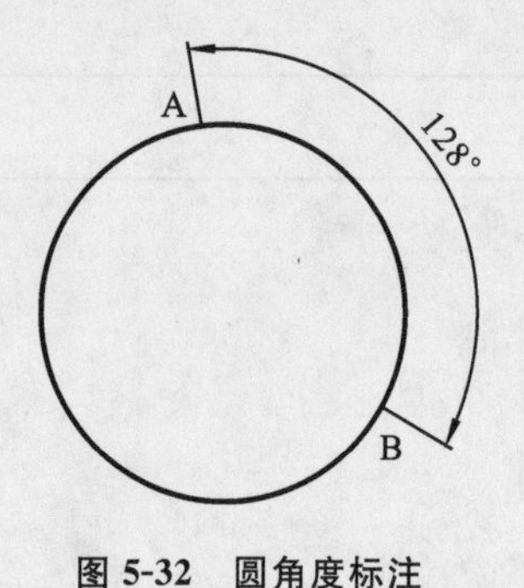

图 5-32　圆角度标注

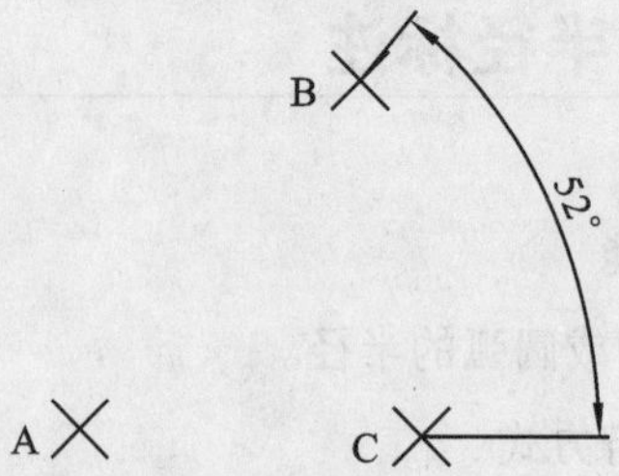

B
52°
A
C

图 5-33　三点角度标注

注意：在建筑制图中，国家标准要求角度的数字一律写成水平方向，标注在尺寸线中断处，必要时可以写在尺寸线上方或外边，也可以引出。

5.3.8 引线标注 EIGHT

1. 功能

引线标注通常用于表示图形中的倒角、材料等文本信息。引线标注，首先要从指定的对象上画出引线，引线的箭头应指向该对象，然后再在引线末端做必要的注释。使用引线命令，可以很容易地创建带有文字的简单引线。

2. 执行方式

命令行：QLEADER。

3. 操作示例

用 QLEADER 命令创建尺寸标注，如图 5-34 所示。

命令：_qleader	
指定第一个引线点或[设置(S)]<设置>：	(指定引线起始点 A，如图 5-34 所示)
指定下一点：	(指定引线下一个点)
指定下一点：	(按 Enter 键)
指定文字宽度<7.9467>：	(把光标向右移动适当距离并单击一点)
输入注释文字的第一行<多行文字(M)>：	(按 Enter 键)

启动多行文字编辑器，然后输入标注文字，如图 5-34 所示，也可在此提示下直接输入文字。

提示：创建引线标注时，若文字或指引线的位置不合适，可利用关键点编辑方式进行调整。当激活标注文字的关键点并移动时，指引线将跟随移动，而通过关键点移动指引线时，文字将保持不动。

4. "引线设置"对话框

引线标注命令有一个设置(S)选项，此选项用于设置引线和注释的特性。"引线设置"对话框包含 3 个选项卡，分别用于引线标注的设置，如图 5-35 所示。

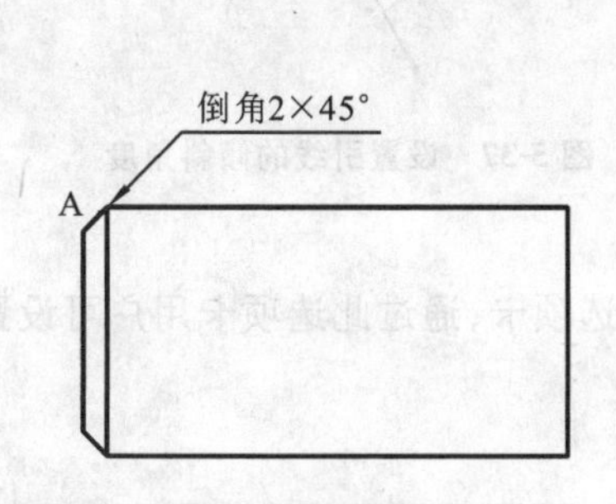

图 5-34 引线标注

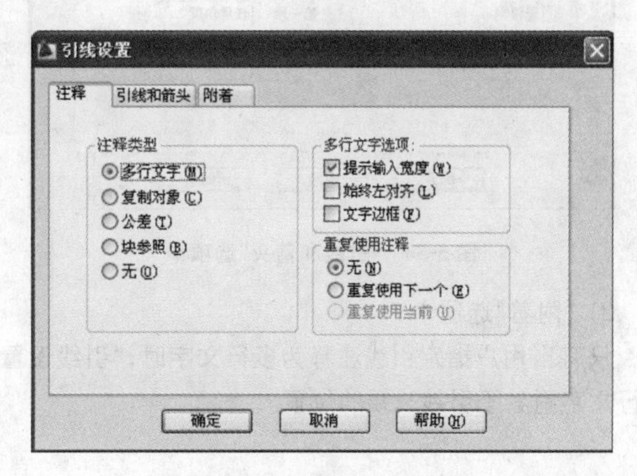

图 5-35 "引线设置"对话框

1) 设置引线注释的类型

"注释"选项卡：主要用于设置引线注释的类型、多行文字选项和是否重复使用注释。

● 注释类型区域

多行文字：该选项使用户能够在引线的末端加入多行文字。

复制对象：将其他图形对象拷贝到引线的末端。

公差：打开"形位公差"对话框，使用户可以方便地标注形位公差。

块参照：在引线末端插入图块。

无:引线末端不加入任何图形对象。

● 多行文字选项区域

只有当注释类型为多行文字时,该区域才可用。

提示输入宽度:创建引线标注时,提示用户指定文字分布宽度。

始终左对齐:输入的文字采取左对齐的方式。

文字边框:给文字添加矩形边框。

● 重复使用注释区域

无:不重复使用注释内容。

重复使用下一个:把本次创建的文字注释复制到下一个引线标注中。

重复使用当前:把上一次创建的文字注释复制到当前引线标注中。

2) 控制引线和箭头外观特征

用户在"引线和箭头"选项卡(见图 5-36)中控制引线及箭头的外观特征。

直线:引线是直线。

样条曲线:引线是样条曲线。

"箭头"下拉列表:在此列表中可以选择引线箭头的形式。

最大值:设定引线的弯折点数,缺省值为 3。

无限制:引线可以有任意多个弯折点。

第一段:设置引线第一段的倾斜角度。

第二段:设置引线第二段的倾斜角度,如图 5-37 所示。

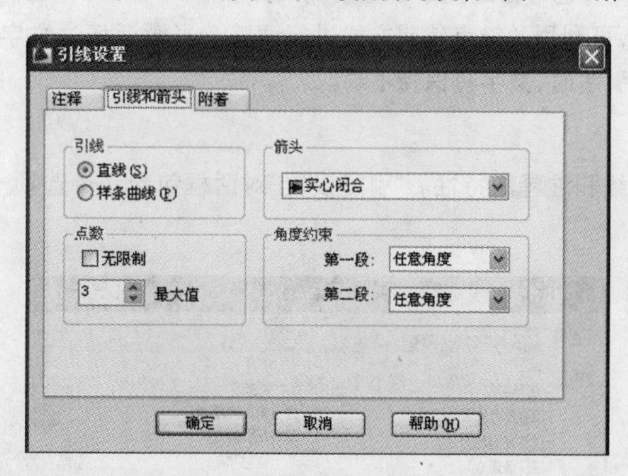

图 5-36 "引线和箭头"选项卡

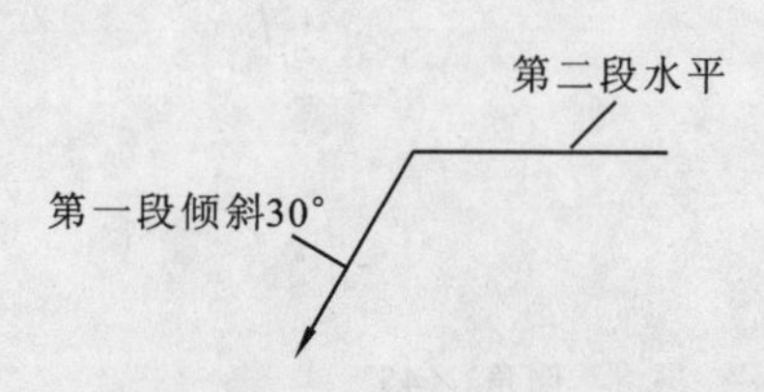

图 5-37 设置引线的倾斜角度

3) "附着"选项卡

只有当用户指定引线注释为多行文字时,"引线设置"对话框才显示"附着"选项卡,通过此选项卡用户可设置多行文字附着于引线末端的位置。

5.3.9 公差标注 NINE

1. 功能

标注尺寸公差是为了有效地控制零件的加工精度,许多零件图上需要标注极限偏差或公差带代号,它的标注形式是通过标注样式中的"公差格式"来设置的。

2. 执行方式

菜单栏：选择“标注”→“公差”命令。

工具栏：单击标注工具栏中的 按钮。

命令行：TOLERANCE。利用当前样式覆盖方式标注尺寸公差。

标注尺寸公差时，若空间过小，可考虑使用较窄的文字进行标注。具体方法是：先建立一个新的文字样式，在该样式中设置文字宽度比例因子小于1，然后通过尺寸样式的覆盖方式使当前尺寸样式连接新文字样式，这样标注的文字宽度就会变小。

5.3.10 坐标标注 TEN

1. 功能

用坐标命令可标注图形中指定点的 x 和 y 坐标，因为AutoCAD使用世界坐标系或当前的用户坐标系的 x 和 y 坐标轴，所以标注坐标尺寸时，应使图形(0,0)基准点与坐标系的原点重合，否则应重新输入坐标值。

2. 执行方式

菜单栏：选择“标注”→“坐标”命令。

工具栏：单击标注工具栏中的 按钮。

命令行：DIMORDINATE。

5.3.11 折弯标注 ELEVEN

1. 功能

用折弯命令可标注较大圆弧的折弯半径尺寸。

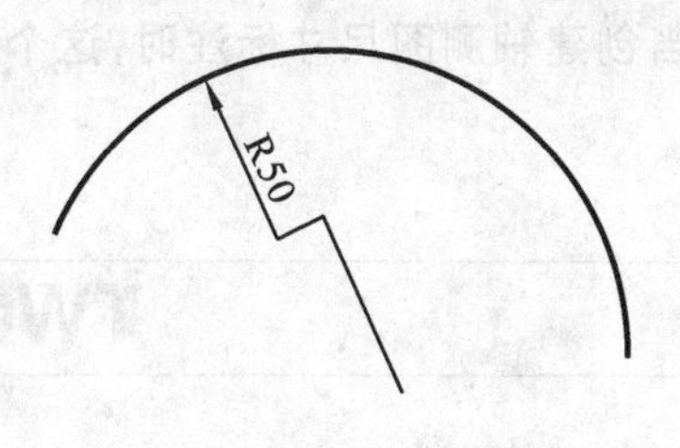

图 5-38 折弯标注图

2. 执行方式

菜单栏：选择“标注”→“折弯”命令。

工具栏：单击标注工具栏中的 按钮。

命令行：DIMJOGGED。

3. 操作示例

绘制圆弧，使用DIMJOGGED命令标注文件，如图5-38所示。

命令：_dimjogged

选择圆弧或圆：　　　(用直接点取方式选择需标注的圆弧或圆)

指定图示中心位置：　　　(指定折弯半径尺寸线起点)

标注文字 = 50　　　(标注文字“50”)

指定尺寸线位置或[多行文字(M)/文字(T)/角度(A)]：　　　(拖动确定尺寸线位置)

指定折弯位置：　　　(拖动指定尺寸线折弯位置，标注效果如图5-38所示)

5.4 尺寸标注的编辑

5.4.1 尺寸标注的编辑 ONE

1．执行方式

菜单栏：选择“标注”→“替代”命令。

工具栏：单击标注工具栏中的按钮。

命令行：DIMEDIT。

2．命令的选项功能

DIMEDIT 命令可以调整尺寸文字的位置，并能修改文字内容，此外，还可将尺寸界线倾斜某一角度并旋转尺寸文字。这个命令的优点是可以同时编辑多个尺寸标注。DIMEDIT 命令提示信息如下：

输入标注编辑类型[默认(H)/新建(N)/旋转(R)/倾斜(O)]<默认>：

默认(H)：将标注文字放置在尺寸样式中定义的位置。

新建(N)：单击该选项，将打开多行文字编辑器对话框，该对话框中的尖括号代表原来的标注文字。可将被选取的标注文字更改成新的内容。选择此项后，随即出现多行文字的输入窗口，在窗口中输入编辑文字，然后单击“确定”按钮结束，再选择要修改的标注文字对象，单击鼠标右键完成更新。

旋转(R)：将被选取的标注文字旋转某一角度。

倾斜(O)：若空间狭小，不易标注，可利用倾斜的尺寸界线进行标注。选择此项后，要选择修改的尺寸标注对象，然后单击鼠标右键结束选取，再输入倾斜角度，使尺寸界线倾斜一个角度。当创建轴测图尺寸标注时，这个选项非常有用。

5.4.2 修改标注文字 TWO

1．旋转标注文字

示例 1

旋转文字 45°，如图 5-39 所示。

命令：DIMEDIT

输入标注编辑类型[默认(H)/新建(N)/旋转(R)/倾斜(O)]<默认>：r

指定标注文字的角度：45

选择对象：找到 1 个

选择对象：

尺寸界线已解除关联。

示例 2

使用标注特性中的“文字”选项卡，旋转文字 45°，修改结果同示例 1，如图 5-40 所示。

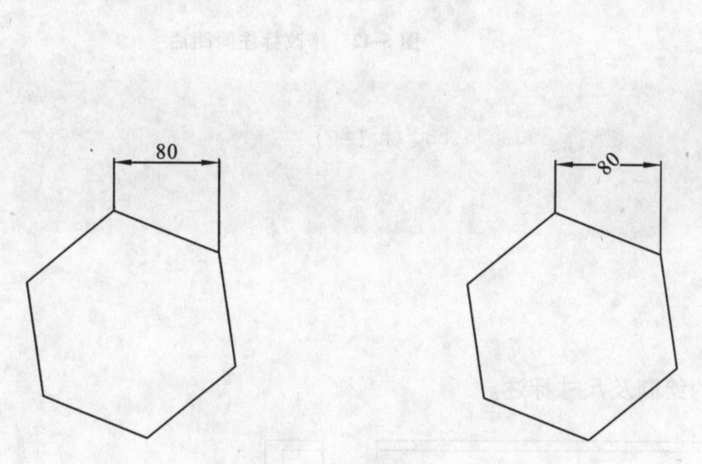

图 5-39 旋转文字

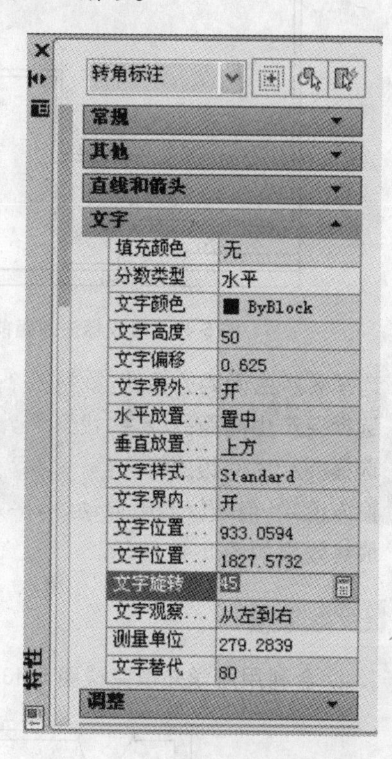

图 5-40 使用特性管理器修改文字

2. 移动标注文字

此功能可将标注的文字沿尺寸线移动到左侧、右侧、中心或尺寸延伸线之内、之外的任意位置。

3. 替换标注文字

在绘图的过程中，可能会遇到测量尺寸与实际尺寸不一致的情况。用户可用对象特性面板中的“文字替代”替换标注对象的文字。如将测量单位 279.2839 改为 80，如图 5-40 所示。

5.4.3 修改标注间距 THREE

1. 功能

可以自动调整图形中现有的平行的线性标注和角度标注，使其间距相等或在尺寸线处能够相互对齐。

注意：需调整间距的线性标注的标注样式要一致。

2. 执行方式

命令行：DINSPSCE。

3. 操作示例

观察图 5-41 标注间距，调整至图 5-42 所示的合理标注间距。

命令：DIMSPACE

选择基准标注：(选择 270 为基准)

选择要产生间距的标注：找到 1 个

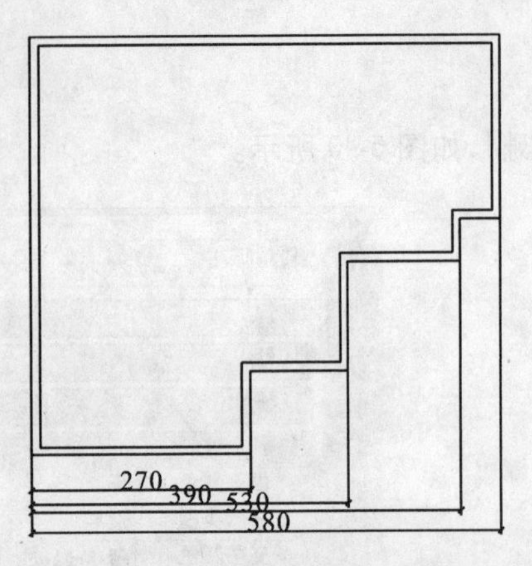

图 5-41　修改标注间距前

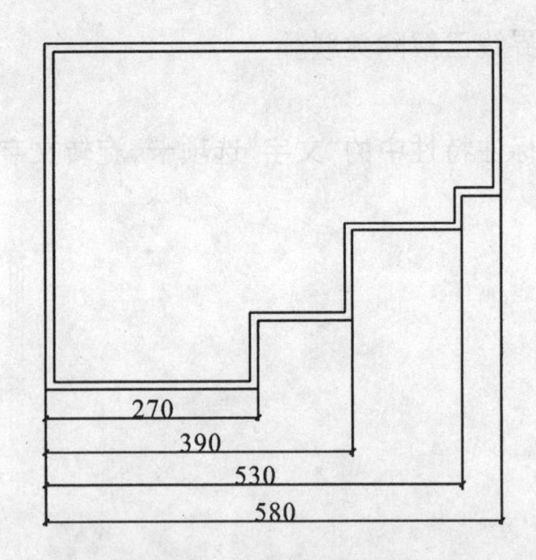

图 5-42　修改标注间距后

选择要产生间距的标注:找到 1 个,总计 2 个
选择要产生间距的标注:找到 1 个,总计 3 个　　　(选择 390、530、580 标注线)
选择要产生间距的标注:
输入值或[自动(A)]<自动>:A

最终效果如图 5-42 所示。

练 习 题

1. 综合利用所学知识完成图 5-43 所示图形的绘制及尺寸标注。

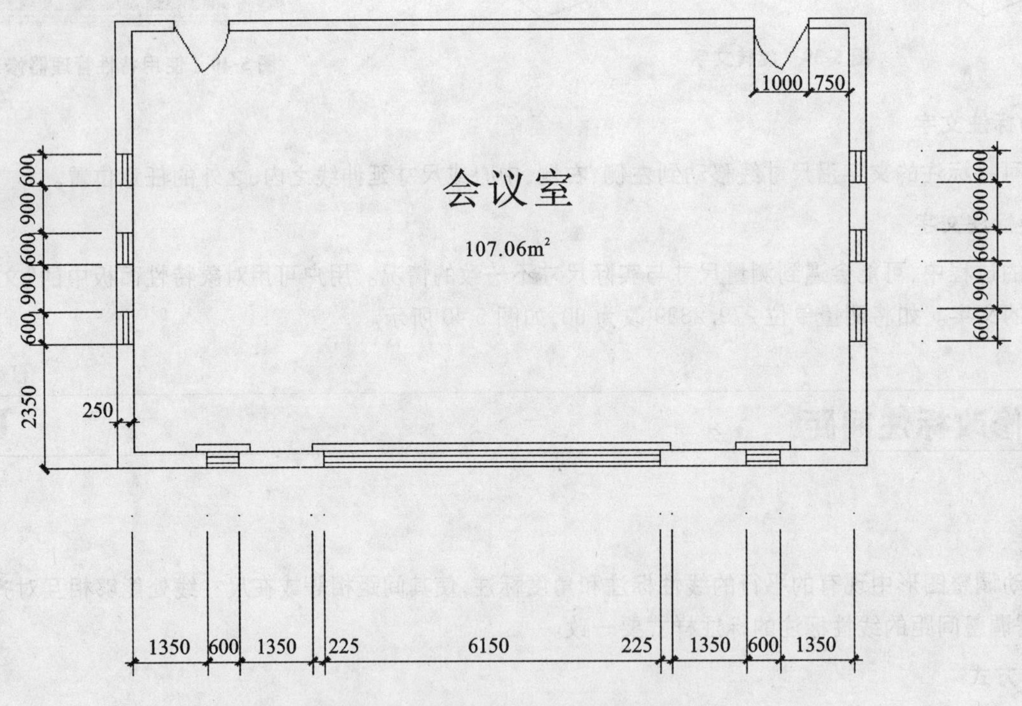

图 5-43　图形尺寸标注(会议室平面图)

2. 综合利用所学知识完成图 5-44 所示图形的绘制及尺寸标注。

3. 综合利用所学知识完成图 5-45 所示图形的绘制及尺寸标注。

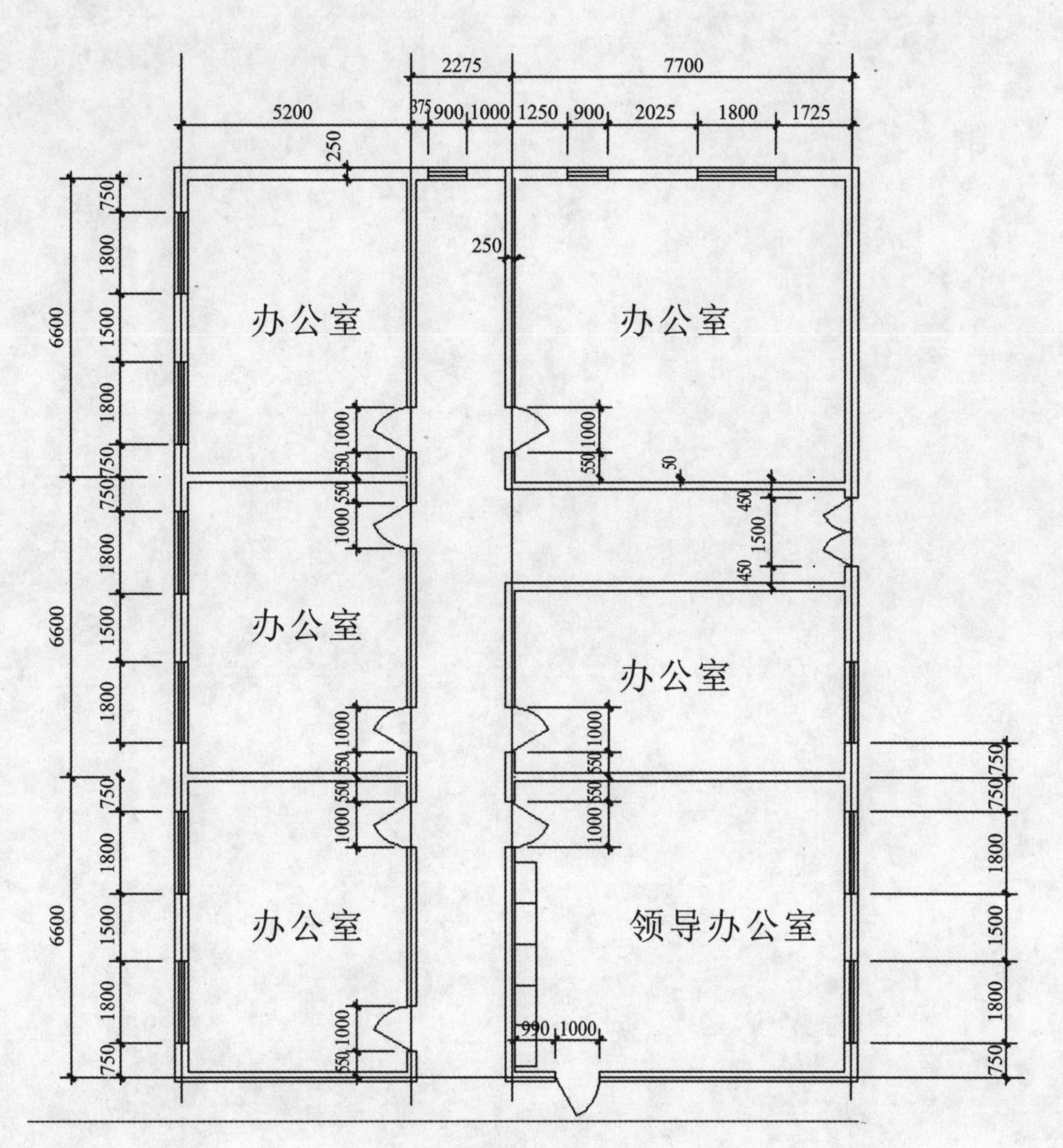

图 5-44　办公室尺寸标注

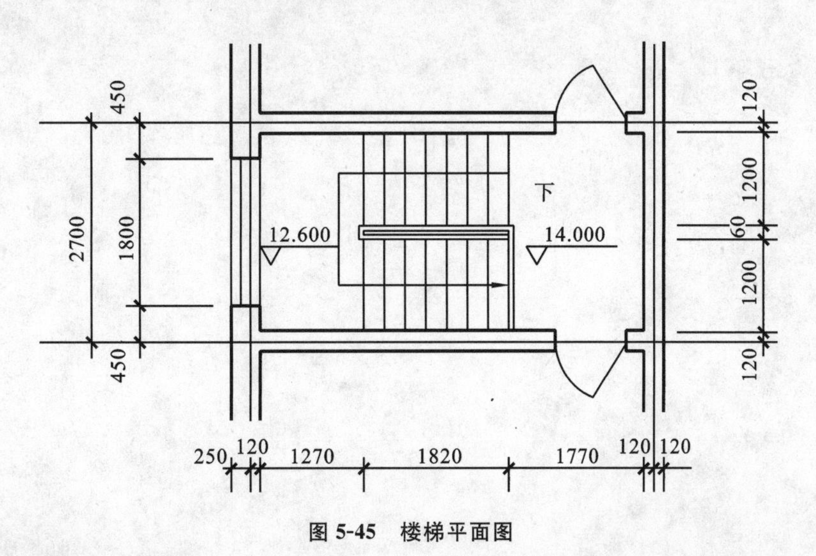

图 5-45　楼梯平面图

第6章

建筑图中的图块与图案填充

AutoCAD

JIANZHU ZHITU YU

YINGYONG

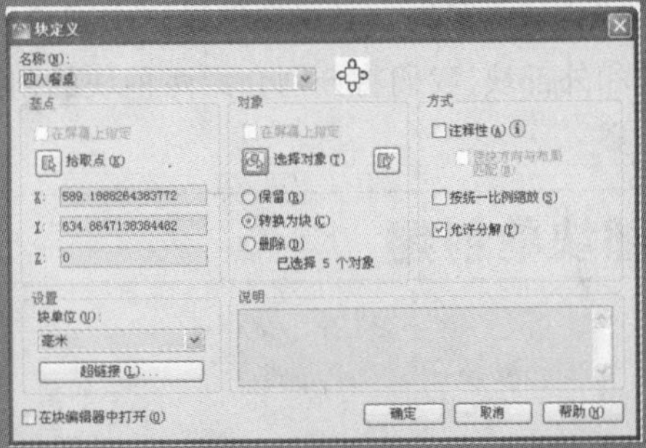

图块是图形设计中的一个重要概念。在建筑制图中，如果图形中有大量相同或相似的内容，或所绘制的图形与已有的图形文件相同，则可以把需重复绘制的图形创建成块(也称为图块)。创建块属性、名称、用途等信息，可以提高绘图的效率。

6.1 图块的特点

图块就是用一个名字来标识的多个对象的集合体。虽然一个图块可以由多个对象构成，但却是作为一个整体来使用的。用户可以将块看作一个对象来进行操作，如使用 MOVE、COPY、ERASE、ROTATE 、ARRAY 和 MIRROR 等命令来操作。它还可以嵌套，即在一个图块中包含其他一些图块。此外，如果对某一图块进行重新定义，则会引起图样中所有引用的图块都自动地更新。所以，图块可以方便编辑。

当用户创建一个块后，AutoCAD 将该块存储在图形数据库中，此后用户可根据需要多次插入同一个块，而不必重复绘制和储存，可以节省大量的绘图时间，减少重复性绘图。而插入块并不需要对块进行复制，而只是根据一定的位置、比例和旋转角度来引用，因此数据量要比直接绘图小得多，可以节省计算机的存储空间。

另外，在 AutoCAD 中还可以将块存储为一个独立的图形文件，也称为外部块。这样其他人就可以将这个文件作为块插入到自己的图形中，不必重新进行创建。可以通过这种方法建立图形符号库，供所有相关的设计人员使用。这既节约了时间和资源，又可保证符号的统一性、标准性。

注意：可使用 EXPLODE 命令将块分解为相对独立的多个对象。

6.2 创建图块

创建图块又称为块的定义。当用户创建一个图块后，将该块存储在图形数据库中，并根据需要随时使用。图块又分为内部块和外部块，我们将分别介绍两种块的创建方法。

6.2.1 内部块的创建 ONE

1. 功能

在当前图形中通过创建内部块可以重复绘制某一图形，并可对图像块进行复制、旋转、阵列、镜像等操作。

2. 执行方式

菜单栏：选择“绘图”→“块”→“创建”命令。

工具栏：单击绘图工具栏中的 按钮。

命令行：BLOCK。

3. “块定义”对话框

创建块定义后，系统自动打开“块定义”对话框，如图 6-1 所示。

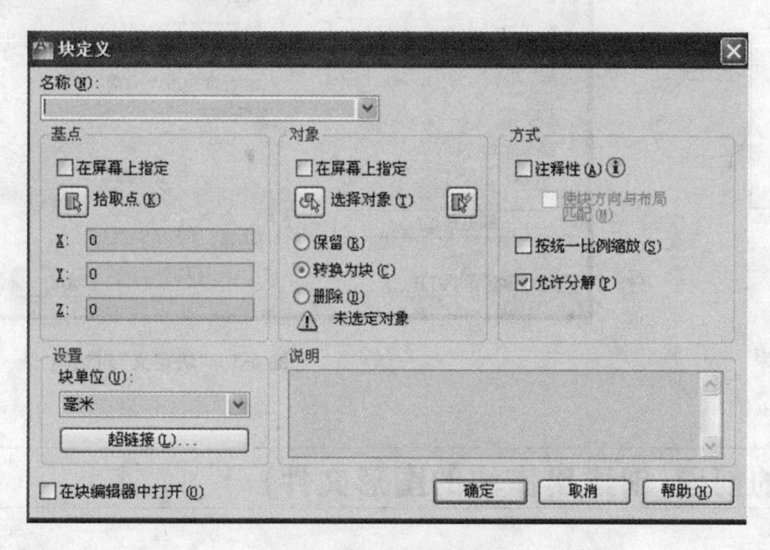

图 6-1 “块定义”对话框

“块定义”对话框中各项的含义如下。

- 名称：用于指定新建块的名称，块名最长可达 255 个字符。
- 基点：用于指定块的插入基点，它是块插入时附着光标移动的参考点，系统默认的值是(0,0,0)，在实际操作时，通常单击“拾取点”按钮。开启对象捕捉功能，拾取要定义为块的图形上的特殊点作为基点，用户也可以在 X、Y、Z 等 3 个框中输入基点坐标。（建议用户指定基点位于块中对象的左下角。以后再插入块时将提示指定插入点。块的基点和指定的插入点对齐。）
- 对象：用于指定新建块中包含的所有对象，以及创建块后是否保留、删除对象或转换为块使用，系统默认是转换为块，即创建块以后，将选择的图形对象立即转换为块。
- 说明：用于指定与块相关的文字说明。
- 超链接：用于创建一个与块相关联的超级链接，可以通过该块来浏览其他文件或访问站点。

4. 操作示例

绘制图 6-2，并把四人餐桌定义为内部块。

在命令行中输入命令 BLOCK，调用创建内部块命令，打开“块定义”对话框，如图 6-3 所示。

(1) 定义块名称为“四人餐桌”。

(2) 在基点区域中单击 拾取点(K) 按钮，拾取基点，回到绘图区，命令行提示如下：

```
命令：_block
指定插入基点：          （选取餐桌左下角作为基点，回到“块定义”对话框，查看到拾取点的坐标）
```

(3) 单击对象区域中的 选择对象(T) 按钮，选择对象，屏幕又回到绘图区，命令行提示如下：

```
选择对象：          （选择所有组成四人餐桌的对象）
```

(4) 返回“块定义”对话框，单击“确定”按钮，完成块的创建。

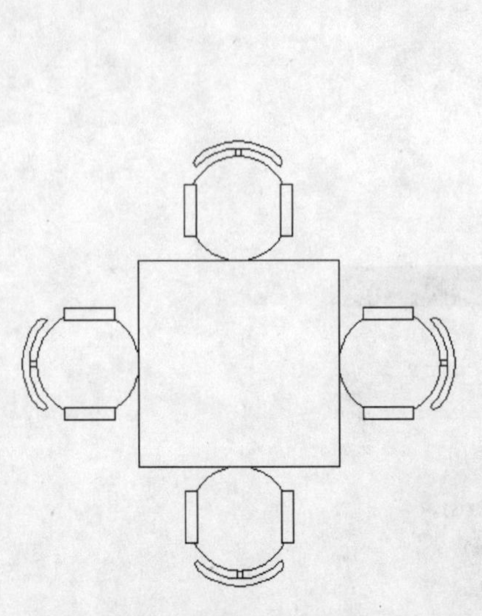

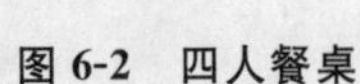
图 6-2　四人餐桌

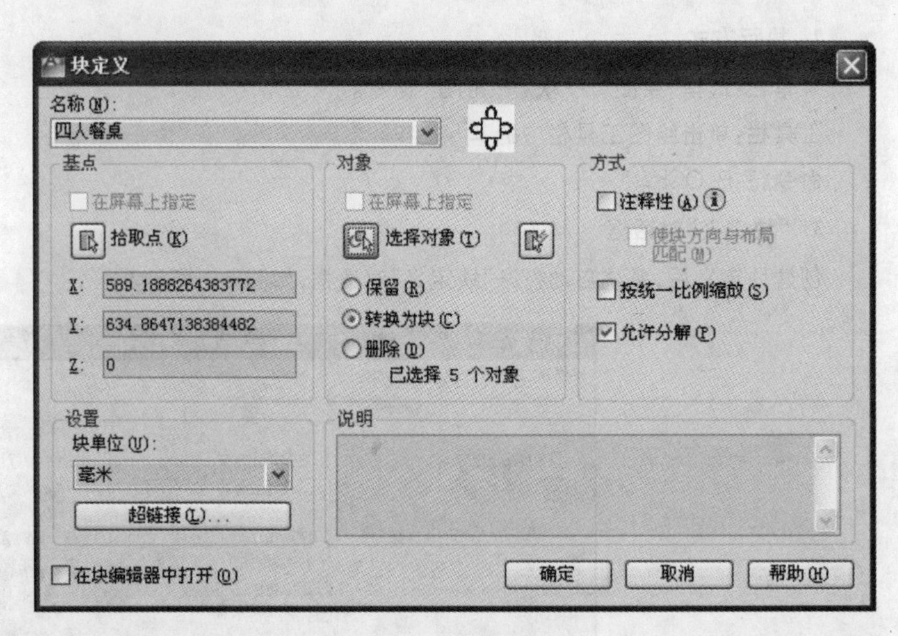

图 6-3　"块定义"对话框

6.2.2　外部块的创建(创建用作块的图形文件)　TWO

1．功能

内部块只能在图块所在的当前图形文件中使用,不能被其他图形引用。而实际的建筑工程设计中往往需要将定义好的图块共享,使所有用户都能很方便地引用。这就使得图块成为公共图块,即可供其他的图形文件插入和引用。AutoCAD 提供了 WBLOCK 命令,即 Write Block(图块存盘),可以将图块单独以图形文件形式存盘,即外部块。

2．执行方式

命令行:WBLOCK 或 W。

3．操作示例

调用 WBLOCK 命令后,弹出"写块"对话框,如图 6-4 所示。

● "源"选项

块(B):将内部块创建成外部块,可以从对应的块的下拉列表中选中当前图形的图块。

整个图形(E):将当前的全部对象都以图块的形式保存到文件。

对象(O):下方的基点和对象选项区域成为可用,这时操作与创建内部块类似,需要用户选择组成块的对象。

● "目标"选项:设置保存图块的文件名、路径和插入单位等。图块的文件名可在**文件名和路径(F):**的文本框中输入,也可以在下拉列表框中选择。

所有的图形文件都可以看作是外部块插入到其他的图形文件中。不同之处在于 WBLOCK 命令创建的外部块插入基点是由用户设定的,而其他图形文件插入时的基点是坐标原点。

注意:用 WBLOCK 命令保存的图块是一个后缀名为.dwg 的图形文件,在把图形文件中的整个图形当成一个图块保存后,AutoCAD 自动删除文件中未被使用的层定义和线型定义等。

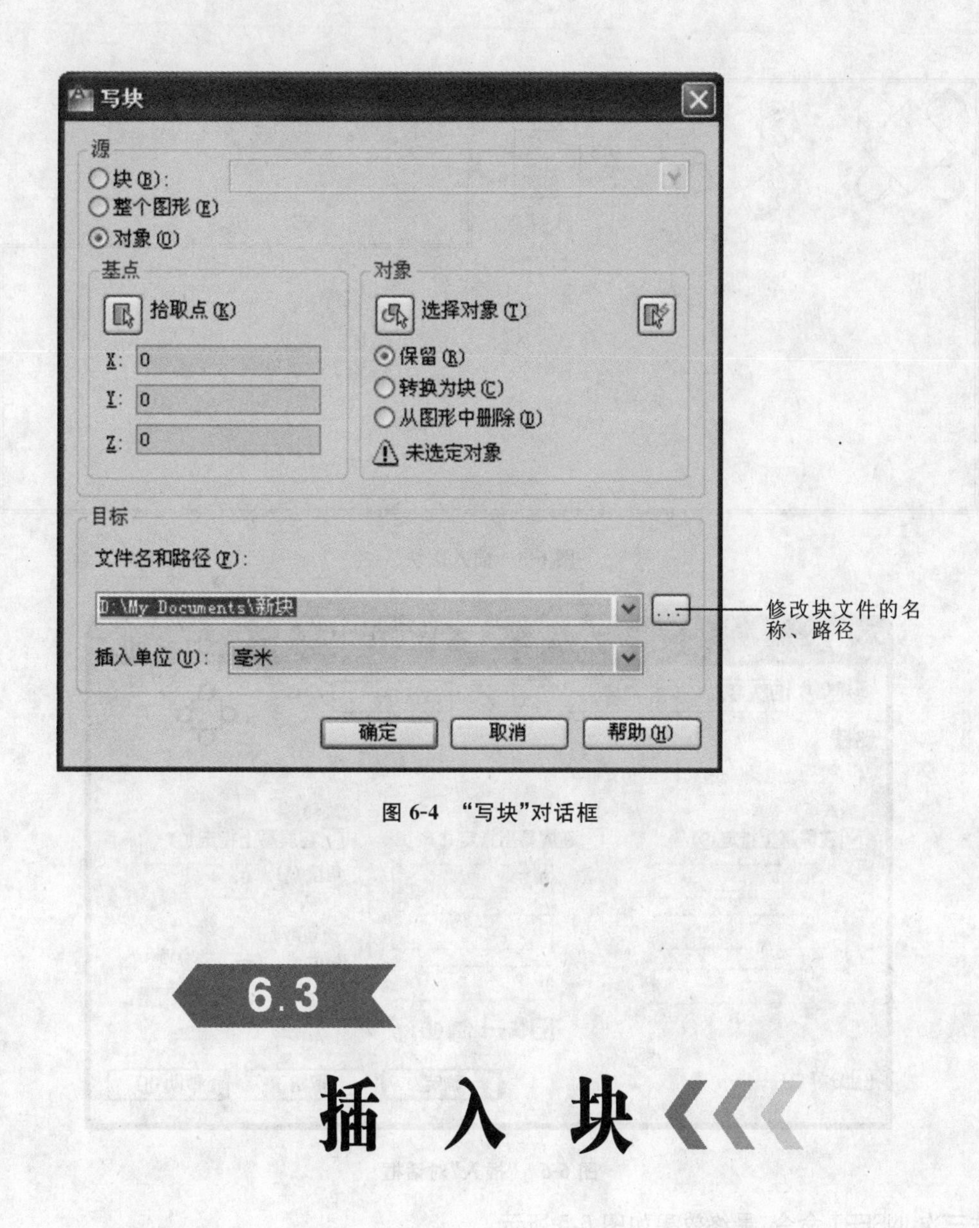

图 6-4　“写块”对话框

6.3 插入块

在建筑工程制图中，经常会有各种各样的标准图形的绘制，有些图形使用量较大。对已定义的图块，根据一定的位置、比例和旋转角度来插入引用，以节省存储空间和提高绘图速度。

1. 功能

可以将在本图形文件中创建的图块插入到所需位置。

2. 执行方式

菜单栏：选择“插入”→“块”命令。

命令行：INSERT。

工具栏：[插入块图标]。

3. 操作示例

将前面创建的名称为“四人餐桌”的图块插入到平面图中。插入点选择“在屏幕上指定”，比例为 1 或 0.5，旋转角度分别为 45°、60°、0°，结果如图 6-5 所示。

在命令行中输入命令 INSERT，打开“插入”对话框，如图 6-6 所示。

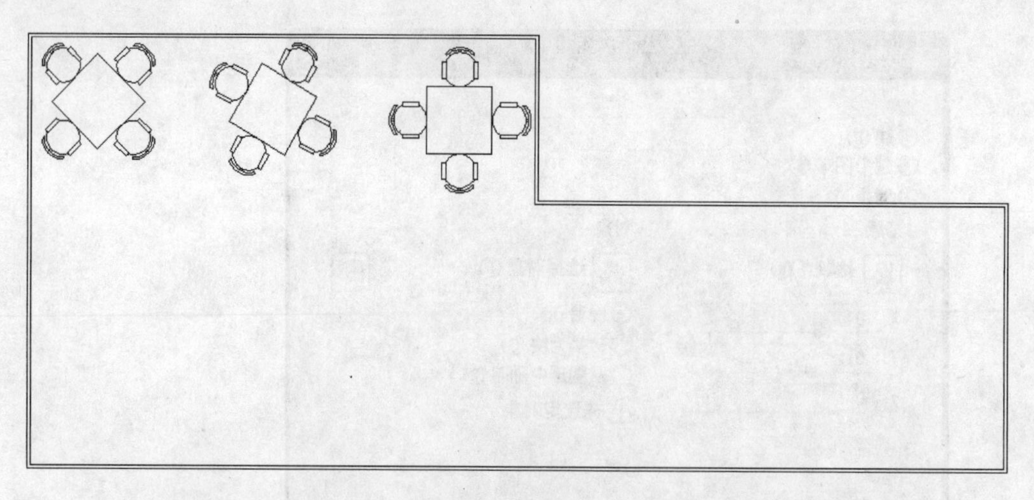

图 6-5　插入图块

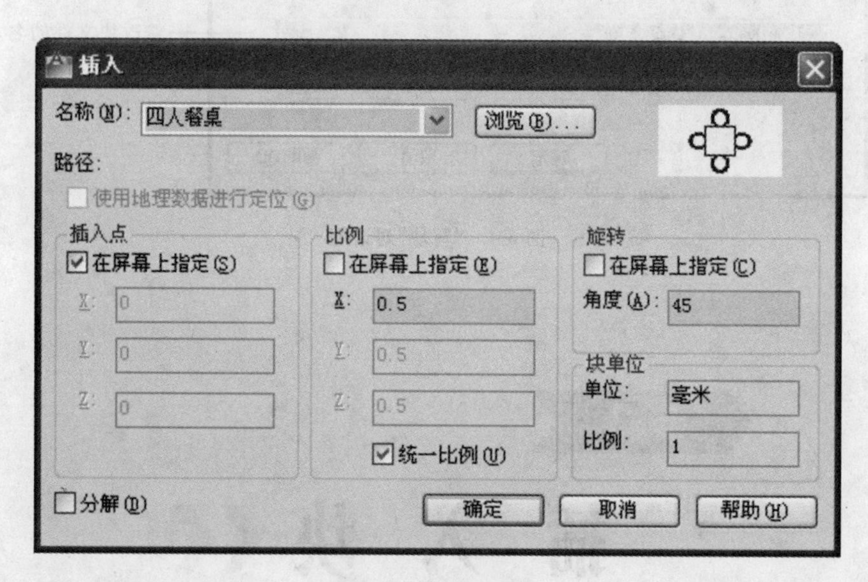

图 6-6　“插入”对话框

依次操作三次 INSERT 命令，最终效果如图 6-5 所示。

6.4 图块的属性

属性是将数据附着到块上的标签或标记，它是一种特殊的文本对象，可包含用户所需要的各种信息。图块属性常用于形式相同而文字内容需要变化的情况，如建筑图中的门窗编号、标高符号、房间编号等，用户可将它们创建为带有属性的图块，使用时按照需要指定文字内容。当插入图块时，系统将显示或提示输入属性数据。

6.4.1　定义块属性　ONE

1. 功能

属性特征可以标记属性的名称、插入块时显示的提示信息、值的信息、文字格式、块中的位置等。

2. 执行方式

菜单栏："绘图"→"块"→"定义属性"。

命令行：ATTDEF。

3. 操作示例

(1) 绘制图形。首先绘制标高的基本图形，如图 6-7 所示。

(2) 定义图块的属性。在命令行中输入 ATTDEF，打开"属性定义"对话框，如图 6-8 所示。

在"属性定义"对话框中，"标记"文本框中输入"标高值"，在"提示"文本框中输入"请输入标高数值"，在"默认"文本框中输入"0.000"，"对正"为"左对齐"，"文字高度"为"200"。

最后用鼠标指定标高值的放置位置，如图 6-9 所示。

图 6-7　绘制标高符号

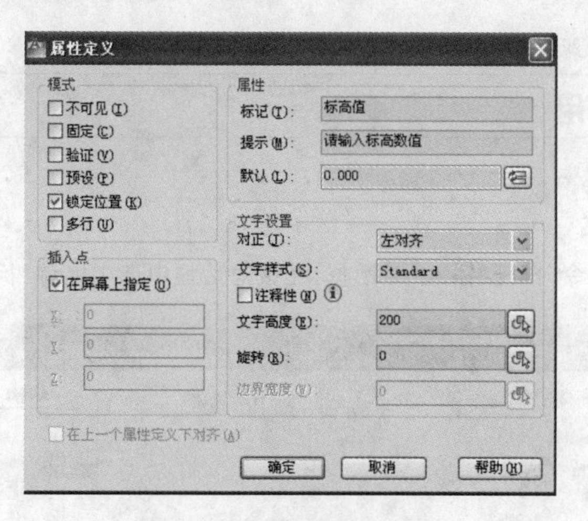

图 6-8　"属性定义"对话框

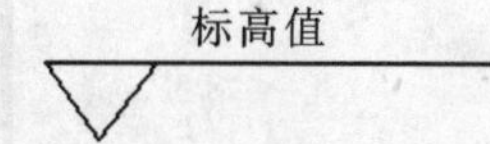

图 6-9　指定标高值位置

(3) 定义图块。在命令行中输入命令 BLOCK，打开"块定义"对话框，"块定义"对话框中名称为标高符号，拾取点为图形的左下角，在选择对象时，要将标高符号及其属性全部选中，如图 6-10 所示。

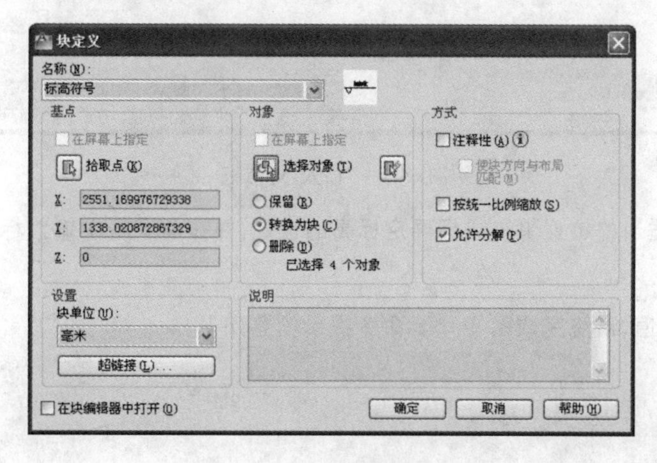

图 6-10　定义图块

块定义完成后，将打开“编辑属性”对话框。这时将显示前面所添加的属性内容，如图 6-11 所示。

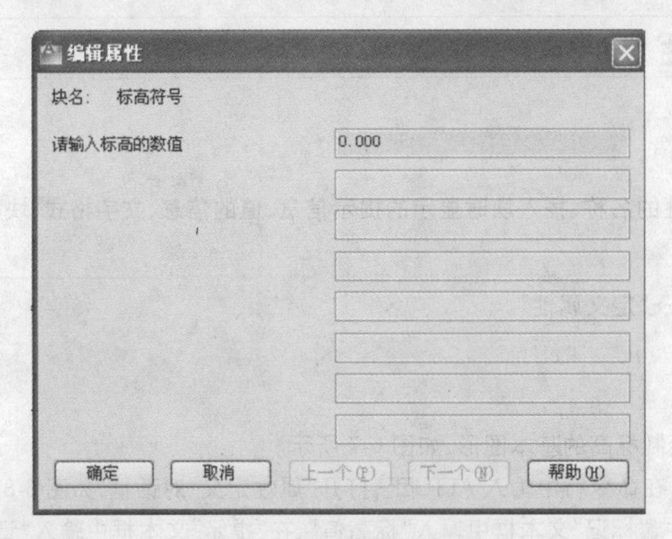

图 6-11 “编辑属性”对话框

确定编辑属性后，在屏幕上的标高数值自动改为默认值，即 ±0.000 。

6.4.2 图块属性的使用 TWO

1. 插入属性图块

在命令行中输入 INSERT 命令，打开“插入”对话框，在该对话框中选中名称“标高符号”，如图 6-12 所示。

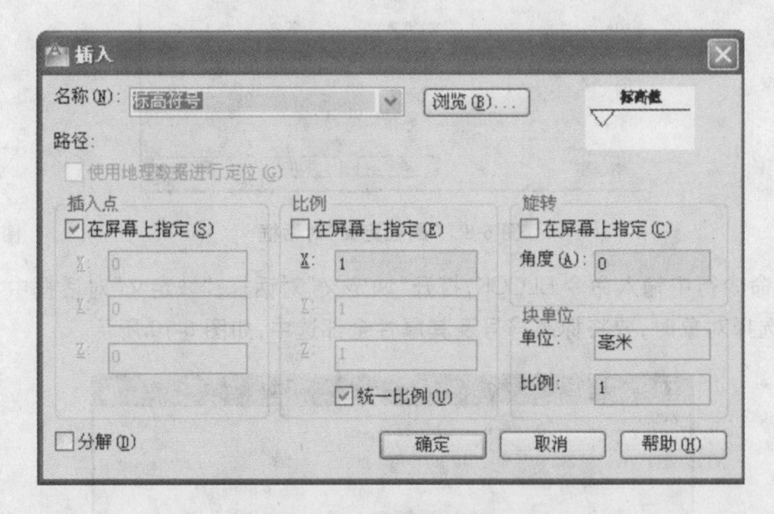

图 6-12 “插入”对话框

单击“确定”按钮后，在适当的位置单击鼠标确定标高的位置，并在命令行中输入标高的数值。

2. 操作示例

设置标高符号和标高数值，最终完成图 6-13。命令提示信息如下：

命令：INSERT
指定插入点或[基点(B)/比例(S)/旋转(R)]：
输入属性值
请输入标高的数值<0.000>：2890

```
命令:INSERT
指定插入点或[基点(B)/比例(S)/旋转(R)]:
输入属性值
请输入标高值<±0.000>:2700
命令:INSERT
指定插入点或[基点(B)/比例(S)/旋转(R)]:
输入属性值
请输入标高值<±0.000>:
```

最终完成效果如图 6-13 所示。

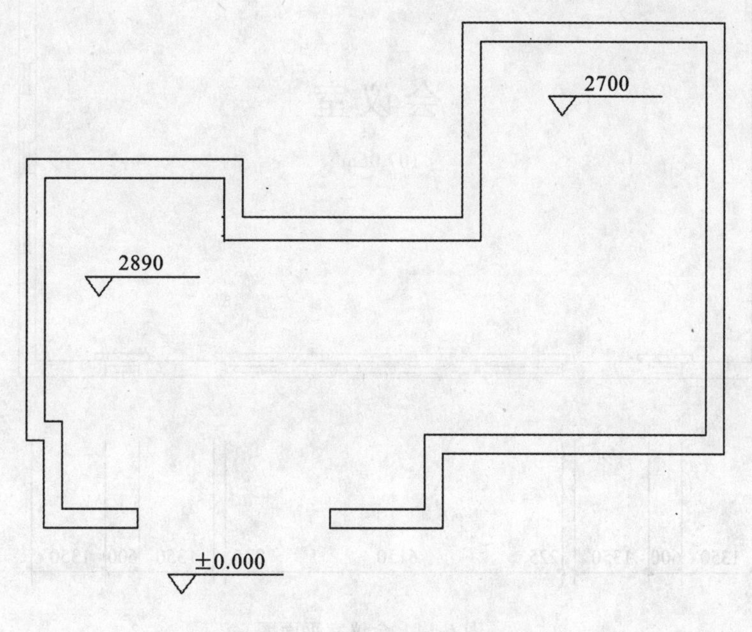

图 6-13 标注平面图的标高值

6.5

图案的填充

在建筑制图中经常会遇到绘制构件的剖面或断面,需要使用材料图例表示其所用的材料,并将其填充到指定的区域。AutoCAD 提供了丰富的填充图案,并提供了多种预定义的图案,可利用这些图案进行快速填充,也可以创建更复杂的填充图案。

1. 功能

创建图案填充就是设置填充的图案、样式、比例等参数。创建填充图案图形的区域,要求这个区域的边界必须是封闭的。

2. 执行方式

单击常用工具栏中的按钮。

菜单栏:"绘图"→"图案填充"。

命令:HATCH。

3. 操作示例

在会议室平面图图 6-14 中,填充地面材料图案,结果如图 6-16 所示。

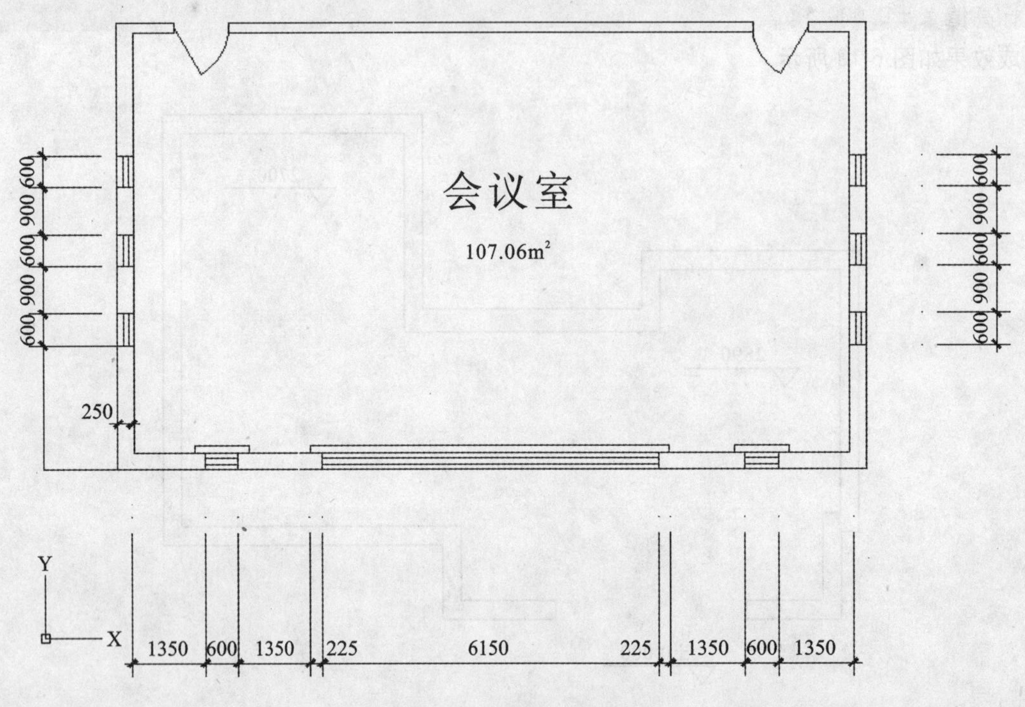

图 6-14 会议室平面图

在命令行中输入命令 HATCH,或单击常用工具栏中的按钮,将打开图案填充创建工具栏面板,如图 6-15 所示。

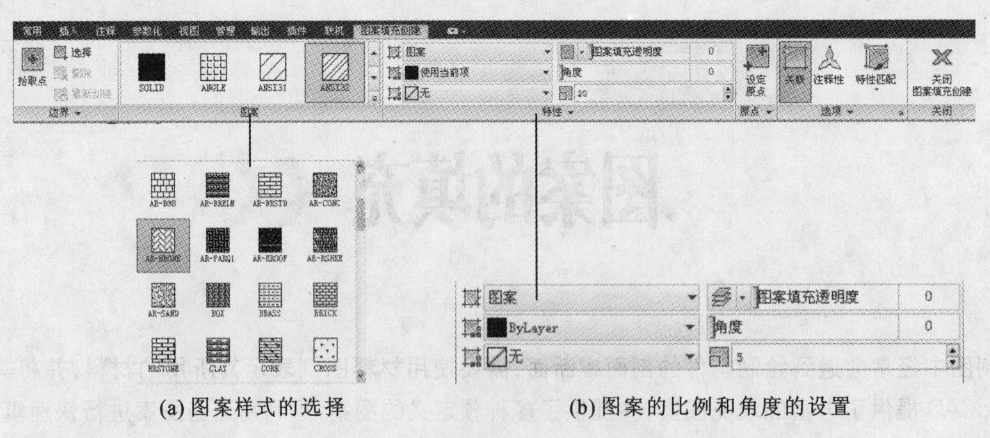

(a) 图案样式的选择 (b) 图案的比例和角度的设置

图 6-15 图案填充创建工具栏面板

命令提示信息如下:

命令:_hatch

拾取内部点或[选择对象(S)/设置(T)]:正在选择所有对象...(在图形的内部单击确定位置)

正在选择所有可见对象...

正在分析所选数据...
正在分析内部孤岛...
选择图案样式:AR-BHONE (如图 6-15 所示)
设置图案的比例:5 (如图 6-15 所示)

最终效果如图 6-16 所示。

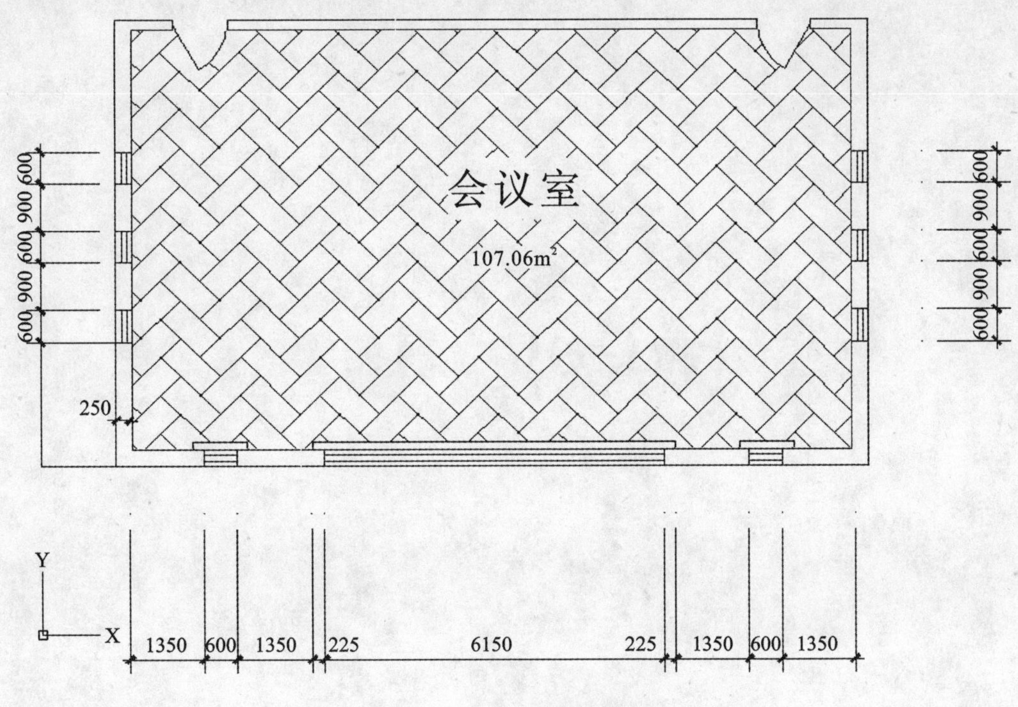

图 6-16 会议室图案填充

练习题

根据所学的图案填充知识,完成图 6-17 所示的楼梯剖面图。

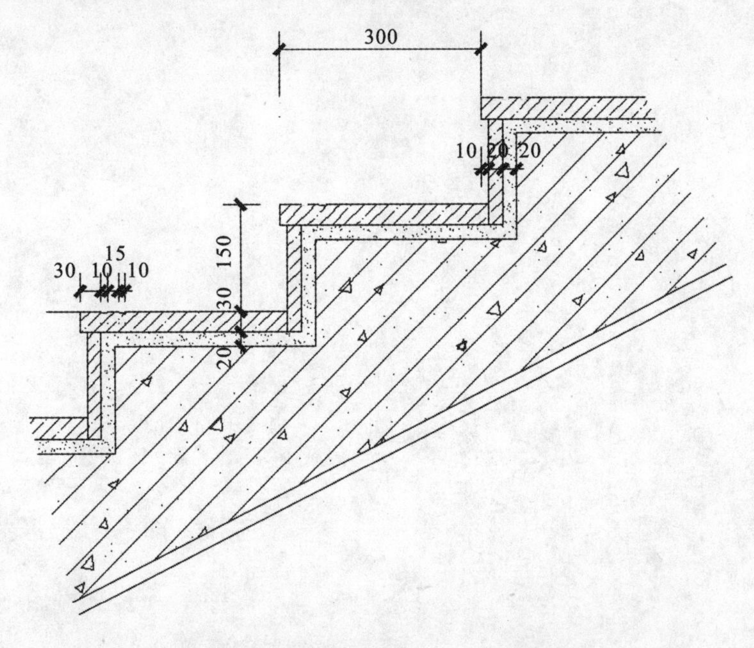

图 6-17 图案填充练习题——楼梯剖面图

第7章

建筑平面图的绘制

AutoCAD

JIANZHU ZHITU YU

YINGYONG

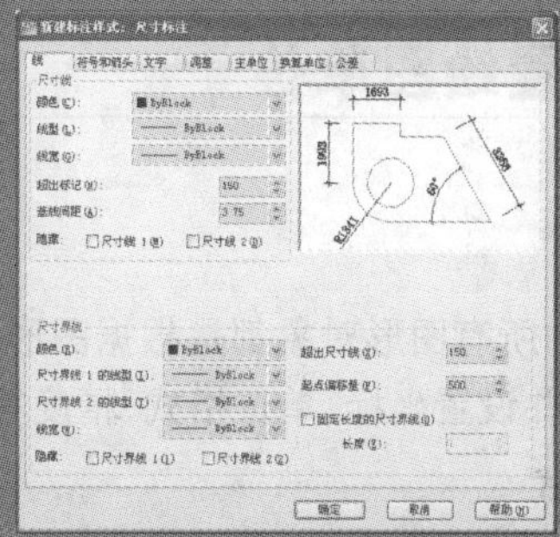

建筑平面图是建筑施工图的重要组成部分。它是假想一水平剖切面沿门窗洞的位置，将房屋剖切后，对剖切面以下部分做出的水平剖面图，即为该建筑物的平面图。它反映建筑的平面形状、布局、大小，如房间、墙体和柱子的位置、门窗的位置等。

在绘制建筑平面图时，首先要确定轴线的位置，然后再绘制建筑图的外墙，绘制建筑物的内墙，绘制建筑的门窗，绘制室内的厨房、卫生间、仓库等设备，标注尺寸与文字注释等。

专业的设计人员绘制建筑平面图一般应遵循以下步骤。

(1) 设定绘图环境，包括层(包括名称、颜色、线型等)。轴线、柱网、墙体、门窗、楼面、地面、楼梯等分别绘制在不同层上。

(2) 绘制顺序一般如下：绘制轴线网；绘制柱子；绘制剪力墙；绘制填充墙；绘制门窗及洞口；绘制楼梯电梯；绘制附墙洞(多数是配套设备管道用的)；绘制其他(阳台、暖气留槽、其他设备留槽等)。

(3) 绘制指北针，标注尺寸，写说明。

(4) 绘制构造详图，并标注尺寸，写说明。

(5) 在绘制过程中，布局相同的楼层可绘制在一个图形文件中，不同的楼层要分别绘制，并命名为首层平面图、标注层平面图或某某平面图。

注意：首先设定系统参数，如图幅、比例、线型比例、字体比例等；然后一般是从标准层开始绘制。

7.1 设置绘图环境

设置绘图环境的主要内容如下。

(1) 设置图形界限。按所绘平面图的实际尺度和出图时的图纸幅面确定图形界限。建筑平面图的绘图比例常用的有 1:20、1:50、1:100、1:200。如用 A3 图纸，1:100 出图，故将图形界限的左下角确定为(0,0)，右上角确定为(42000,29700)。

(2) 设置图形单位。将长度单位的类型设置为小数，精度设置为 0，其他使用默认值。

(3) 设置图层。为方便绘图，便于编辑、修改和输出，根据建筑平面图的实际情况，设置图层。

(4) 设置文字样式。

(5) 设置标注样式。

设置绘图环境的执行方式有命令、工具栏选项或菜单。图 7-1 所示是利用“格式”菜单设置绘图环境的选项。

7.1.1 设置绘图单位 ONE

1. 功能

我们绘制的所有图形对象都是根据图形单位景象测量的。在绘制图形之前，必须确定一个图形单位来表示实际图形的大小，并设置坐标、单位格式、精度等。

2. 执行方式

菜单栏：选择“格式”→“单位”命令。

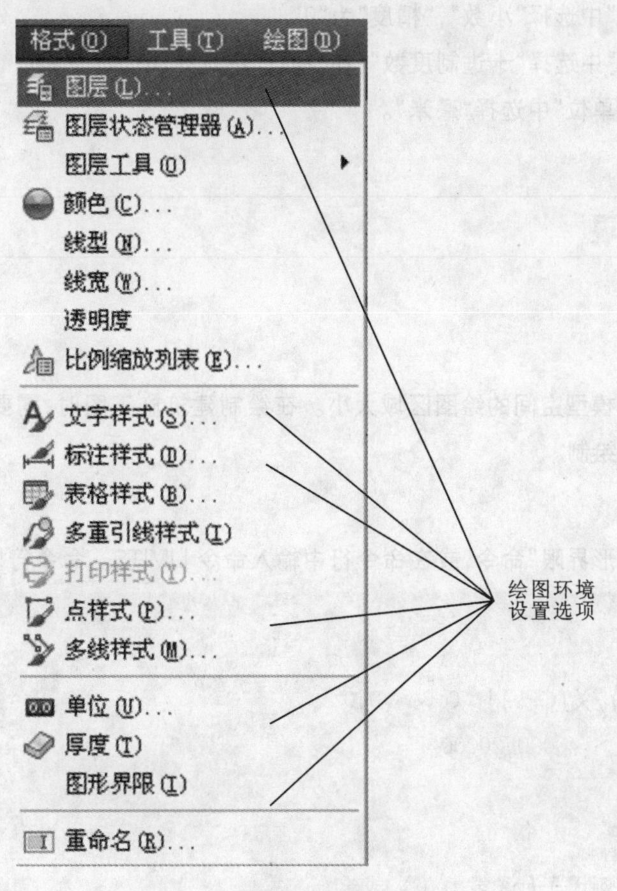

图 7-1 绘图环境的设置方式

命令行:UNITS。

使用上述两种方式,都将打开“图形单位”对话框,如图 7-2 所示。

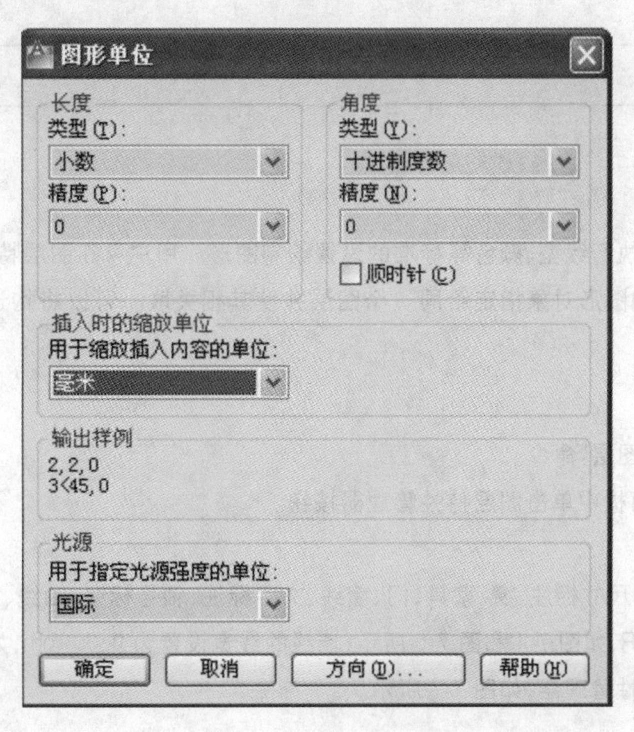

图 7-2 “图形单位”对话框

在“长度”选项区域“类型”中选择“小数”，“精度”为“0”。

在“角度”选项区域“类型”中选择“十进制度数”，在“精度”中选择“0”。

在“用于缩放插入内容的单位”中选择“毫米”。

7.1.2 设置图形界限 TWO

1. 功能

设置图形界限，可以调整模型空间的绘图区域大小。在绘制建筑施工图时，需要指定图形界限来确定图形环境的范围，并按照实际的单位绘制。

2. 执行方式

单击“格式”菜单中的“图形界限”命令，或在命令行中输入命令 LIMITS。命令行提示信息如下：

```
命令：LIMITS
重新设置模型空间界限：
指定左下角点或[开(ON)/关(OFF)]＜0,0＞：0,0
指定右上角点＜420,297＞：40000,20000

命令：ZOOM
指定窗口的角点，输入比例因子(nX 或 nXP)，或者
[全部(A)/中心(C)/动态(D)/范围(E)/上一个(P)/比例(S)/窗口(W)/对象(O)]＜实时＞：all
```

正在重生成模型。

7.1.3 设置图层 THREE

1. 功能

根据图层中的信息以及执行线型、颜色等标准的设置绘制图形。用户可在图层特性中编辑图形中的对象。通过创建图层，可将类型相似的图形对象指定给同一个图层并使其相关联。可以将构造线、轴线、门、窗、文字、标注等置于不同的图层上。

2. 执行方式

菜单栏：单击“格式”→“图层”命令。

工具栏：在图层工具栏面板中单击图层特性管理器按钮。

命令行：LAYER。

如图 7-3 所示，分别新建尺寸标注、窗、家具、门、墙线、文字标注、轴号标注、轴线、柱子等图层。

其中轴线线型为 CENTER，如图 7-4 和图 7-5 所示；墙线的线宽设置为 0.30 mm，如图 7-6 所示。

最终设置完成的图层特性管理器，如图 7-7 所示。

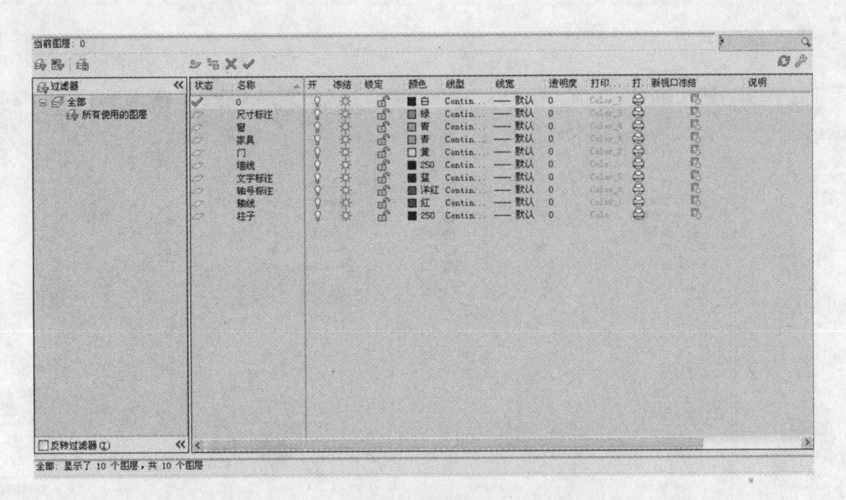

图 7-3　在图层特性管理器中新建图层

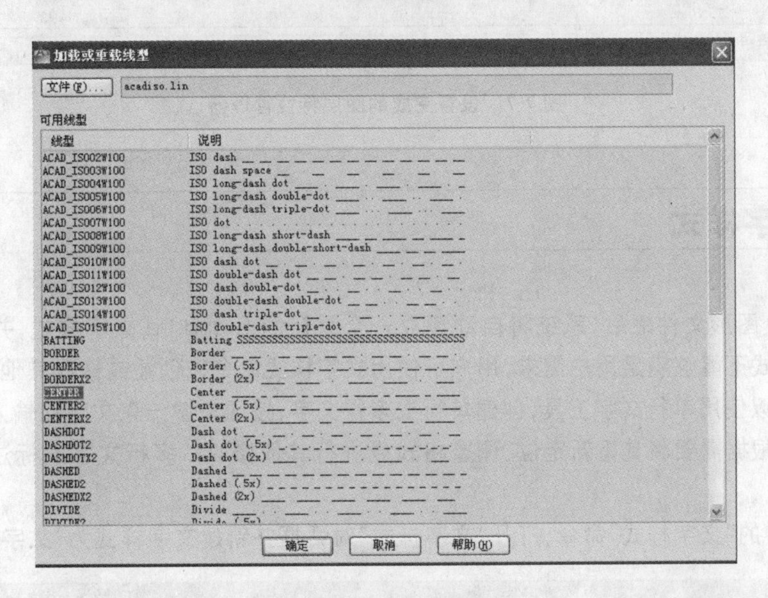

图 7-4　加载 CENTER 线型

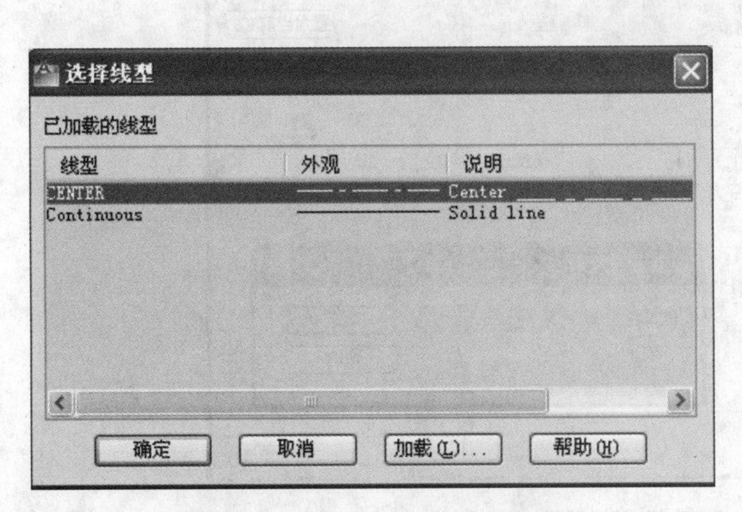

图 7-5　选择 CENTER 线型为当前线型

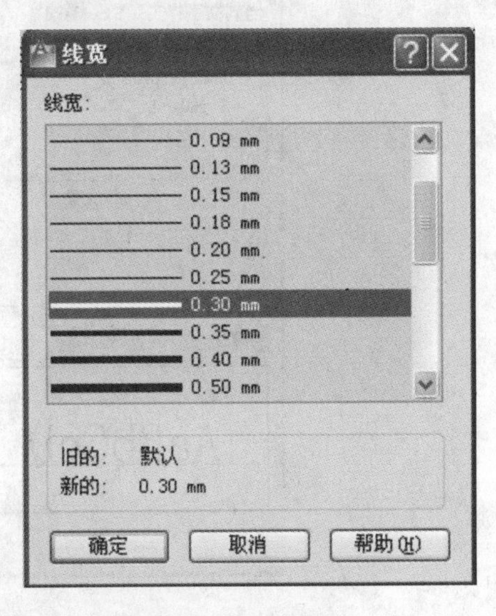

图 7-6　设置线宽

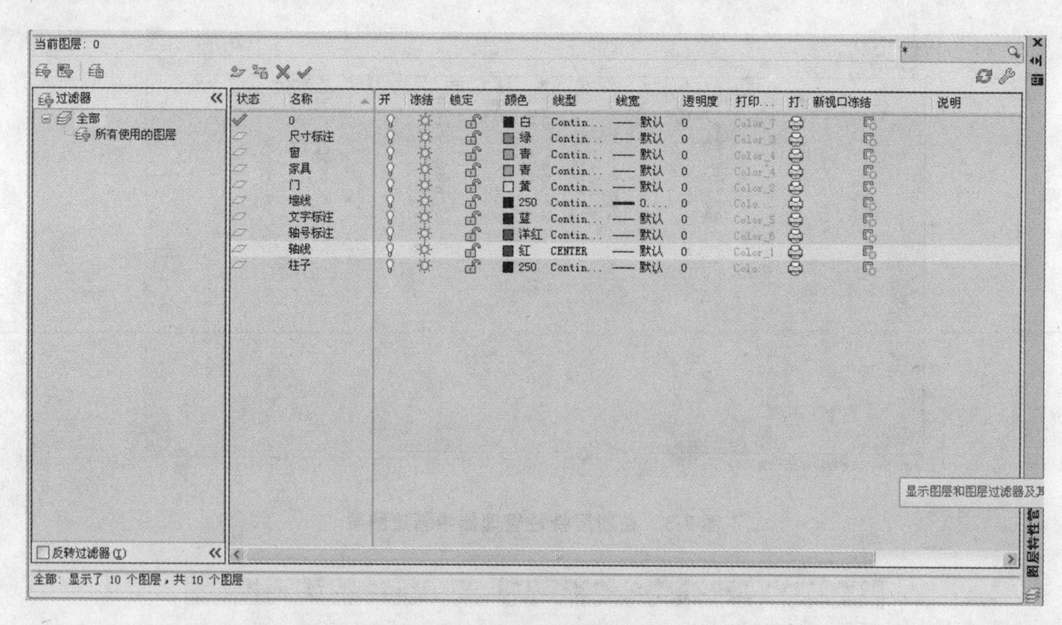

图 7-7　设置完成的图层特性管理器

7.1.4　设置文字样式　FOUR

在系统中新建一个图形文件之后，系统将自动建立一个默认的 Standard 文字样式，并且该样式会被自动引用。但是，往往标准样式不能够满足用户需求，用户可使用文字样式命令来创建或修改其他的文字样式。

在文字标注中，可以使用单行文字工具，创建单行或多行文字，按回车键结束文字的输入。但是每行的文字都是独立的对象，用户应根据需要将其重新定位、调整格式或进行其他修改。多行文字的标注最好使用多行文字的工具进行标注。

选择“格式”菜单中的“文字样式”命令，打开“文字样式”对话框并新建文字样式为“文字标注”，如图 7-8 所示。

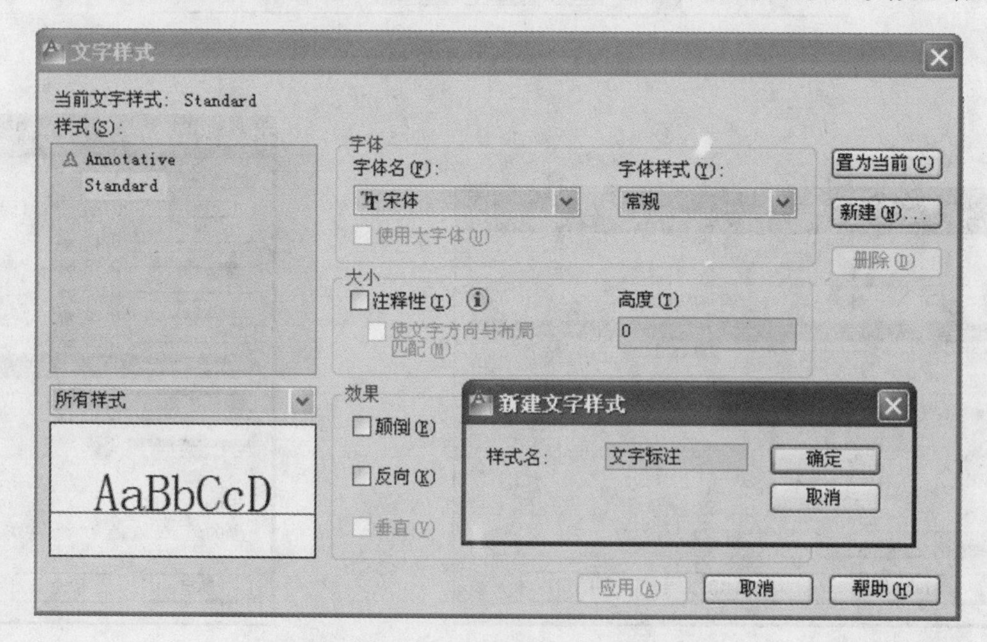

图 7-8　“文字样式”对话框

在文字样式中,建立“文字标注”和“轴号标注”样式。设置字体为仿体_GB2312,字体高度为 300,如图 7-9 所示。

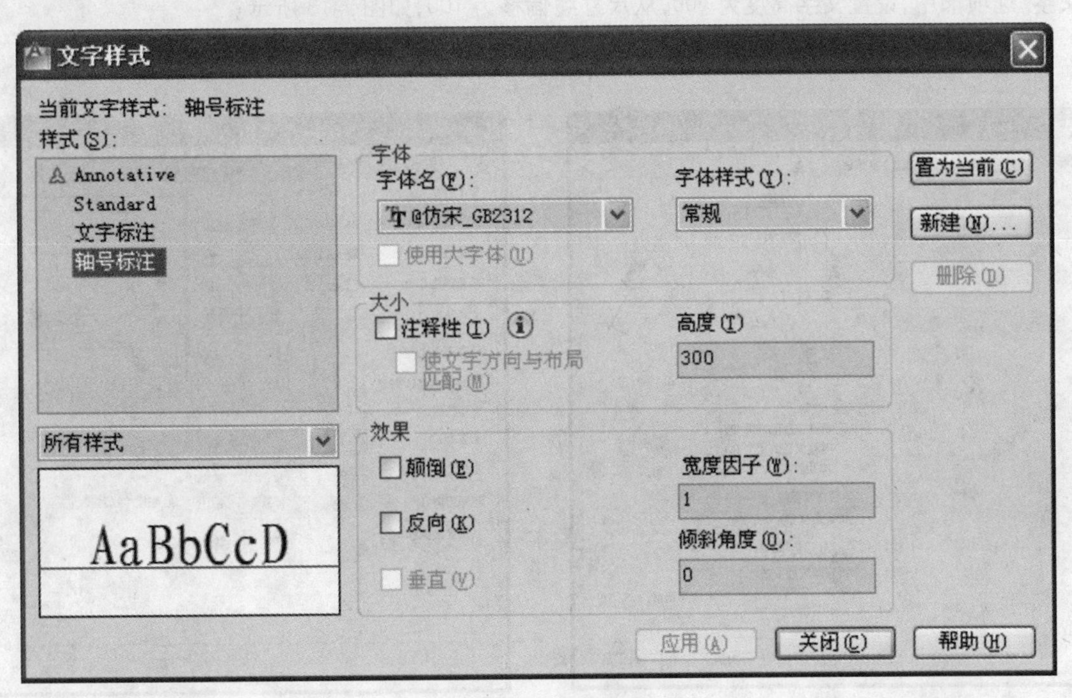

图 7-9　文字样式的设置

7.1.5　尺寸标注样式　FIVE

单击“格式”菜单中的“标注样式”命令,打开“标注样式管理器”对话框。新建基于 ISO-25 的标注样式,新样式名称为“尺寸标注”,如图 7-10 所示。

在“新建标注样式:尺寸标注”对话框的“线”选项卡中,设置超出标记为 150,超出尺寸线为 150,起点偏移量为 500,如图 7-11 所示。

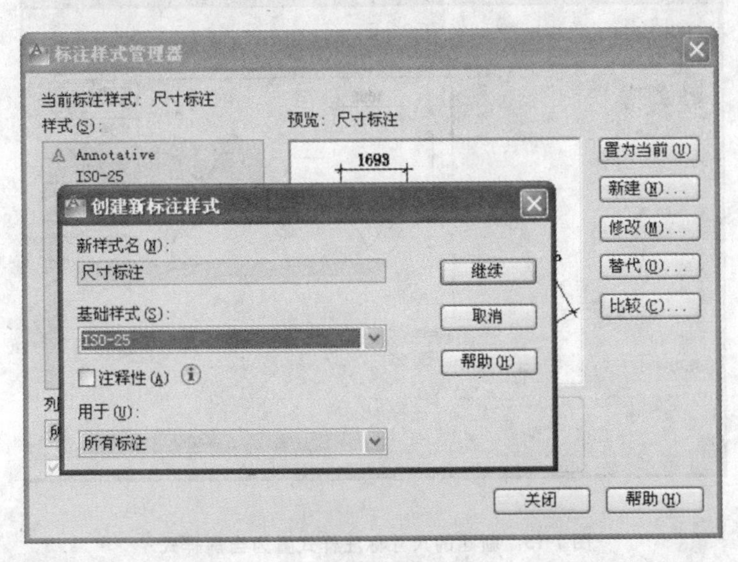

图 7-10　新建标注样式“尺寸标注”

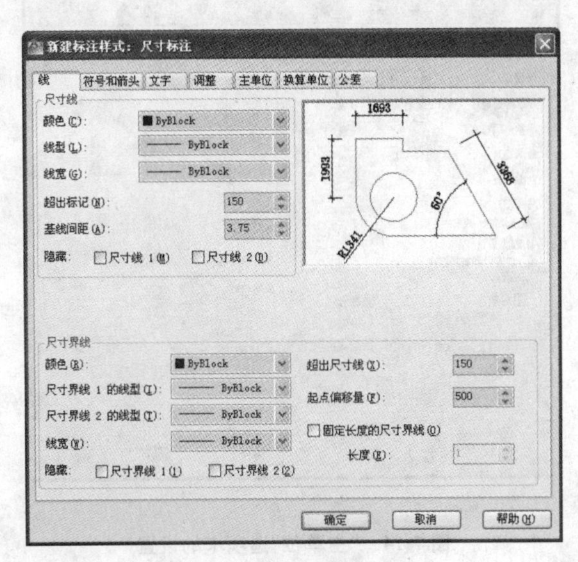

图 7-11　“线”选项卡的设置

在“符号和箭头”选项卡中，设置箭头的第一个和第二个都为建筑标记，箭头大小为150，如图7-12所示。

在“文字”选项卡中，设置文字高度为300，从尺寸线偏移为100，如图7-13所示。

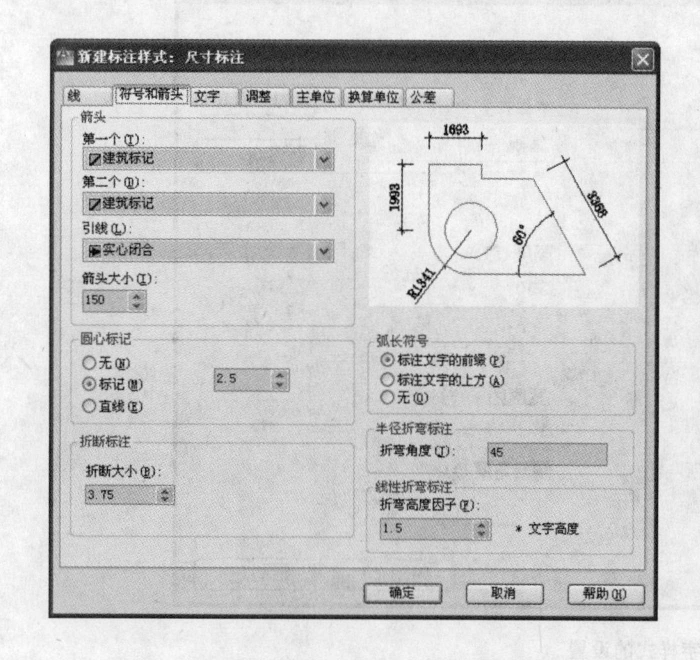

图7-12 “符号和箭头”选项卡的设置

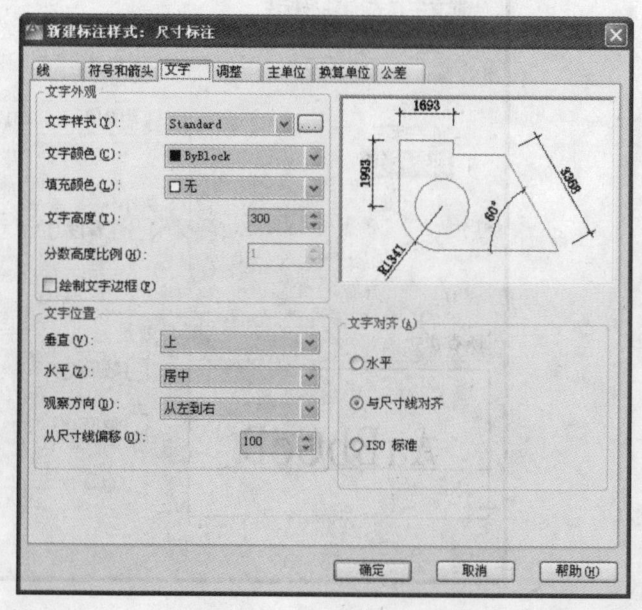

图7-13 “文字”选项卡的设置

在“主单位”选项卡中，设置线性标注的单位格式为小数，精度为0，设置角度标注的单位格式为十进制度数，精度为0，如图7-14所示。

完成设置后将此标注样式——尺寸标注设置为当前，并预览显示结果，如图7-15所示。

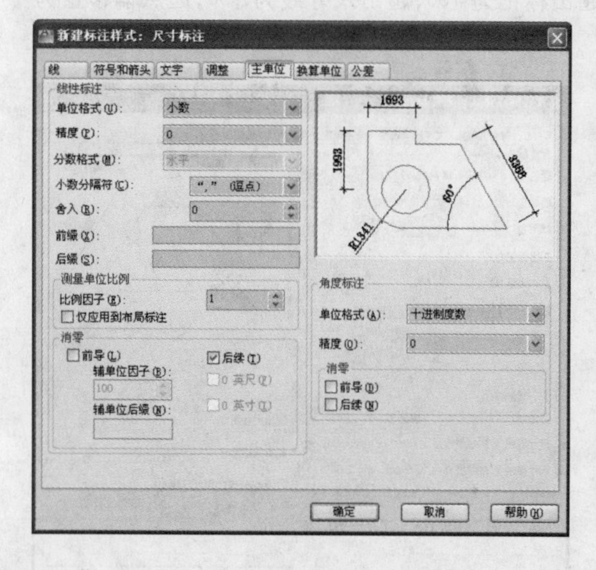

图7-14 “主单位”选项卡的设置

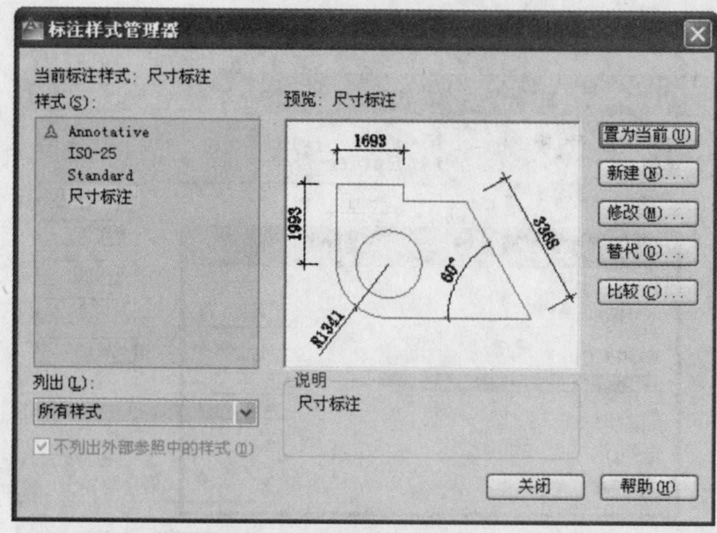

图7-15 新建的尺寸标注样式置为当前样式

7.2 建筑平面图轴网的绘制

轴网是由轴线组成的平面网格，轴线是建筑物组成部分的定位中心线，是设计中建筑物各部分的定位依据。在建筑平面图中，凡是承重的墙体和柱子都必须标注定位轴线，并按照顺序予以编号。绘制墙体、门窗等均以定位轴线为基准，以确定其平面位置与尺寸。

按照现行国家规范《房屋建筑制图统一标准》(GB/T 50001—2010)规定：平面图上的定位轴线编号，宜标注在图样的下方与左侧；横向编号应该应用阿拉伯数字，从左至右的顺序编写，竖向编号应使用大写的拉丁字母，按照从上至下的顺序编写。

7.2.1 图层的设置 ONE

在图层工具栏中选择轴线层为当前图层。其中轴线层颜色为红色，线型为 CENTER，如图 7-16 所示。

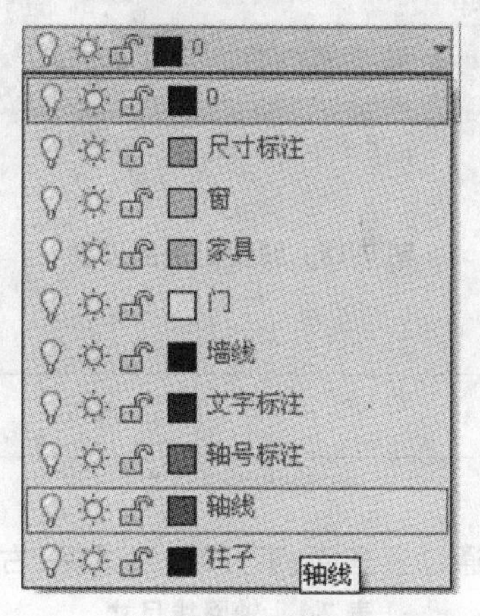

图 7-16 设置轴线层为当前图层

7.2.2 设置轴网线的线型比例 TWO

在命令行中输入命令 LINE，信息提示如下：

命令：LINE
指定第一点：
指定下一点或[放弃(U)]：<正交 开>@20000,0
指定第一点：
指定下一点或[放弃(U)]：<正交 开>@18000,0

使用直线绘制轴线完成效果，如图 7-17(a)所示，但是显示效果并非我们设置线型时所需要的结果。为解决这种现象，选择线型特性，打开特性对话框后设置线型比例为 50，如图 7-18 所示。轴线的显示效果如图 7-17(b)所示。

图 7-17　线性比例为 1 与线性比例为 50

图 7-18　线型比例的设置

7.2.3　绘制轴网线　THREE

在建筑平面图中，轴网线的尺寸可以通过上开间、下开间、左进深、右进深来表示平面布局，如表 7-1 所示。

表 7-1　轴网线尺寸

上开间	7800、5000
下开间	7800、2200、2800
左进深	8400、7000
右进深	5400、3000、7000

1. 绘制下开间

命令提示信息如下：

```
命令：LINE
指定第一点：
指定下一点或[放弃(U)]：<正交　开>@20000,0
```

```
命令:OFFSET
当前设置:删除源=否  图层=源  OFFSETGAPTYPE=0
指定偏移距离或[通过(T)/删除(E)/图层(L)]<通过>:7800 (指定偏移距离)
选择要偏移的对象,或[退出(E)/放弃(U)]<退出>:(拾取要偏移的轴线对象)
指定要偏移的那一侧上的点,或[退出(E)/多个(M)/放弃(U)]<退出>:(指定偏移方向)
选择要偏移的对象,或[退出(E)/放弃(U)]<退出>:(按 Enter 键确定完成)

OFFSET(按 Enter 键重复命令,继续执行偏移命令)
当前设置:删除源=否  图层=源  OFFSETGAPTYPE=0
指定偏移距离或[通过(T)/删除(E)/图层(L)]<7800>:5000
选择要偏移的对象,或[退出(E)/放弃(U)]<退出>:
指定要偏移的那一侧上的点,或[退出(E)/多个(M)/放弃(U)]<退出>:
选择要偏移的对象,或[退出(E)/放弃(U)]<退出>:

OFFSET(按 Enter 键重复命令,继续执行偏移命令)
当前设置:删除源=否  图层=源  OFFSETGAPTYPE=0
指定偏移距离或[通过(T)/删除(E)/图层(L)]<5000>:2200
选择要偏移的对象,或[退出(E)/放弃(U)]<退出>:
指定要偏移的那一侧上的点,或[退出(E)/多个(M)/放弃(U)]<退出>:
选择要偏移的对象,或[退出(E)/放弃(U)]<退出>:
```

2. 绘制左进深

命令提示信息如下:

```
命令:LINE
指定第一点:
指定下一点或[放弃(U)]:<正交 开>@18000,0

OFFSET(按 Enter 键重复命令,继续执行偏移命令)
当前设置:删除源=否  图层=源  OFFSETGAPTYPE=0
指定偏移距离或[通过(T)/删除(E)/图层(L)]<2200>:7000
选择要偏移的对象,或[退出(E)/放弃(U)]<退出>:
指定要偏移的那一侧上的点,或[退出(E)/多个(M)/放弃(U)]<退出>:
选择要偏移的对象,或[退出(E)/放弃(U)]<退出>:

OFFSET(按 Enter 键重复命令,继续执行偏移命令)
当前设置:删除源=否  图层=源  OFFSETGAPTYPE=0
指定偏移距离或[通过(T)/删除(E)/图层(L)]<7000>: 8400
选择要偏移的对象,或[退出(E)/放弃(U)]<退出>:
指定要偏移的那一侧上的点,或[退出(E)/多个(M)/放弃(U)]<退出>:
选择要偏移的对象,或[退出(E)/放弃(U)]<退出>:
```

3. 绘制右进深

命令提示信息如下:

```
OFFSET(按 Enter 键重复命令,继续执行偏移命令)
当前设置:删除源=否  图层=源  OFFSETGAPTYPE=0
指定偏移距离或[通过(T)/删除(E)/图层(L)]<0>:3000
选择要偏移的对象,或[退出(E)/放弃(U)]<退出>:
指定要偏移的那一侧上的点,或[退出(E)/多个(M)/放弃(U)]<退出>:
选择要偏移的对象,或[退出(E)/放弃(U)]<退出>:
```

最终结果如图 7-19 所示。

图 7-19 轴网线的绘制

7.2.4 对轴网线进行修剪编辑 FOUR

增加辅助线,对轴线进行修剪。修剪之前要先选择需要修剪的对象,如图 7-20 所示。

在命令行中输入修剪命令 TRIM,命令提示信息如下:

```
命令:TRIM
当前设置:投影=UCS,边=无
选择剪切边...
选择对象或<全部选择>:指定对角点:找到 8 个                    (用框选确定修剪范围)
选择对象:
选择要修剪的对象,或按住 Shift 键选择要延伸的对象,或
[栏选(F)/窗交(C)/投影(P)/边(E)/删除(R)/放弃(U)]:             (选择要修剪掉的线段)
选择要修剪的对象,或按住 Shift 键选择要延伸的对象,或
[栏选(F)/窗交(C)/投影(P)/边(E)/删除(R)/放弃(U)]:             (选择要修剪掉的线段)
选择要修剪的对象,或按住 Shift 键选择要延伸的对象,或
[栏选(F)/窗交(C)/投影(P)/边(E)/删除(R)/放弃(U)]:             (选择要修剪掉的线段)
选择要修剪的对象,或按住 Shift 键选择要延伸的对象,或
[栏选(F)/窗交(C)/投影(P)/边(E)/删除(R)/放弃(U)]:*取消*       (结束修剪命令)
```

修剪编辑之后的效果如图 7-21 所示。

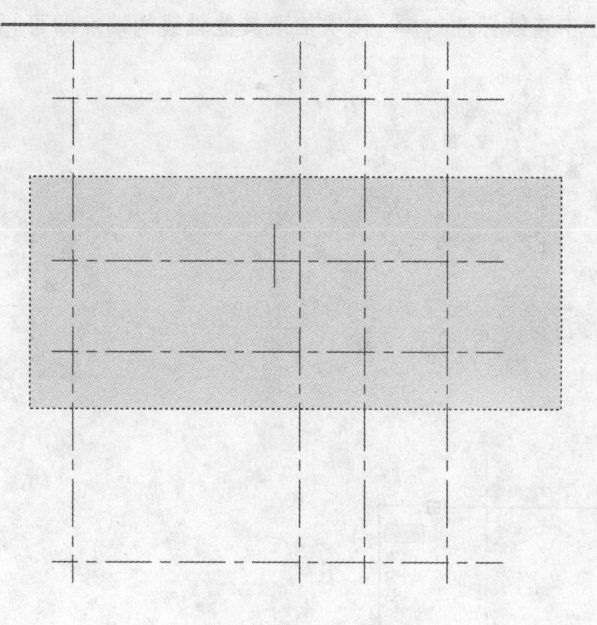

图 7-20 修剪对象的选择

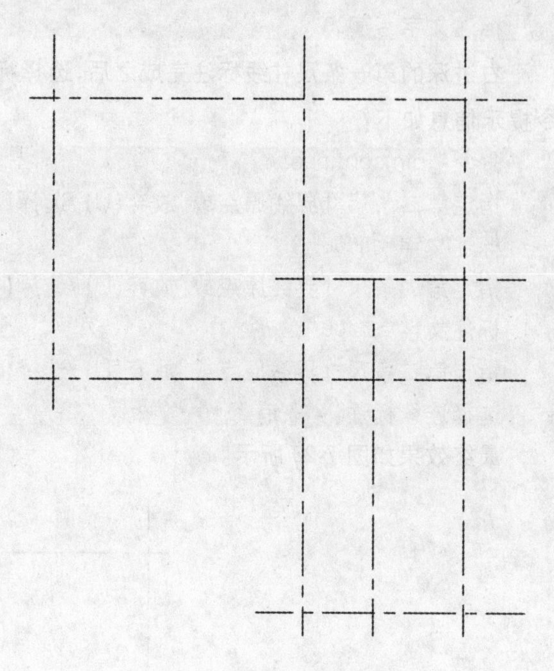

图 7-21 轴线修剪后效果

7.2.5 轴线的标注 FIVE

在图层工具栏中设置“尺寸标注”为当前图层，如图 7-22 所示。

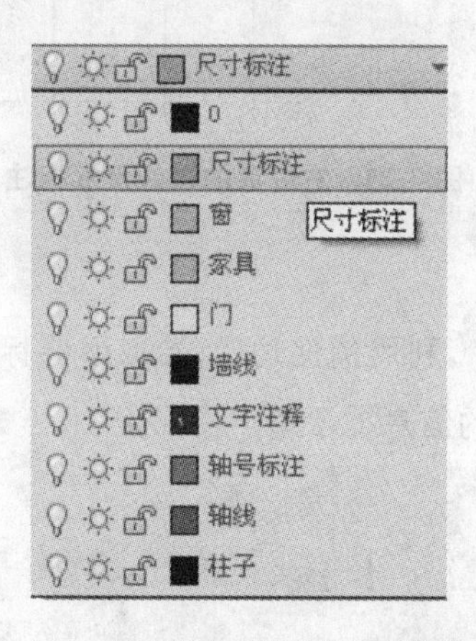

图 7-22 设置“尺寸标准”为当前图层

1. 右进深的轴线尺寸标注

在标注工具栏中选择线性标注 线性 ，利用捕捉功能，拾取所要标注的轴线端点，并通过鼠标左键拖动尺寸线，并将其放置在合适的位置。命令行中的信息提示如下：

```
命令：_dimlinear
指定第一个尺寸界线原点或<选择对象>：
指定第二条尺寸界线原点：
指定尺寸线位置或
```

[多行文字(M)/文字(T)/角度(A)/水平(H)/垂直(V)/旋转(R)]:
标注文字 = 7000

右进深的第一条尺寸线标注完成之后,选择标注工具栏中连续标注 连续 ,依次拾取其他轴线的端点即可。命令提示信息如下:

命令:_dimcontinue
指定第二条尺寸界线原点或[放弃(U)/选择(S)]<选择>:
标注文字 = 3000
指定第二条尺寸界线原点或[放弃(U)/选择(S)]<选择>:
标注文字 = 5400
指定第二条尺寸界线原点或[放弃(U)/选择(S)]<选择>:
选择连续标注: * 取消 *

最终效果如图 7-23 所示。

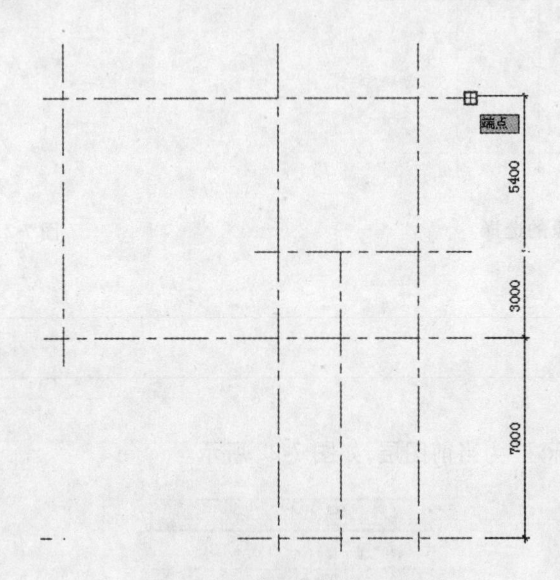

图 7-23　右进深的轴线尺寸标注

2. 下开间的轴线尺寸标注

在标注工具栏中选择线性标注 线性 ,利用捕捉功能,拾取所要标注的轴线端点,并通过鼠标左键拖动尺寸线,并将其放置在合适的位置。命令行中的信息提示如下:

命令:_dimlinear
指定第一个尺寸界线原点或<选择对象>:
指定第二条尺寸界线原点:
指定尺寸线位置或
[多行文字(M)/文字(T)/角度(A)/水平(H)/垂直(V)/旋转(R)]:
标注文字 = 7800

下开间的第一条尺寸线标注完成之后,选择标注工具栏中连续标注 连续 ,依次拾取其他轴线的端点即可。命令提示信息如下:

命令:_dimcontinue
指定第二条尺寸界线原点或[放弃(U)/选择(S)]<选择>:
标注文字 = 2200
指定第二条尺寸界线原点或[放弃(U)/选择(S)]<选择>:

标注文字＝2800
指定第二条尺寸界线原点或[放弃(U)/选择(S)]＜选择＞：*取消*

最终效果如图 7-24 所示。

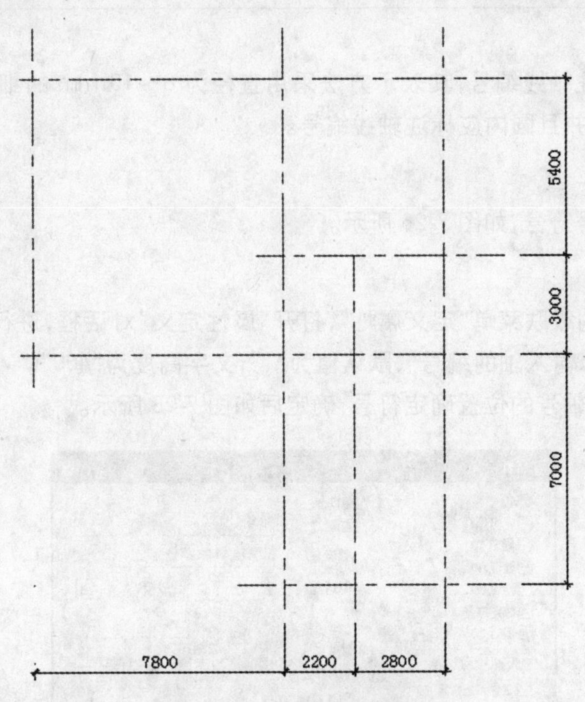

图 7-24 下开间的轴线尺寸标注

3. 上开间、左进深的轴线尺寸标注

上开间、左进深的轴线尺寸标注方法同上，最终轴线的尺寸标注如图 7-25 所示。

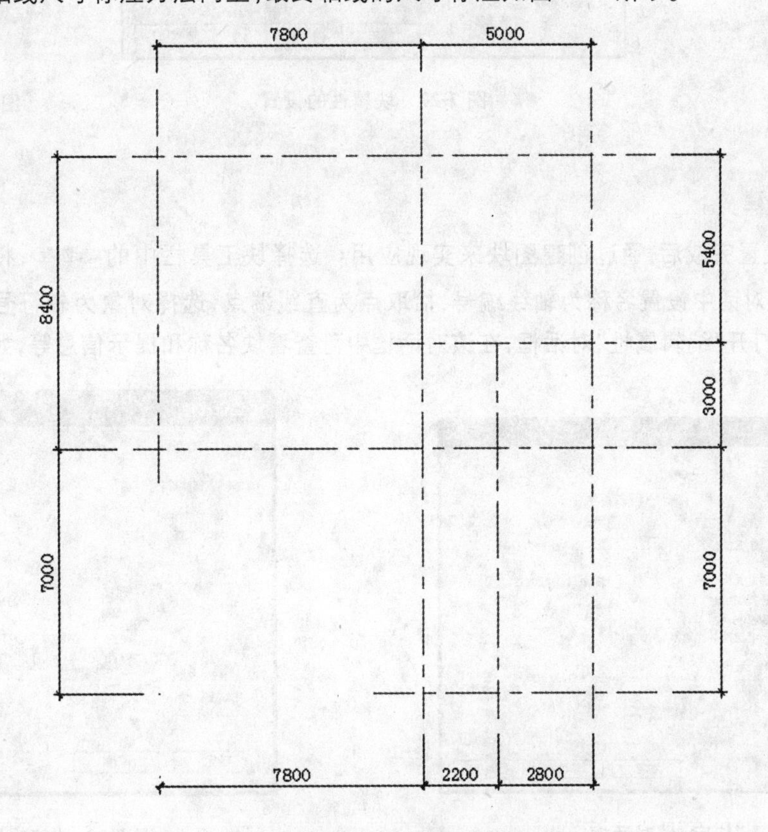

图 7-25 建筑平面图的轴网尺寸标注

7.2.6 轴线编号的绘制 SIX

在定位轴线的末端应该标注轴线编号，其表示方法采用直径为 8～10 mm 的细实线圆圈，其圆心应该定位轴线的延长线或延长线的折线上，并且圆内应标注轴线编号。

1. 绘制轴线编号

首先绘制一个右侧轴线编号符号，如图 7-26 所示。

2. 轴线编号的属性定义

选择"绘图"菜单中的"块"的级联菜单"定义属性"，打开"属性定义"对话框，进行图 7-27 所示的设置。其中块标记为"轴号"，提示信息为"请您输入轴的编号"，默认值为"1"，文字高度为"400"。

设置完成后，鼠标出现提示轴号的位置确定符号，确定后如图 7-28 所示。

图 7-26 右侧轴线编号符号

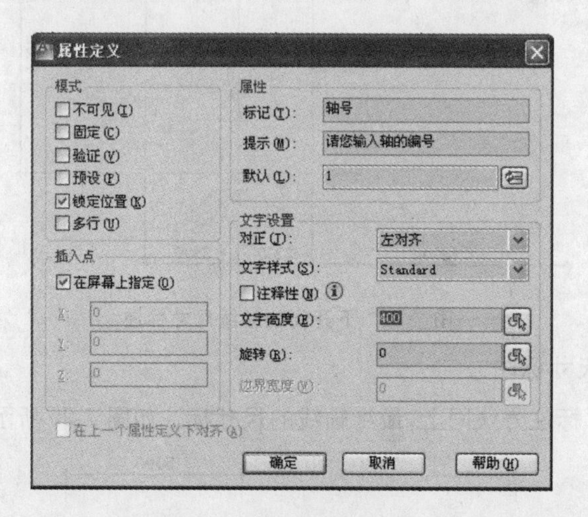

图 7-27 块属性的设置

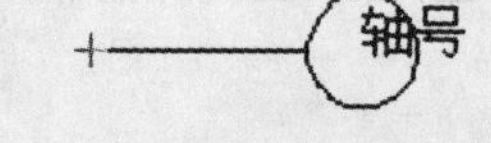

图 7-28 轴符号和编号的设置

3. 轴编号块的创建

轴的符号、编号设置完成后，通过创建图块来实现应用。选择块工具栏中的 创建 ，将打开"块定义"对话框，如图 7-29 所示。在该对话中设置名称为轴线编号，拾取点为直线端点，选择对象为轴符号和编号，并通过预览图查看。设置完成后将打开"编辑属性"对话框，在该对话框中可查看块名称和提示信息等，如图 7-30 所示。

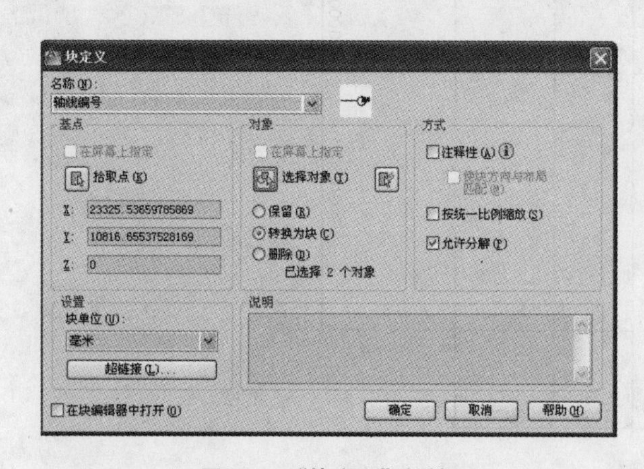

图 7-29 "块定义"对话框

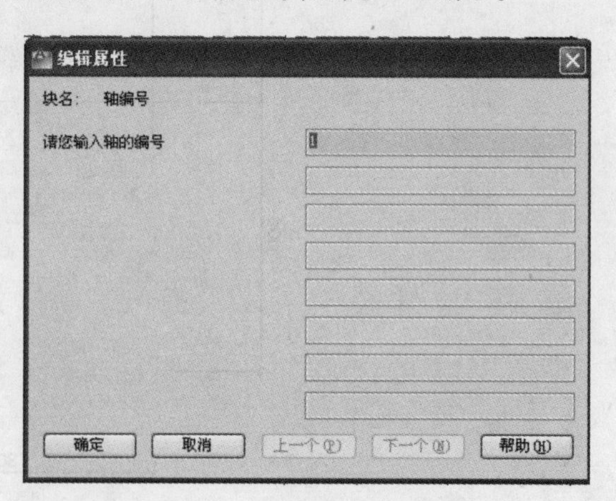

图 7-30 "编辑属性"对话框

4．轴线编号块的插入应用

选择绘图工具栏中的 ,选择轴线编号进行标注。首先,打开“插入”对话框,如图 7-31(a)所示;然后,通过捕捉工具拾取轴线的端点进行轴线编号的标注。最终完成效果如图 7-31(b)所示。

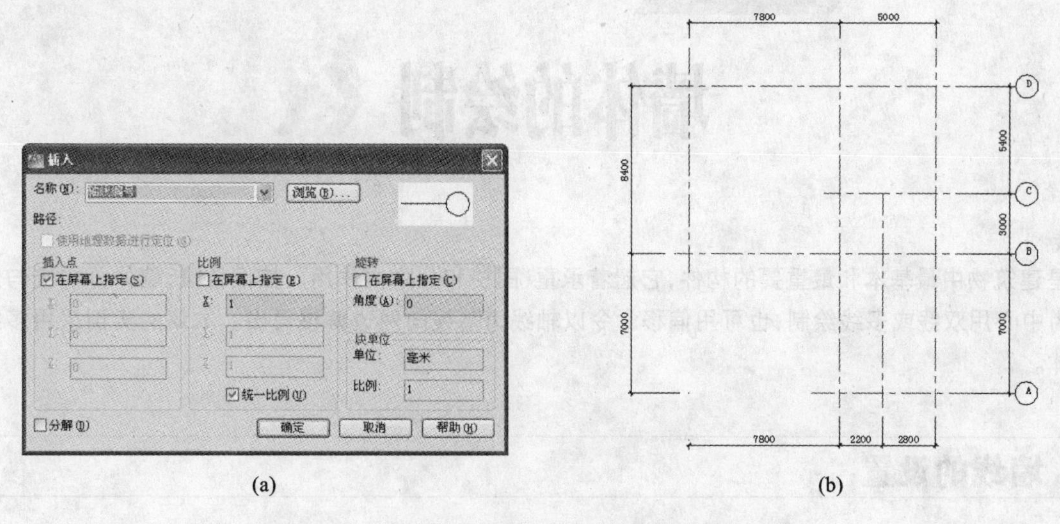

图 7-31 “插入”对话框及右进深的轴线编号的标注

对建筑平面图的其他轴线进行标注,方法同上。最终完成效果如图 7-32 所示。

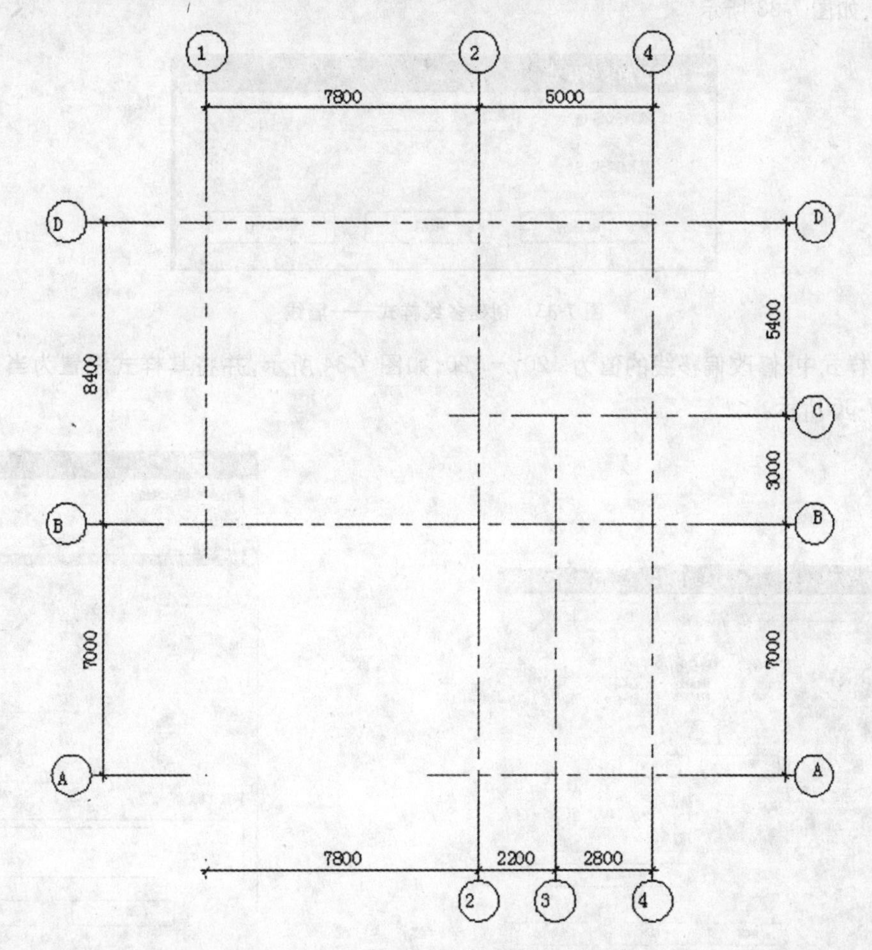

图 7-32 建筑平面图的轴线编号的标注

7.3

墙体的绘制 《《《

墙体是建筑物中最基本和最重要的构件，它起着承重、围护和分隔的作用。按照位置，墙体分内墙与外墙。墙线以轴线为中心用双线或多线绘制，也可用偏移命令以轴线为基线向两边偏移得出。本章的实例采用多线方法进行绘制墙体。

7.3.1 墙线的设置 ONE

选择“格式”菜单中的“多线样式”命令，弹出“创建新的多线样式”对话框，在“创建新的多线样式”对话框中新建样式名为“墙线”，如图 7-33 所示。

图 7-33 创建多线样式——墙线

在墙线的多线样式中，修改偏移线的值为 120，－120，如图 7-34 所示，并将其样式设置为当前多线样式，并通过预览查看，如图 7-35 所示。

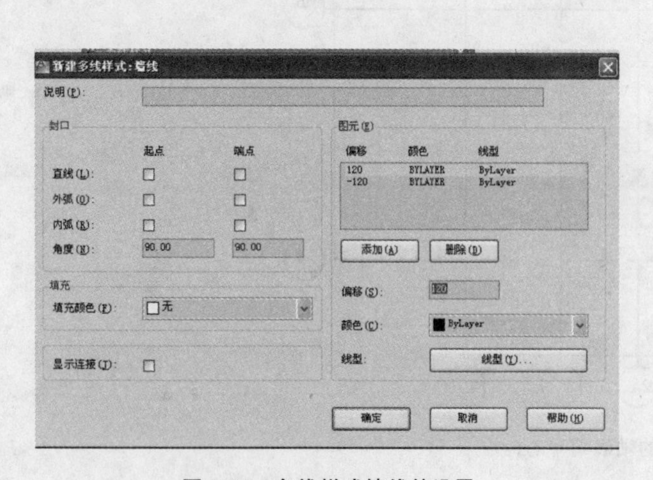

图 7-34 多线样式墙线的设置

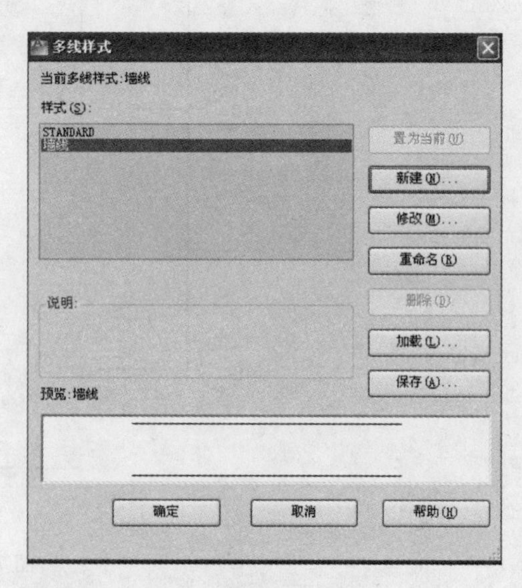

图 7-35 设置墙线样式为当前多线样式

7.3.2 墙线的绘制 TWO

在图层工具栏中设置墙线为当前图层。在墙线图层中线宽设置为 3.0,颜色为黑色,如图 7-36 所示。

打开正交、捕捉等辅助工具。在命令行中输入命令 MLINE,信息提示如下:

命令:MLINE
当前设置:对正 = 上,比例 = 20.00,样式 = 墙线
指定起点或[对正(J)/比例(S)/样式(ST)]:j
输入对正类型[上(T)/无(Z)/下(B)]＜上＞:z
当前设置:对正 = 无,比例 = 20.00,样式 = 墙线
指定起点或[对正(J)/比例(S)/样式(ST)]:s
输入多线比例＜20.00＞:1
当前设置:对正 = 无,比例 = 1.00,样式 = 墙线
指定起点或[对正(J)/比例(S)/样式(ST)]:st
输入多线样式名或[?]:墙线
当前设置:对正 = 无,比例 = 1.00,样式 = 墙线
指定起点或[对正(J)/比例(S)/样式(ST)]:

最终完成效果如图 7-37 所示。

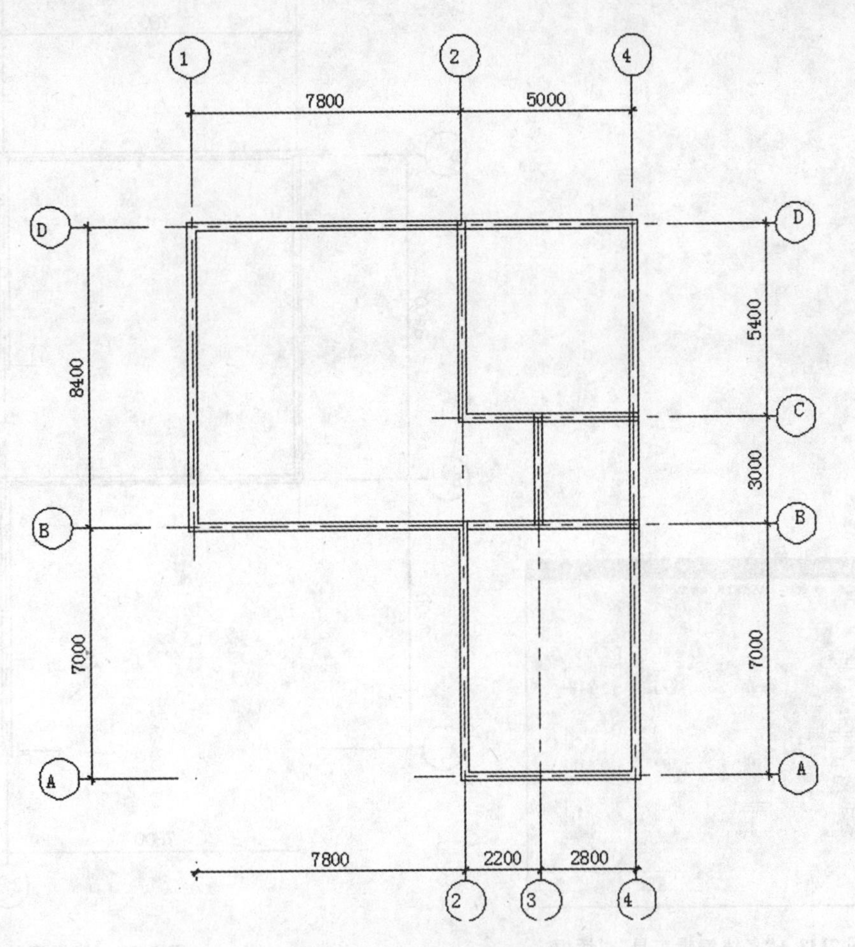

图 7-36 当前图层的设置

图 7-37 使用多线绘制墙体

7.3.3 墙体线的修改 THREE

在墙体线绘制中，由于出现多线相交等杂乱现象，如在交叉点出现不连贯、封口错误等，所以需要修改墙体多线的设置。选择"修改"→"对象"→"多线"命令，利用编辑工具可以添加或删除多线顶点、控制多线角点结合的可见性、控制多线的相交样式、打开或闭合对象中的间隔。在"多线编辑工具"对话框中利用提供的角点结合、T形打开、十字打开等功能进行修改，如图7-38所示。

在命令行中信息提示如下：

命令：MLEDIT	（选择T形合并工具）
选择第一条多线：	（鼠标单击需要修改位置的第一条多线上）
选择第二条多线：	（鼠标单击需要修改位置的第二条多线上）
选择第一条多线 或 [放弃(U)]：	（继续修改其他多线交点，按Enter键确定结束）

最终完成效果如图7-39所示。

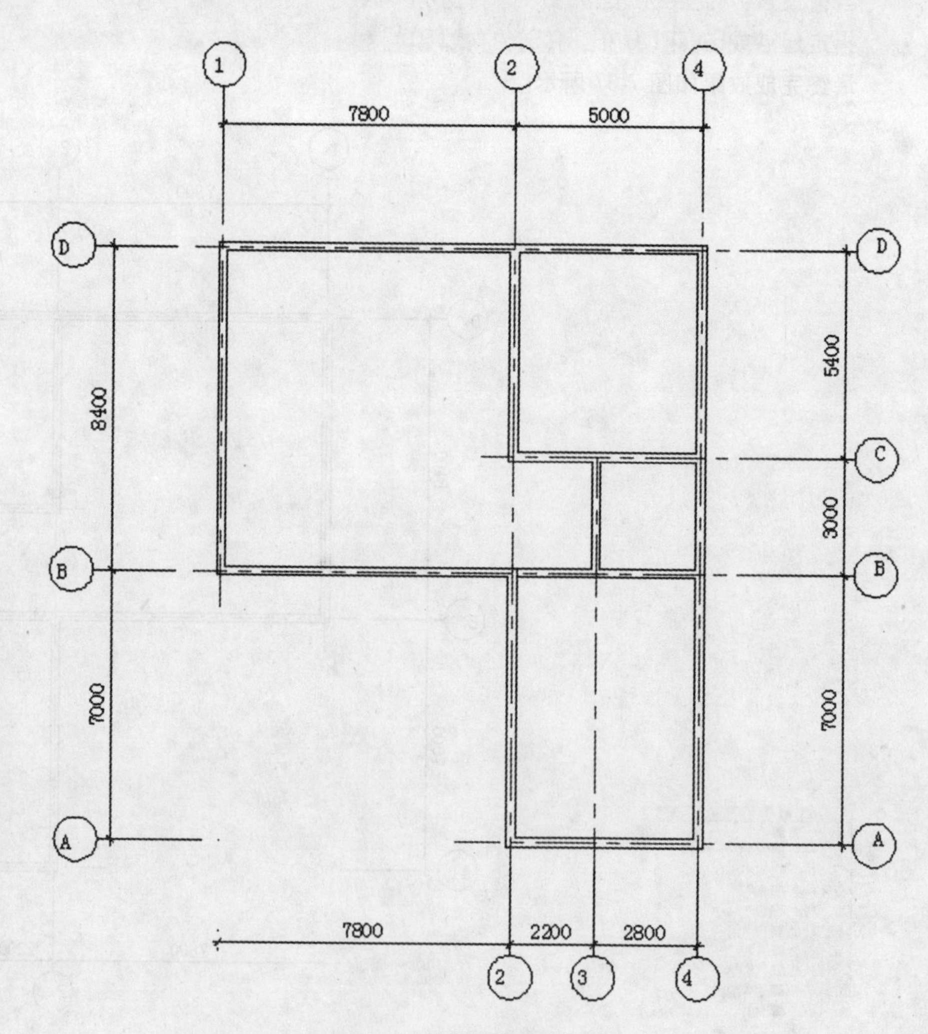

图7-38 "多线编辑工具"对话框

图7-39 编辑后的墙体多线

7.4 门窗的绘制

门窗是建筑平面图的主要组成部分。门主要起交通作用,窗主要起采光、通风的作用。

门按照开启的方式可分为平开门、弹簧门、推拉门、折叠门、卷帘门、转门等。一般门高度不超过 2100 mm。单扇门的宽度一般为 700～1000 mm,双扇门的宽度一般为 1200～1800 mm。

窗洞的高度与宽度尺寸通常采用扩大规模 3 M。其中基本模数的数值为 100 mm,以 M 表示,即 1 M＝100 mm,扩大模数 3M 的数值为 300 mm。一般洞口的高度为 600～3600 mm。

7.4.1 门窗洞的设置 ONE

1. 确定门窗洞的位置

使用 LINE 命令,打开捕捉等辅助工具,依据提供的门窗尺寸确定其位置。使用 OFFSET 命令,依据提供的门窗尺寸确定其位置,如图 7-40 所示。

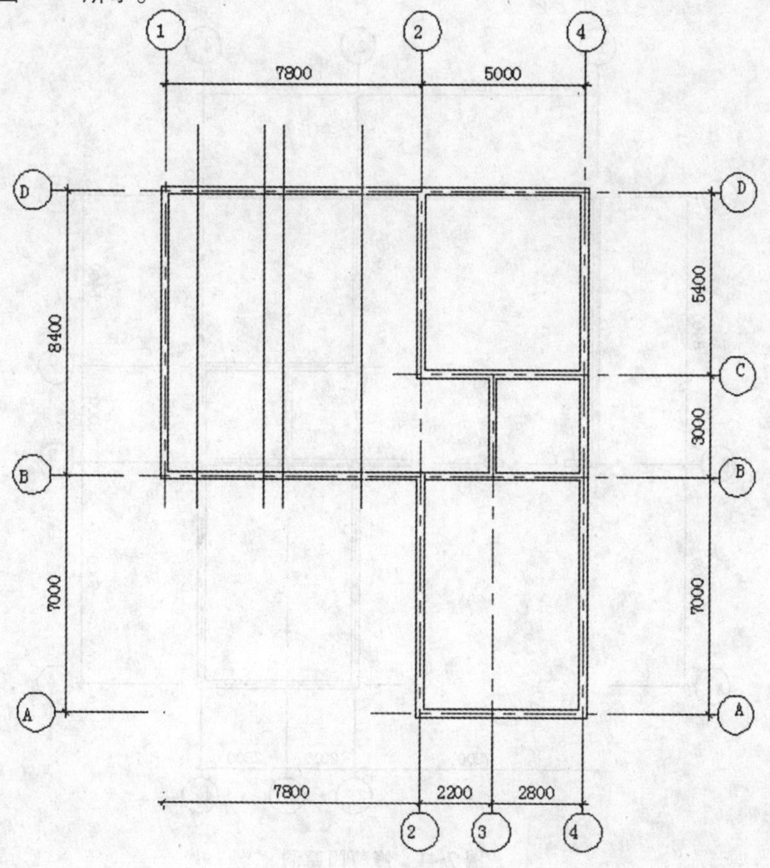

图 7-40 门窗洞位置的确定

命令行中信息提示如下：

```
命令：OFFSET
当前设置：删除源＝否　图层＝源　OFFSETGAPTYPE＝0
指定偏移距离或[通过(T)/删除(E)/图层(L)]＜1000＞：2000
选择要偏移的对象，或[退出(E)/放弃(U)]＜退出＞：
指定要偏移的那一侧上的点，或[退出(E)/多个(M)/放弃(U)]＜退出＞：
选择要偏移的对象，或[退出(E)/放弃(U)]＜退出＞：
命令：OFFSET
当前设置：删除源＝否　图层＝源　OFFSETGAPTYPE＝0
指定偏移距离或[通过(T)/删除(E)/图层(L)]＜2000＞：600
选择要偏移的对象，或[退出(E)/放弃(U)]＜退出＞：
指定要偏移的那一侧上的点，或[退出(E)/多个(M)/放弃(U)]＜退出＞：
选择要偏移的对象，或[退出(E)/放弃(U)]＜退出＞：
命令：OFFSET
当前设置：删除源＝否　图层＝源　OFFSETGAPTYPE＝0
指定偏移距离或[通过(T)/删除(E)/图层(L)]＜600＞：2400
选择要偏移的对象，或[退出(E)/放弃(U)]＜退出＞：
指定要偏移的那一侧上的点，或[退出(E)/多个(M)/放弃(U)]＜退出＞：
选择要偏移的对象，或[退出(E)/放弃(U)]＜退出＞：*取消*
```

2. 修剪出门窗洞

确定完成门窗的位置后使用修剪命令 TRIM，修剪出门窗洞，如图 7-41 所示。

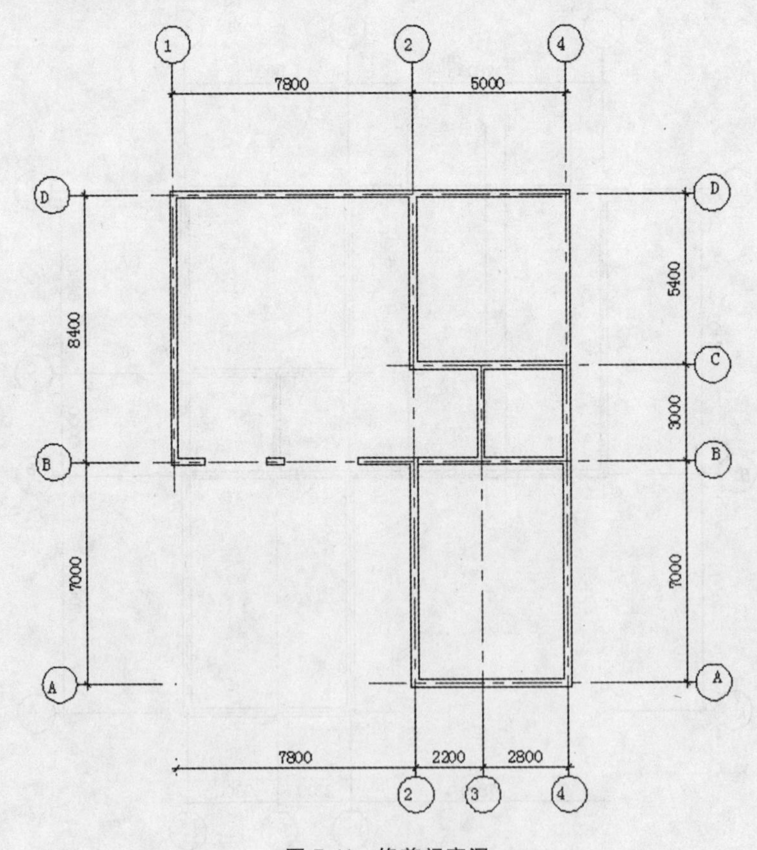

图 7-41　修剪门窗洞

方法同上，多次反复执行，最终完成效果如图 7-42 所示。

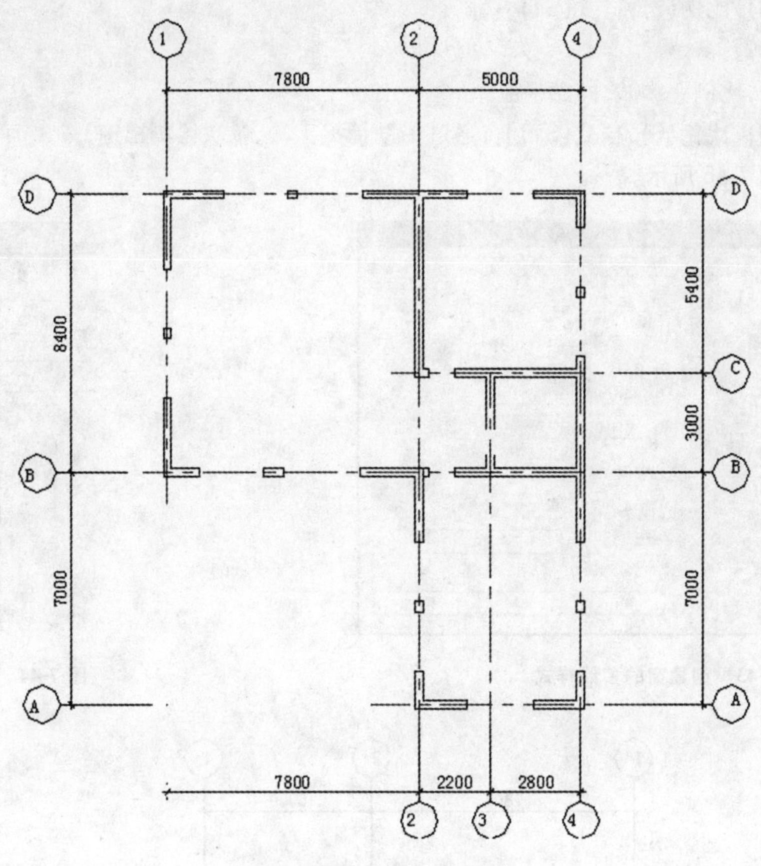

图 7-42 修剪后的门窗洞

7.4.2 绘制窗 TWO

1. 窗多线样式的设置

选择“格式”菜单中的“多线样式”命令，在弹出的“多线样式”对话框中单击“新建”按钮，弹出“创建新的多线样式”对话框，在该对话框的“新样式名”文本框中输入“窗”，单击“继续”按钮，弹出“新建多线样式：窗”对话框，如图 7-43 所示。在窗的多线样式中，设置封口的直线起点和端点；添加图元偏移线并修改偏移线的值为 120，40，－40，－120，如图 7-43 所示。将其样式设置为当前样式，并通过预览查看，如图 7-44 所示。

2. 窗线的绘制

绘制窗线之前，必须选择适合的当前图层，如图 7-44 所示，窗为当前图层。

打开正交、捕捉等辅助工具。在命令行中输入命令 MLINE，信息提示如下：

```
命令：MLINE
当前设置：对正＝上，比例＝20.00，样式＝Stands
指定起点或[对正(J)/比例(S)/样式(ST)]：j
输入对正类型[上(T)/无(Z)/下(B)]<上>：z
当前设置：对正＝无，比例＝20.00，样式＝Stands
指定起点或[对正(J)/比例(S)/样式(ST)]：s
输入多线比例<20.00>：1
```

当前设置:对正 = 无,比例 = 1.00,样式 = Stands
指定起点或[对正(J)/比例(S)/样式(ST)]:st
输入多线样式名或[?]:窗
当前设置:对正 = 无,比例 = 1.00,样式 = 窗
指定起点或[对正(J)/比例(S)/样式(ST)]:(通过借助捕捉工具,依次绘制出窗)

最终完成效果,如图 7-45 所示。

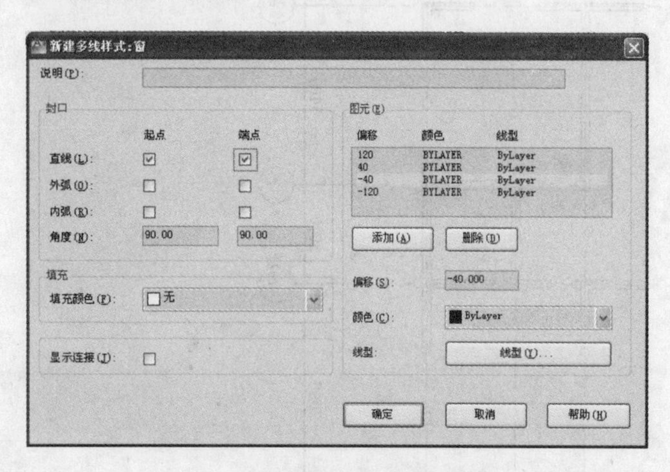

图 7-43 创建窗的多线样式

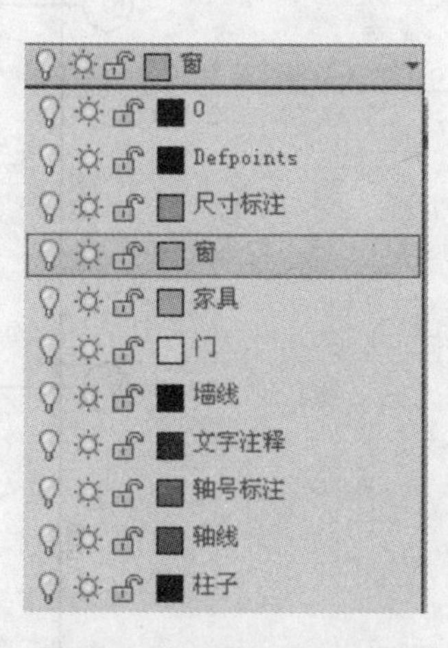

图 7-44 设置窗为当前图层

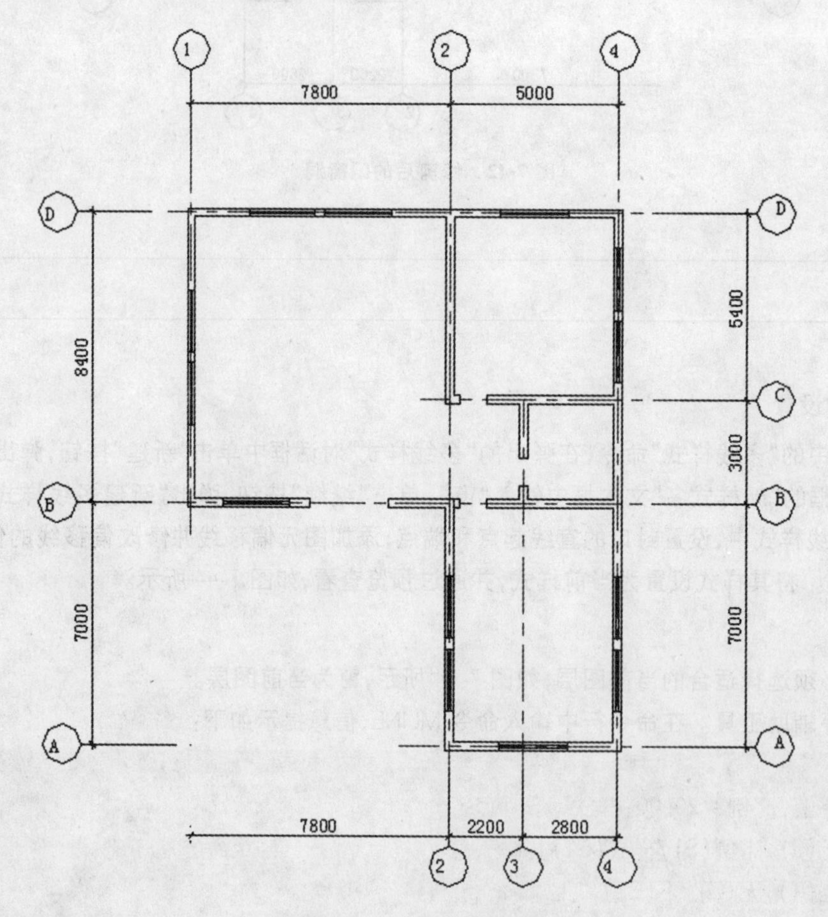

图 7-45 使用多线绘制窗

7.4.3　绘制门　THREE

1. 基本图形门的绘制

使用基本绘图工具绘制出门的图形,如图 7-46 所示。在命令行中提示信息如下:

命令:_rectang

指定第一个角点或[倒角(C)/标高(E)/圆角(F)/厚度(T)/宽度(W)]:

指定另一个角点或[面积(A)/尺寸(D)/旋转(R)]:@800,20

命令:_arc 指定圆弧的起点或[圆心(C)]:<对象捕捉　关>　<打开对象捕捉>

指定圆弧的第二个点或[圆心(C)/端点(E)]:_c 指定圆弧的圆心

指定圆弧的端点或[角度(A)/弦长(L)]:_a 指定包含角:a

指定包含角:90

2. 定义门块

选择块工具栏中的 创建 ,将打开"块定义"对话框,如图 7-47 所示。在该对话框中设置名称为门,拾取点为门的左下角端点,选择对象为门的图形,并通过预览图查看。

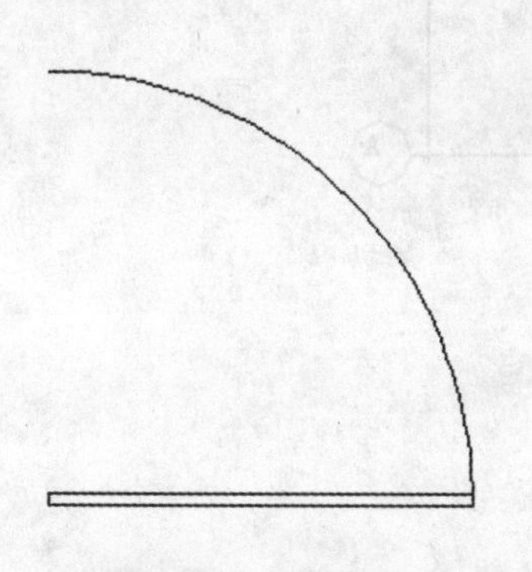

图 7-46　门的绘制

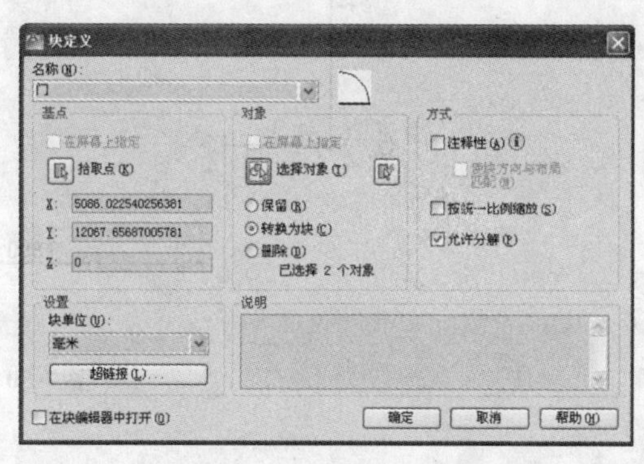

图 7-47　"块定义"对话框

3. 插入门块

选择绘图工具栏中的 ,选择名称门,进行插入。打开"插入"对话框,如图 7-48 所示。

按门尺寸,插入门块。插入时应调整好缩放比例和旋转角度。个别门插入后,还要执行 MIRROR 命令,才能达到图 7-49 所示的效果。

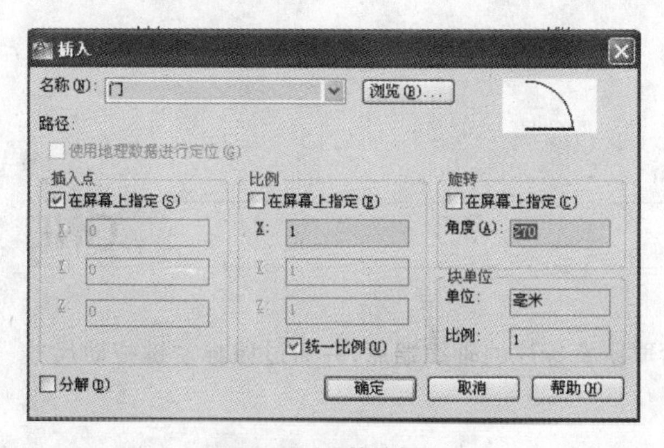

图 7-48　门块的插入

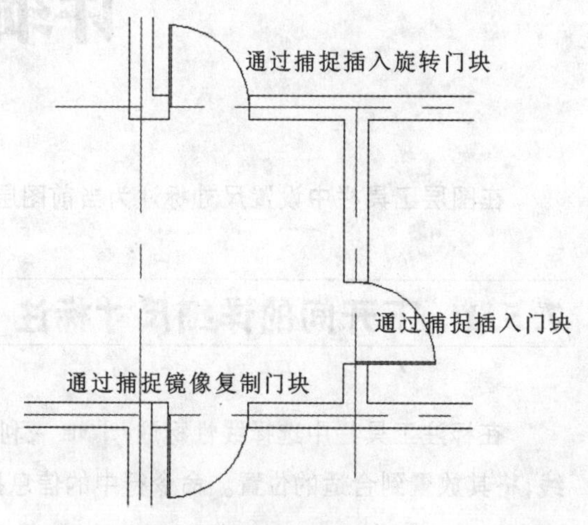

图 7-49　插入编辑后的门块

绘制完成所有的门，最终效果如图 7-50 所示。

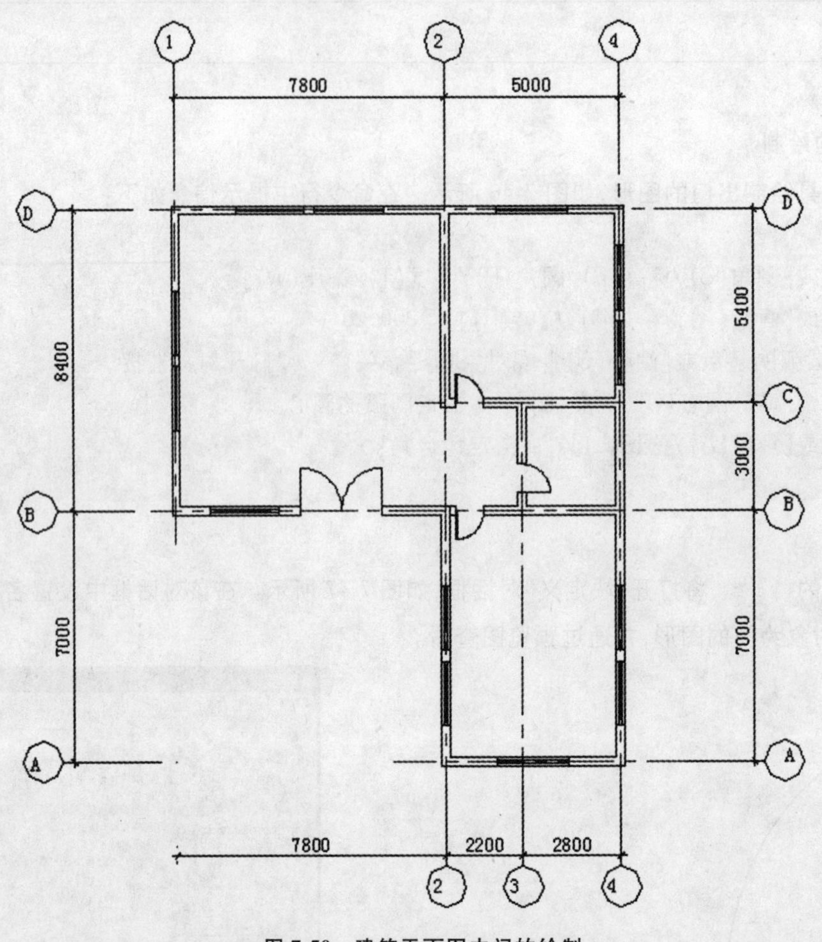

图 7-50 建筑平面图中门的绘制

7.5 详细尺寸的标注

在图层工具栏中设置尺寸标注为当前图层。

7.5.1 下开间的详细尺寸标注 ONE

在标注工具栏中选择线性标注 线性，利用捕捉功能，拾取所要标注的轴线端点，并通过鼠标左键拖动尺寸线，将其放置到合适的位置。命令行中的信息提示如下：

```
命令:_dimlinear
指定第一个尺寸界线原点或<选择对象>:
指定第二条尺寸界线原点:
指定尺寸线位置或
[多行文字(M)/文字(T)/角度(A)/水平(H)/垂直(V)/旋转(R)]:
标注文字=1000
```

下开间的第一条尺寸线标注完成之后，选择标注工具栏中连续标注，依次拾取其他轴线的端点即可。命令提示信息如下：

```
命令:_dimcontinue
指定第二条尺寸界线原点或[放弃(U)/选择(S)]<选择>:
标注文字=2000
指定第二条尺寸界线原点或[放弃(U)/选择(S)]<选择>:
标注文字=600
指定第二条尺寸界线原点或[放弃(U)/选择(S)]<选择>:
标注文字=2400
指定第二条尺寸界线原点或[放弃(U)/选择(S)]<选择>:
标注文字=1800
指定第二条尺寸界线原点或[放弃(U)/选择(S)]<选择>:
标注文字=2200
指定第二条尺寸界线原点或[放弃(U)/选择(S)]<选择>:
标注文字=2800
```

7.5.2 上开间的详细尺寸标注 TWO

在标注工具栏中选择线性标注，利用捕捉功能，拾取所要标注的轴线端点，并通过鼠标左键拖动尺寸线，将其放置在合适的位置。命令行中的信息提示如下：

```
命令:_dimlinear
指定第一个尺寸界线原点或<选择对象>:
指定第二条尺寸界线原点:
指定尺寸线位置或
[多行文字(M)/文字(T)/角度(A)/水平(H)/垂直(V)/旋转(R)]:
标注文字=1750
```

下开间的第一条尺寸线标注完成之后，选择标注工具栏中连续标注，依次拾取其他轴线的端点即可。命令行提示信息如下：

```
命令:_dimcontinue
指定第二条尺寸界线原点或[放弃(U)/选择(S)]<选择>:
标注文字=2000
指定第二条尺寸界线原点或[放弃(U)/选择(S)]<选择>:
```

标注文字＝300
指定第二条尺寸界线原点或[放弃(U)/选择(S)]<选择>:
标注文字＝2000
指定第二条尺寸界线原点或[放弃(U)/选择(S)]<选择>:
标注文字＝1750
指定第二条尺寸界线原点或[放弃(U)/选择(S)]<选择>:
标注文字＝1500
指定第二条尺寸界线原点或[放弃(U)/选择(S)]<选择>:
标注文字＝2000
指定第二条尺寸界线原点或[放弃(U)/选择(S)]<选择>:
标注文字＝1500

左进深和右进深的详细尺寸标注方法同上。最终完成效果如图 7-51 所示。

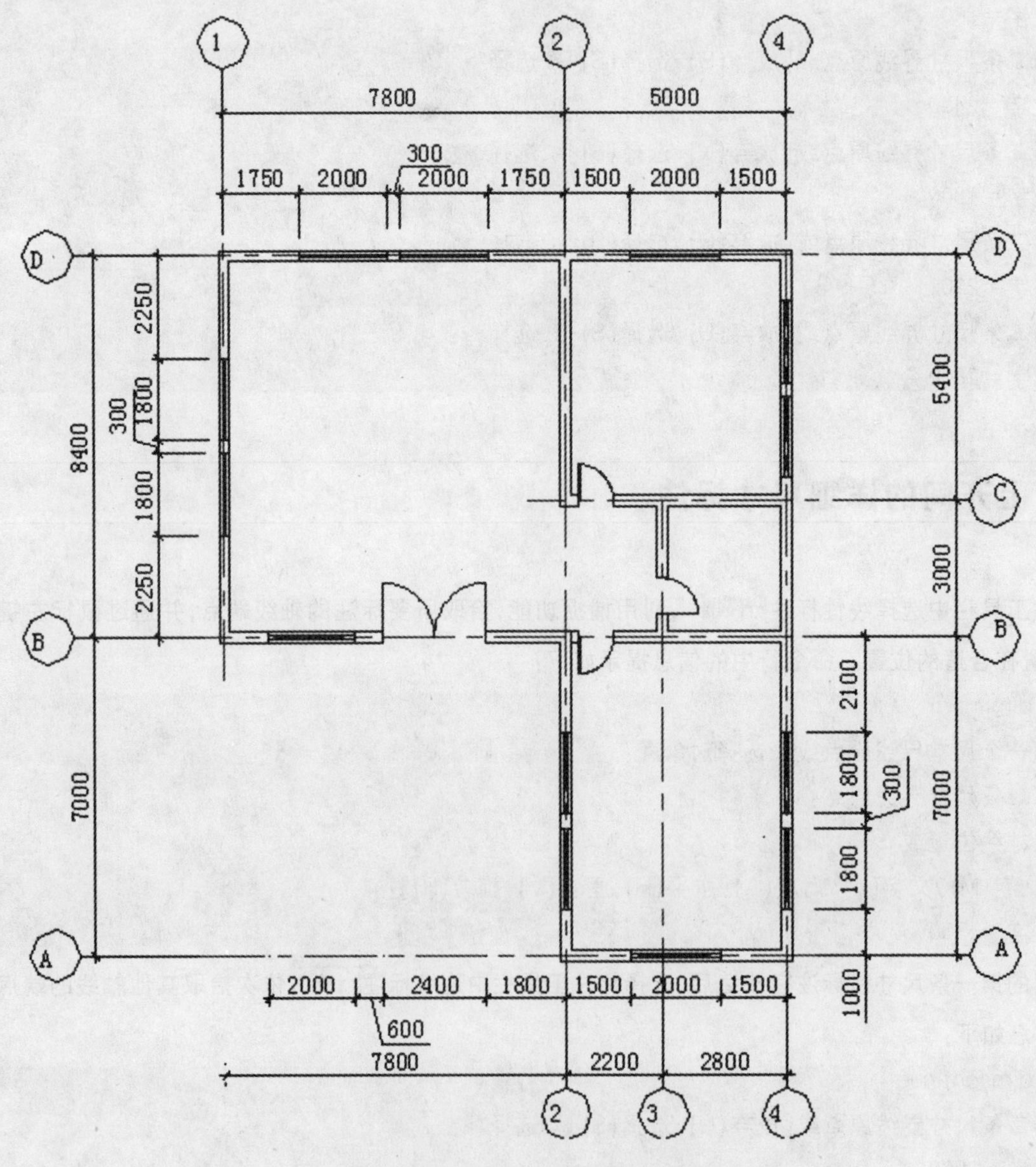

图 7-51　建筑平面图的详细尺寸标注

7.6 平面图的合理布局

在建筑平面图中，根据不同的区域划分，其功能也大相径庭。设计者要依据不同的区，设计不同的物品。例如，本章所绘制的是一个茶楼的平面图，所有的房间的布局设计必须根据功能进行布置安排。

7.6.1 四人茶桌的设置 ONE

插入四人桌.dwg文件中的图块，通过复制、阵列命令完成图7-52。

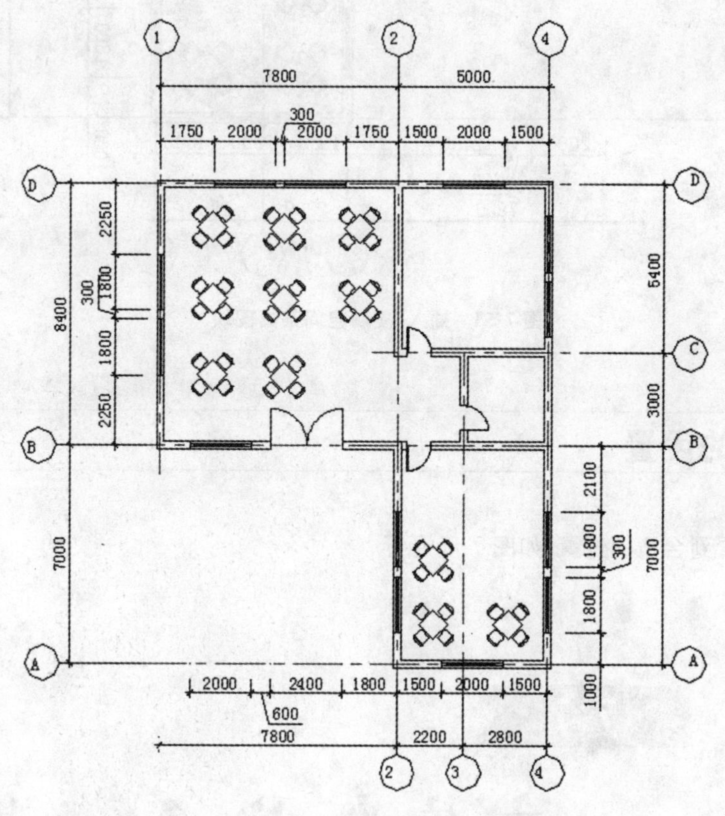

图7-52 插入、复制、阵列四人茶桌图块

7.6.2 包间茶桌的设置 TWO

插入六人桌.dwg和四人桌.dwg文件中的图块，通过复制、阵列命令完成图7-53。

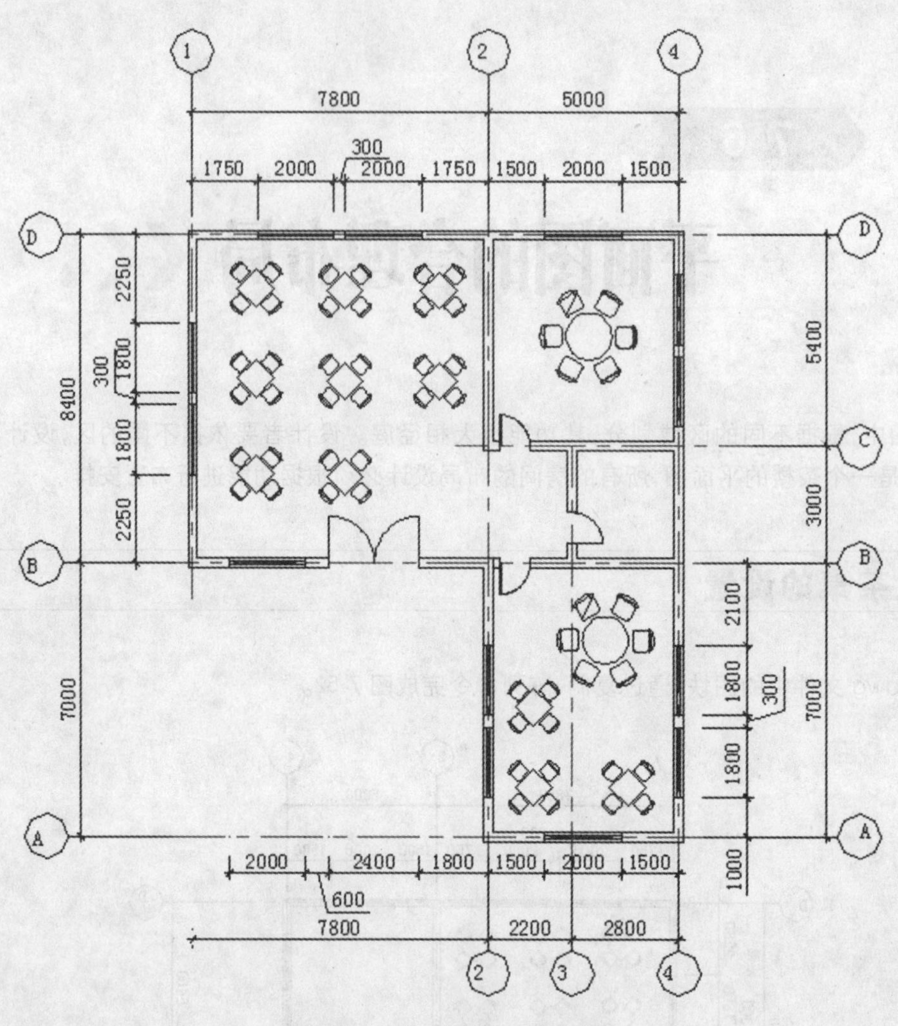

图 7-53 插入、复制包间茶桌图块

7.6.3 绿化植物的设置 THREE

绘制绿化植物,并放置到合适的位置,如图 7-55 所示。

7.7 文字标注

在建筑平面图中,文字的标注占有很重要的地位。图形中的功能区域和一些设计说明都需要文字的注释。在命令行中输入 TEXT 命令。命令信息提示如下:

命令：TEXT

当前文字样式："Standard" 文字高度：400 注释性：否

指定文字的起点或[对正(J)/样式(S)]：j

输入选项[对齐(A)/布满(F)/居中(C)/中间(M)/右对齐(R)/左上(TL)/中上(TC)/右上(TR)/左中(ML)/正中(MC)/右中(MR)/左下(BL)/中下(BC)/右下(BR)]：

输入选项，

[对齐(A)/布满(F)/居中(C)/中间(M)/右对齐(R)/左上(TL)/中上(TC)/右上(TR)/左中(ML)/正中(MC)/右中(MR)/左下(BL)

/中下(BC)/右下(BR)]：tl

指定文字的左上点：

指定高度<400>：

指定文字的旋转角度<0>：

依次在平面图中标注文字茶室、茶室包间、备茶间等文字内容，如图 7-54 所示。

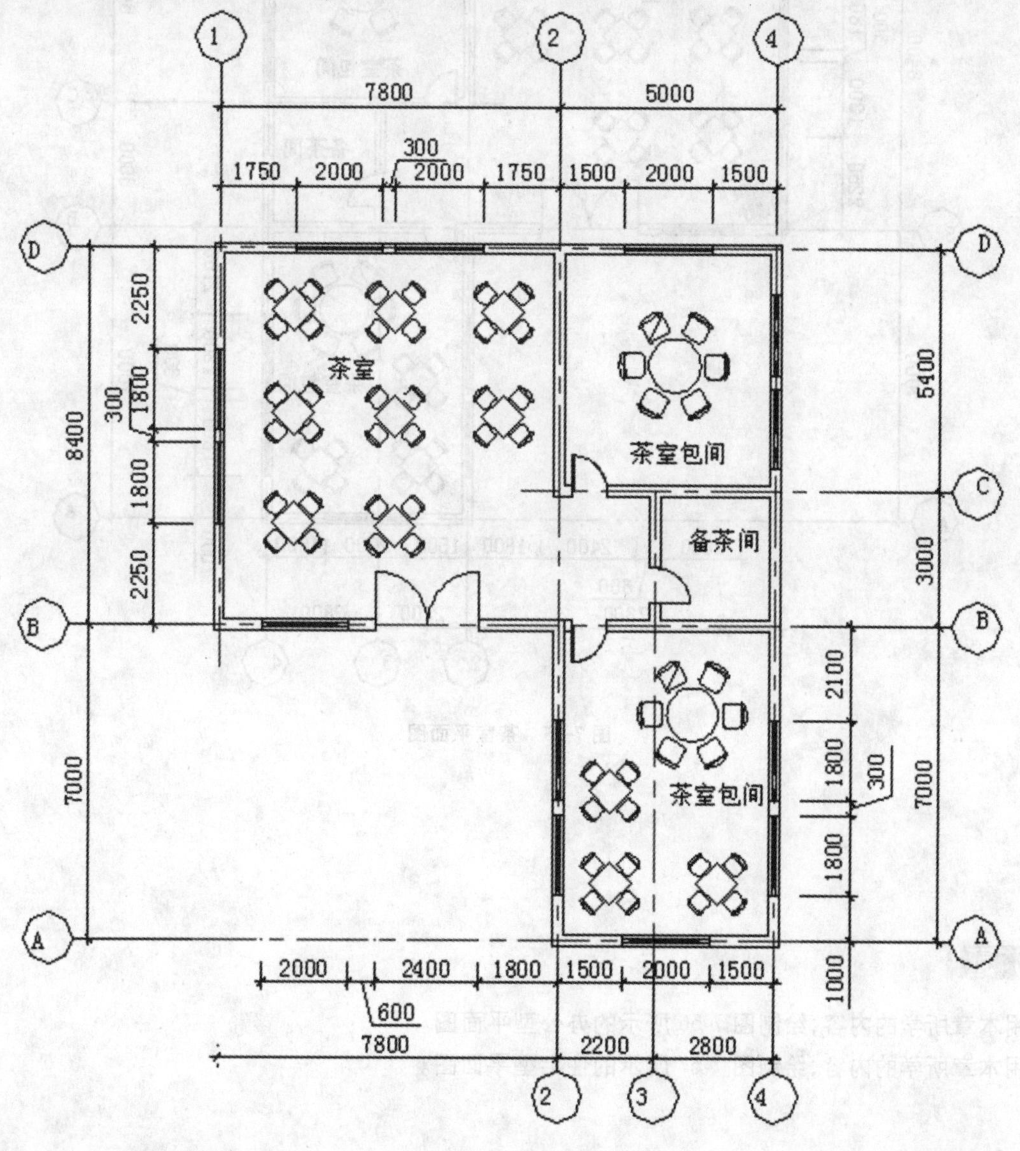

图 7-54 文字的标注

最终的茶室平面图如图 7-55 所示。

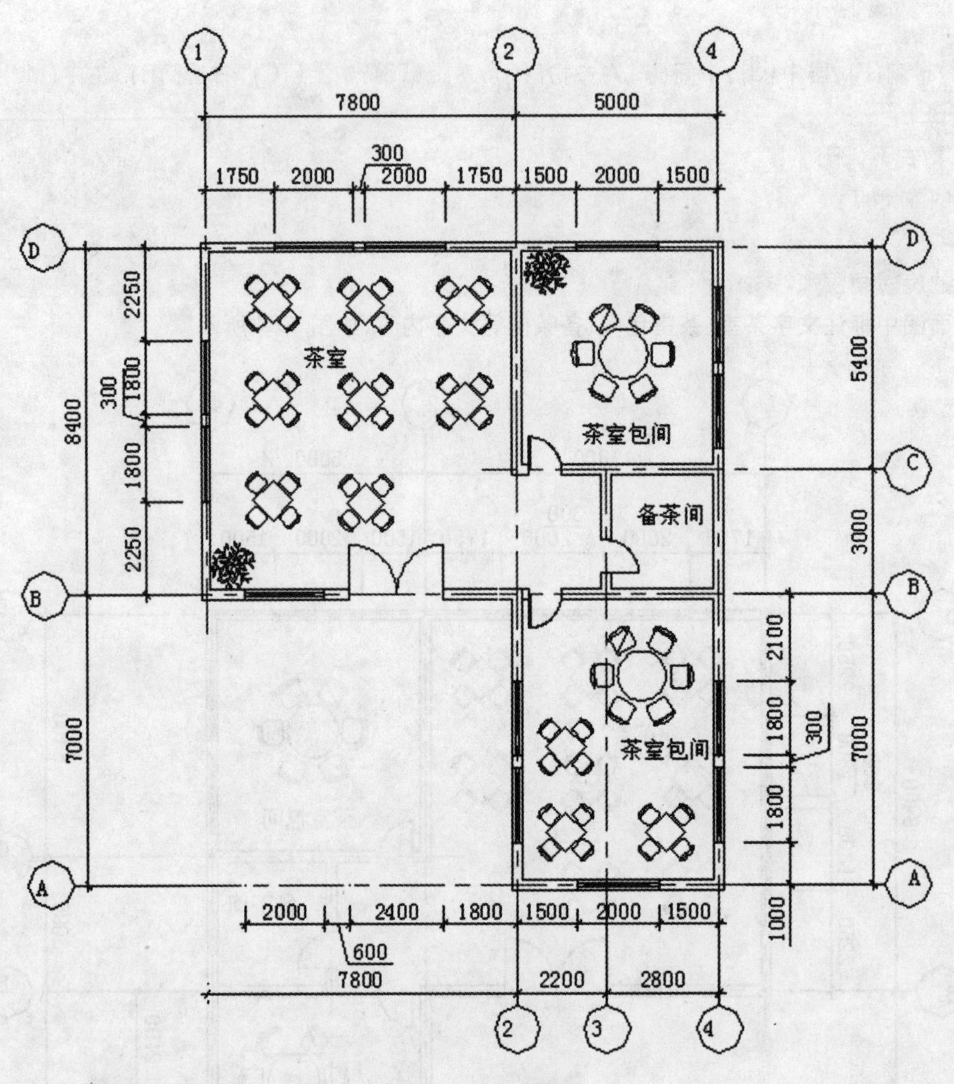

图 7-55 茶室平面图

练 习 题

1. 利用本章所学的内容,绘制图 7-56 所示的办公型平面图。
2. 利用本章所学的内容,绘制图 7-57 所示的住宅型平面图。

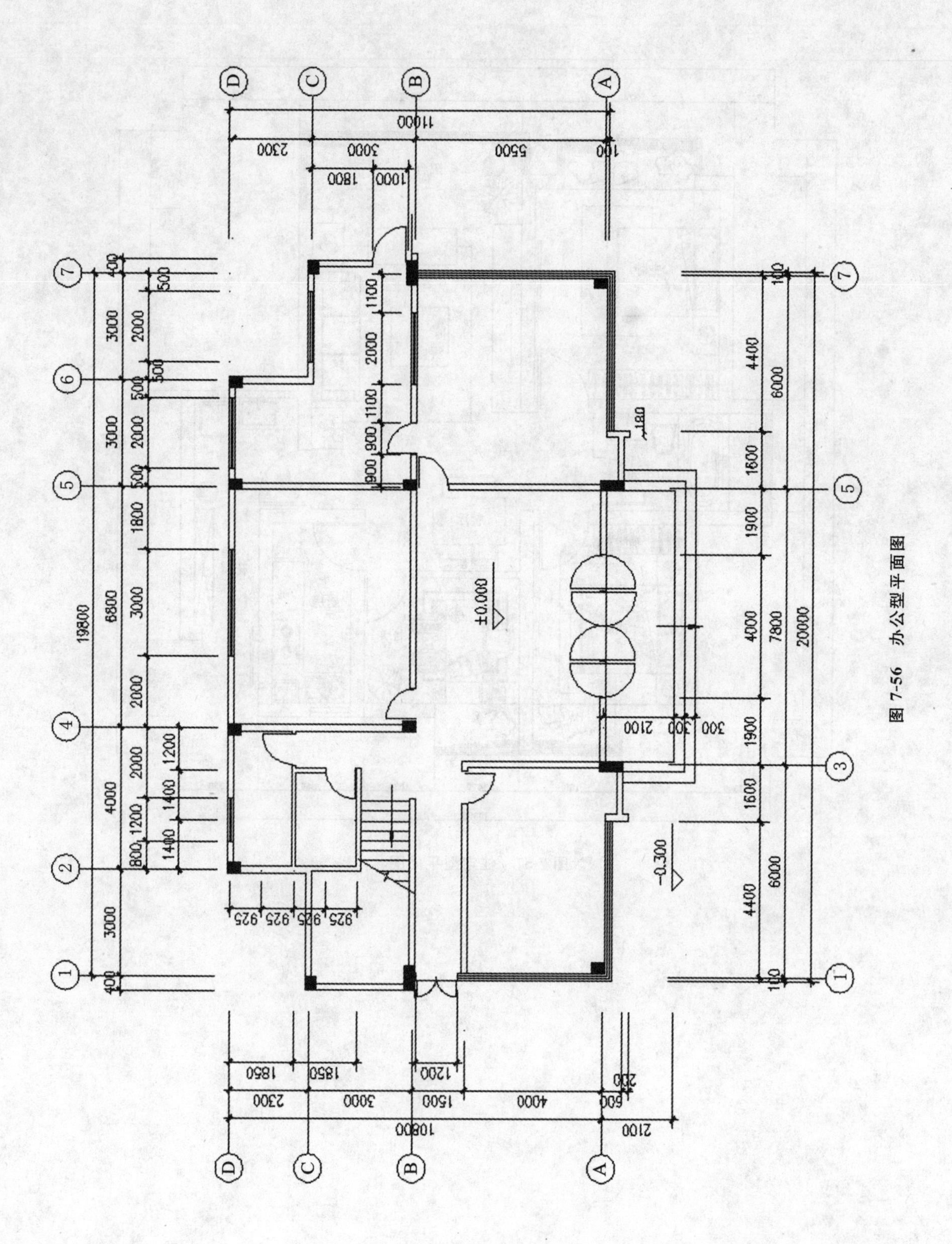

图 7-56　办公型平面图

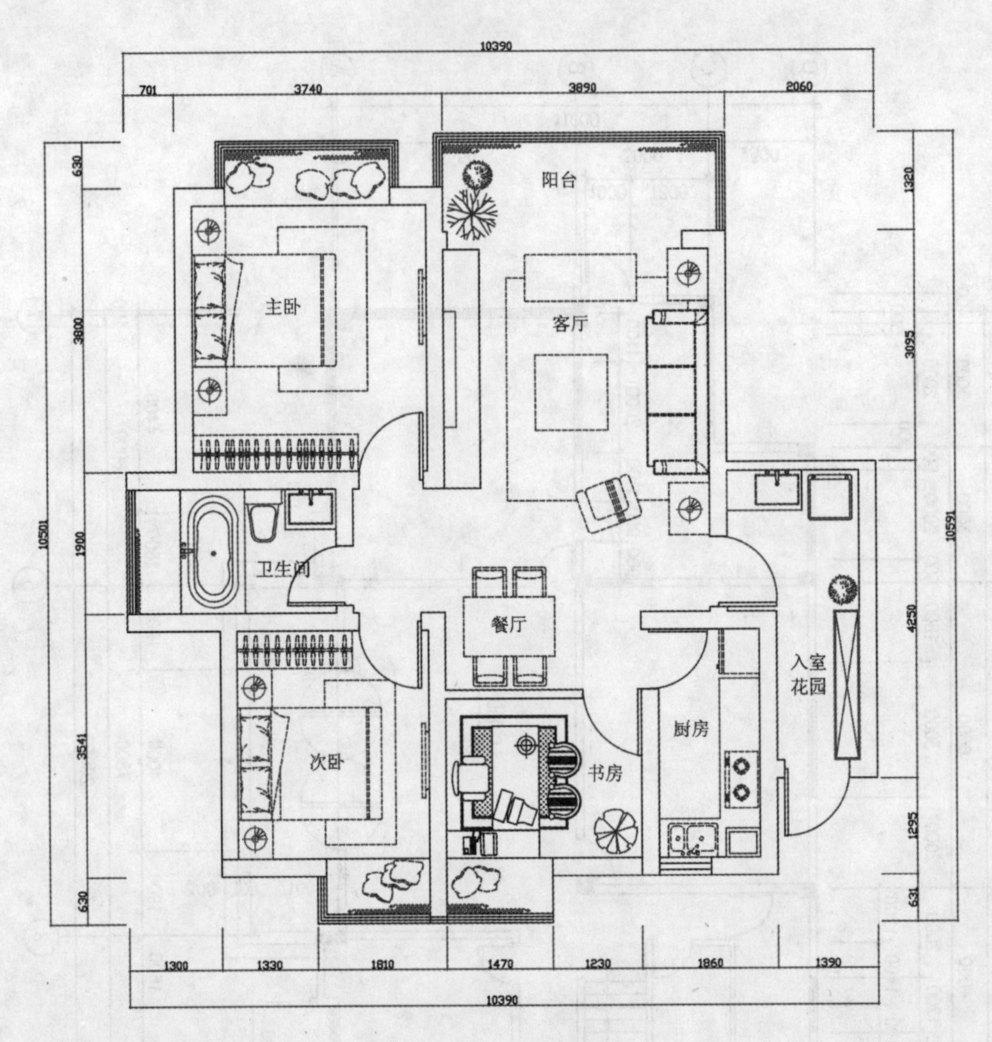
10390
701
3740
3890
2060
阳台
主卧
客厅
卫生间
餐厅
入室
花园
厨房
次卧
书房
630
3800
1900
3541
630
10501
1320
3095
4250
1295
631
10591
1300
1330
1810
1470
1230
1860
1390
10390

图 7-57 住宅型平面图

第8章 建筑立面图的绘制

AutoCAD

JIANZHU ZHITU YU

YINGYONG

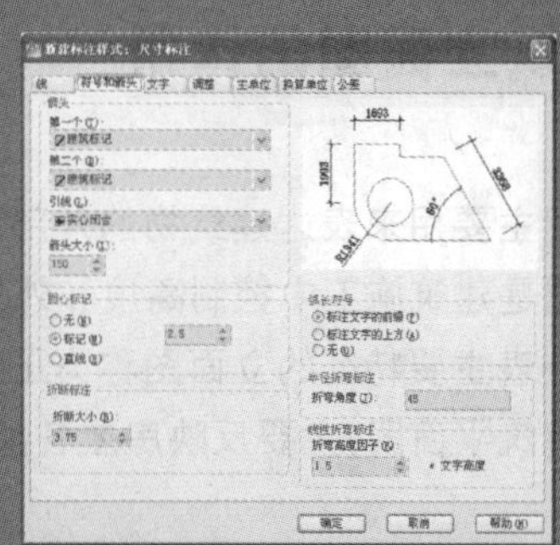

8.1

建筑立面图概述

建筑立面图是建筑物在与建筑物立面平行的投影面上投影所得的正投影图。建筑立面图是建筑设计中的一个重要组成部分，通过本章的学习，应该了解建筑立面图与建筑平面图的区别，能够独立完成建筑立面图的绘制。建筑平面图、立面图和剖面图的形成如图 8-1 所示。

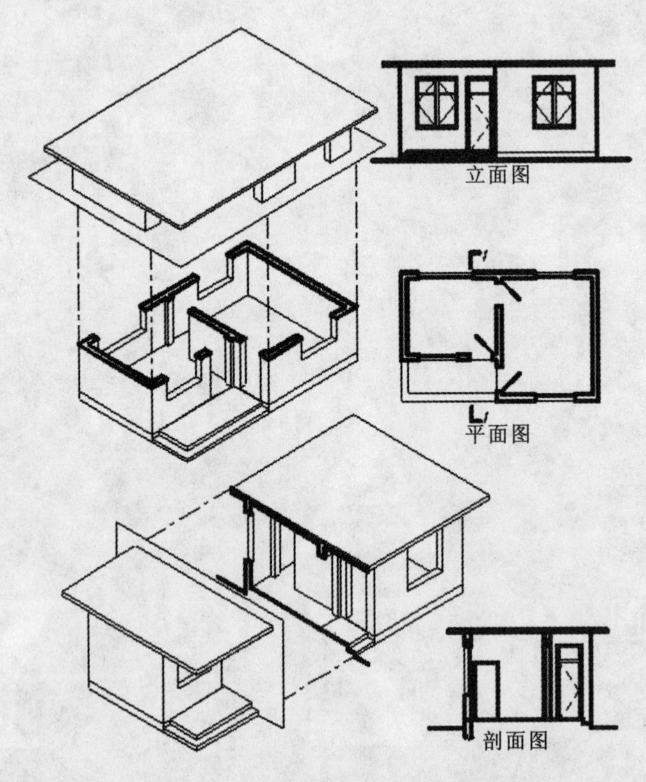

图 8-1　建筑平面图、立面图和剖面图的形成

8.1.1　建筑立面图的作用　ONE

建筑立面图主要用来表达建筑物的外部造型、门窗位置及形式、墙面装饰材料、阳台、雨篷等部分的材料和做法。建筑立面图是建筑施工中控制高度和外墙装饰效果的技术依据。

表示建筑外表主要特征的立面图称为正立面图，其他立面相应地称为背立面图、左立面图与右立面图。建筑立面图区别于建筑平面图，主要反映房屋各部位的高度、外貌和装修要求，是建筑外装修的主要依据。

8.1.2 建筑立面图的命名 TWO

在建筑施工图中,立面图的命名一般有以下三种方式。

(1) 用朝向命名:建筑物的某个立面面向哪个方向,就称为哪个方向的立面图,如北立面图、南立面图。

(2) 以建筑物墙面的特征命名:通常把建筑物主要出入口所在墙面的立面图称为正立面图,其余几个立面相应地称为背立面图、侧立面图或左立面图、右立面图。

(3) 用建筑平面图中的首尾轴线命名:按照观察者面向建筑物从左到右的轴线顺序命名。有定位轴线的建筑物,宜根据两端轴线编号标注立面图的名称。

施工图中这三种命名方式都可使用,但每套施工图只能采用其中的一种方式命名。

8.1.3 建筑立面图的绘制内容 THREE

在绘制建筑立面图之前,首先要清楚建筑立面图的内容,建筑立面图的内容主要包括以下部分。

(1) 图名、比例。建筑立面图的比例应和平面图相同。根据国家标准《建筑制图标准》(GB/T 50104—2010)规定,立面图常用的比例有 1:50、1:100 和 1:200。

(2) 建筑物立面的外轮廓线形状、大小。

(3) 建筑立面图定位轴线的编号。在建筑立面图中,一般只绘制两端的轴线,且编号应与平面图中的相对应,确定立面图的观看方向。定位轴线是平面图与立面图之间联系的桥梁。

(4) 建筑物立面造型。

(5) 外墙上建筑构配件,如门窗、阳台、雨水管等的位置和尺寸。

(6) 外墙面的装饰。外墙表面分格线应表示清楚,用文字说明各部位所用面材及色彩。外墙的色彩和材质决定建筑立面的效果,因此一定要进行标注。

(7) 立面标高。在建筑立面图中,高度方向的尺寸主要使用标高的形式标注,主要包括建筑物室内外地坪、各楼层地面、窗台、阳台底部、女儿墙等各部位的标高。通常,立面图中的标高尺寸,应注写在立面图的轮廓线以外,分两侧就近注写。注写时要上下对齐,并尽量位于同一铅垂线上。但对于一些位于建筑物中部的结构,为了表达更清楚,在不影响图面清晰的前提下,也可就近标注在轮廓线以内。

(8) 详图索引符号。

8.2 绘图环境的设置

建筑立面图可较清晰、完整地表现该建筑物的造型特征,一般只绘出两端轴线及其编号,以便和平面图相对照。为使图面表现真实、层次节奏丰富,尽量用多种线型绘制。建筑物轮廓线及大的转折处用粗实线;立面上较小的凹凸,如门窗洞、台阶、阳台、雨篷、立柱等轮廓线用中实线绘制;轮廓内的局部形象,如门窗扇、雨水管、勒脚、墙体线及引出线、标高等用细实线绘制;室内外地坪为基准线,用特粗实线绘制,以强调线的节奏变化。

立面图的尺寸应标注主要部位的标高,如出入口地面、室外地坪、檐上与檐下、屋顶、景墙窗孔等处,标注时注意排列整齐,要求字体规范、清晰,出入口地面标高为±0.000(相对标高)。

8.2.1 设置绘图单位 ONE

1. 功能

在绘制图形之前,必须确定一个图形单位来表示实际图形的大小,并设置坐标、单位格式、精度等。

2. 执行方式

菜单栏:选择“格式”→“单位”命令。

命令行:UNITS。

将打开“图形单位”对话框,如图 8-2 所示。

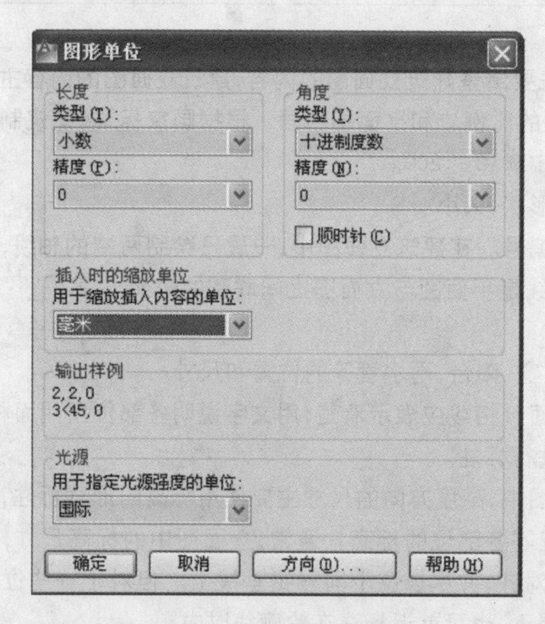

图 8-2 “图形单位”对话框

在长度区域类型中选择小数,精度选择 0。

在角度区域类型中选择十进制度数,精度选择 0。

在“用于缩放插入内容的单位”中选择单位为毫米。

8.2.2 设置图形界限 TWO

1. 功能

通过设置图形界限,可调整模型空间的绘图区域大小。在绘制建筑施工图时,需要指定图形界限来确定图形环境的范围,并按照实际的单位绘制。

2. 执行方式

菜单栏:单击“格式”→“图形界限”命令。

命令行:LIMITS。

命令行提示信息如下：

命令：LIMITS

重新设置模型空间界限：

指定左下角点或[开(ON)/关(OFF)]＜0,0＞：0,0

指定右上角点＜420,297＞：25000,20000

命令：ZOOM

指定窗口的角点，输入比例因子(nX 或 nXP)，或者

[全部(A)/中心(C)/动态(D)/范围(E)/上一个(P)/比例(S)/窗口(W)/对象(O)]＜实时＞：all

正在重生成模型，将图形界限设置为 25 000 mm×20 000 mm 的范围。

8.2.3 设置图层 THREE

1. 功能

根据图层中的信息以及执行线型、颜色等标准的设置绘制图形。用户可在图层特性中编辑图形中的对象。通过创建图层，可将类型相似的图形对象指定给同一个图层并使其相关联。可以将构造线、轴线、门、窗、文字、标注等置于不同的图层上。

2. 执行方式

菜单栏：单击"格式"→"图层"命令。

工具栏：在图层工具栏中单击图层特性管理器按钮。

命令行：LAYER。

在图层特性管理器中设置如图 8-3 所示。

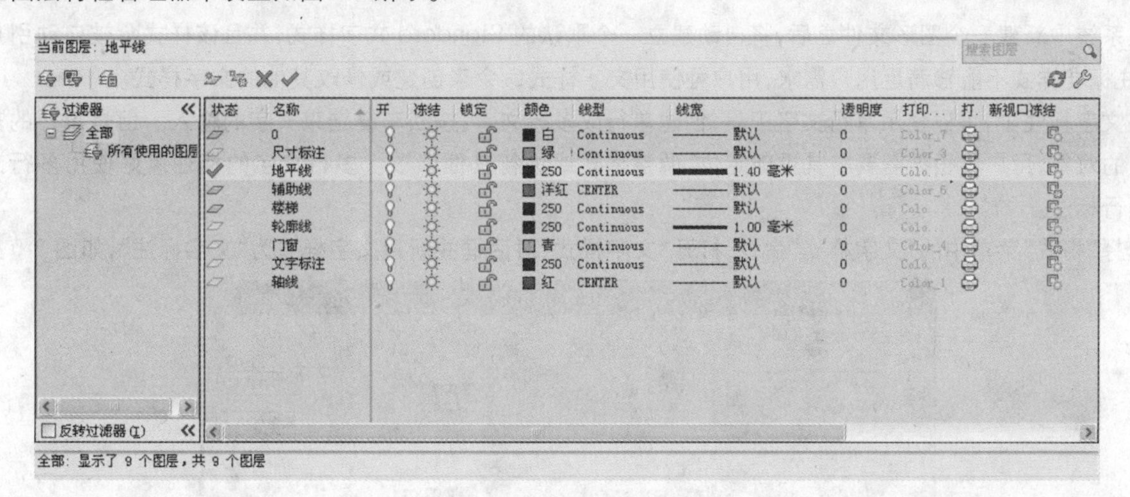

图 8-3 新建图层

(1) 分别新建尺寸标注、门窗、地平线、文字标注、轴线、楼梯、轮廓线、辅助线等图层。

(2) 设置图层颜色，其中尺寸标注颜色为绿色，门窗为青色，地平线为黑色，文字标注为黑色，轴线为红色，楼梯为黑色，轮廓线为黑色，辅助线为洋红色。

(3) 设置轴线图层和辅助线图层的线型为 CENTER，其他图层线型为系统默认的 Continuous。

(4) 设置地平线图层的线宽为粗实线 1.40 毫米，如图 8-4 所示，轮廓线图层的线宽设置为 1.00 毫米，其他图层的线宽设置为细实线。

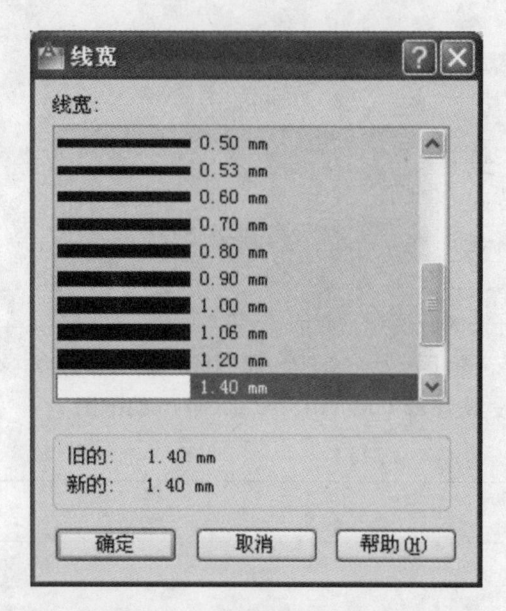

图 8-4 地平线图层线宽的设置

最终设置完成的图层特性管理器，如图 8-3 所示。

注意：为了突显建筑物立面图的轮廓，使得层次分明，地坪线一般用特粗实线(1.4b)绘制；轮廓线和屋脊线用粗实线(b)绘制；所有的凹凸部位(如阳台、线脚、门窗洞等)用中实线(0.5b)绘制；门窗扇、雨水管、尺寸线、高程、文字说明的指引线、墙面装饰线等用细实线(0.25b)绘制。

8.2.4 设置文字样式 FOUR

在系统中新建一个图形文件之后，将自动建立一个默认的 Standard 文字样式，并且该样式会被自动引用。但是，往往标准样式不能够满足用户需求，用户可使用文字样式命令来创建或修改其他的文字样式。

在文字标注中，可以使用单行文字工具，创建单行或多行文字，按回车键结束文字的输入。但是每行的文字都是独立的对象，用户应根据需要将其重新定位、调整格式或进行其他修改。多行文字的标注最好使用多行文字的工具进行标注。

选择“格式”菜单中的“文字样式”命令，打开“文字样式”对话框并新建文字样式为“文字标注”，如图 8-5 所示。

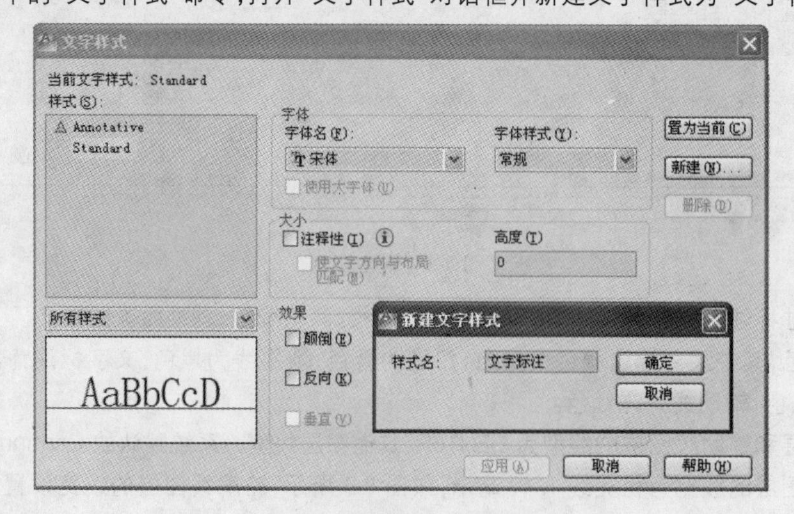

图 8-5 “文字样式”对话框

在文字样式中，建立"文字标注"和"轴号标注"样式。设置字体为仿体_GB2312，字体高度为300，如图8-6所示。

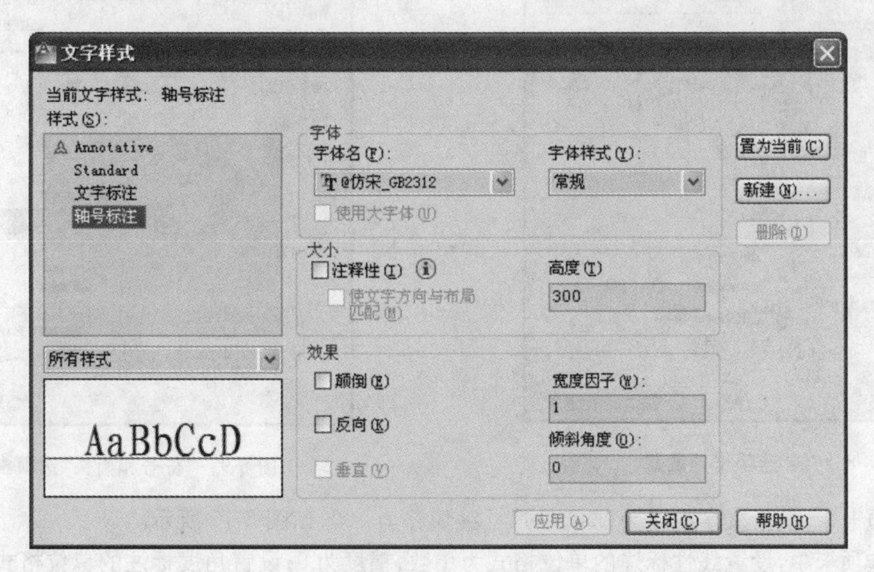

图8-6　文字样式的设置

8.2.5　标注样式　FIVE

单击"格式"菜单中的"标注样式"命令，打开"标注样式管理器"对话框。在该对话框中单击"新建"按钮，弹出"创建新标注样式"对话框，在该对话框中新建基于ISO-25的标注样式，新样式名称为"尺寸标注"，如图8-7所示。

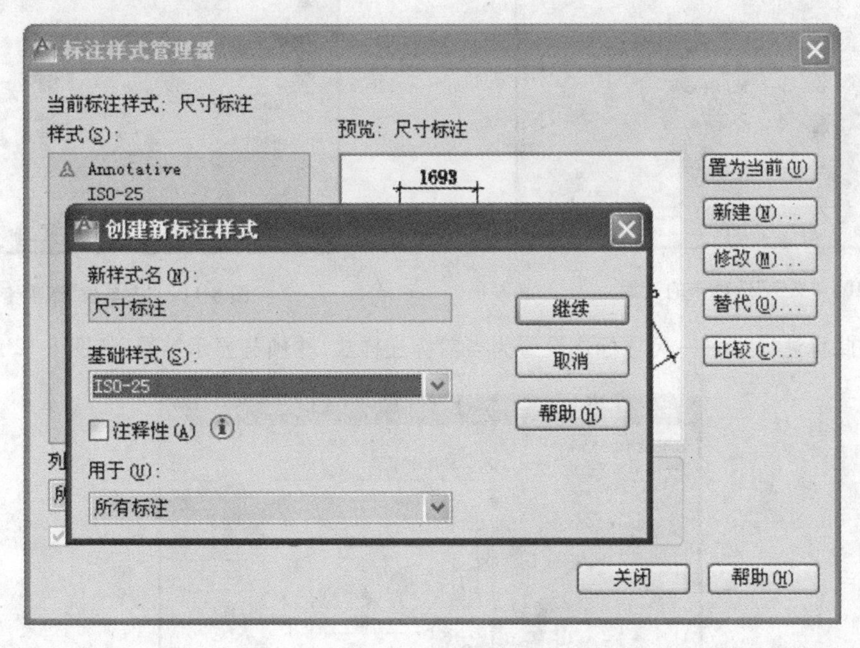

图8-7　新建标注样式

在"创建新标注样式"对话框中单击"继续"按钮，弹出"新建标注样式：尺寸标注"对话框。在该对话框的"线"选项卡中，设置超出标记为150，超出尺寸线为150，起点偏移量为500，如图8-8所示。

在"符号和箭头"选项卡中，设置箭头的第一个和第二个都为建筑标记，箭头大小为150，如图8-9所示。

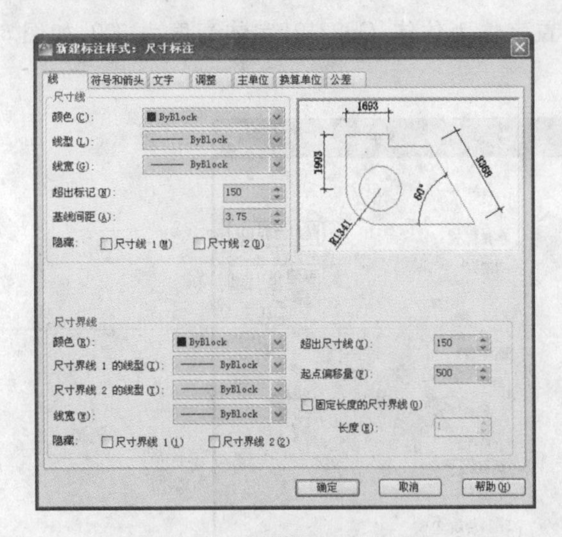

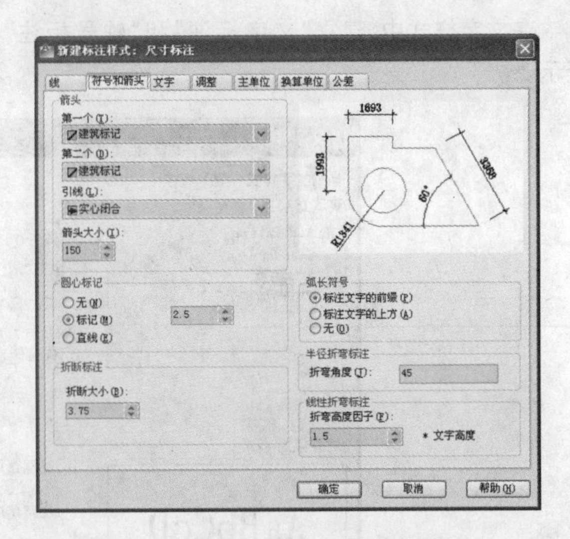

图 8-8 “线”选项卡的设置

图 8-9 “符号和箭头”选项卡的设置

在“文字”选项卡中，设置文字高度为 300，从尺寸线偏移为 100，如图 8-10 所示。

在“主单位”选项卡中，设置线性标注的单位格式为小数，精度为 0，设置角度标注的单位格式为十进制度数，精度为 0，如图 8-11 所示。

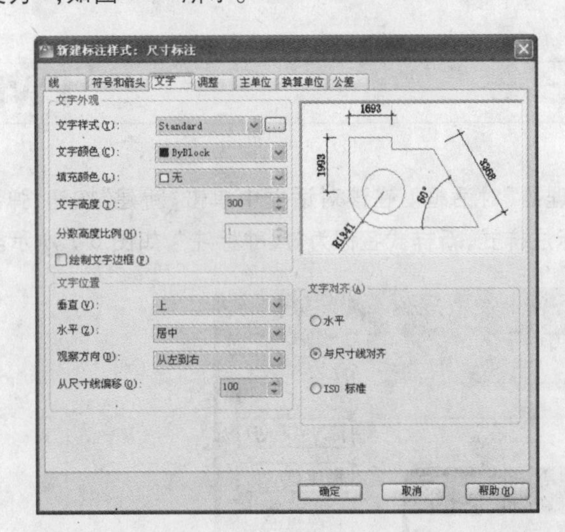

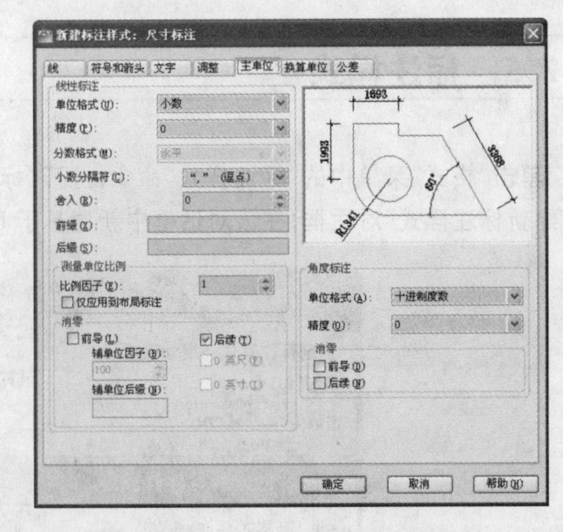

图 8-10 “文字”选项卡的设置

图 8-11 “主单位”选项卡的设置

完成设置后将此标注样式——尺寸标注设置为当前标注样式，并预览显示结果，如图 8-12 所示。

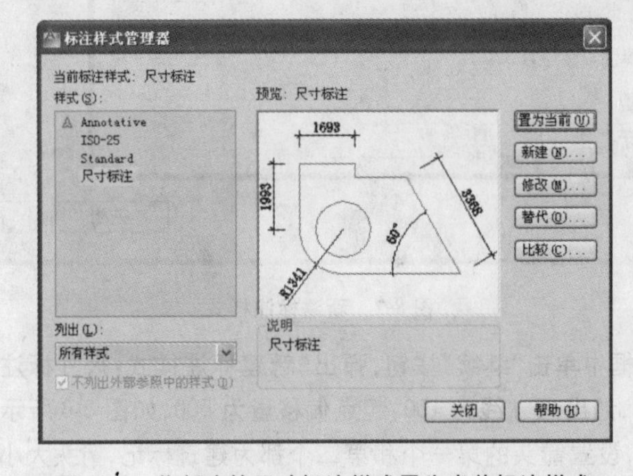

图 8-12 将新建的尺寸标注样式置为当前标注样式

8.3

绘制立面图

立面图应首先绘制室外地平线、横向定位轴线或辅助线，再绘制楼面线、屋顶线和建筑物外轮廓线。

8.3.1 绘制室外地平线 ONE

(1) 在图层工具栏中将地平线图层设置为当前图层，如图 8-13 所示。
(2) 在状态栏中选择相应的辅助工具，如正交、捕捉、显示线宽等，如图 8-14 所示。

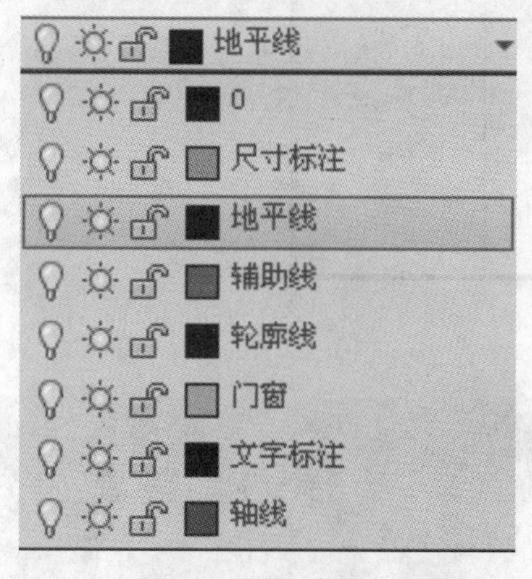

图 8-13 设置地平线图层为当前图层

图 8-14 辅助工具的设置

(3) 选择绘图工具栏中的直线工具，绘制图 8-15 所示的地平线。

图 8-15 绘制地平线

8.3.2 绘制辅助线 TWO

(1) 在图层工具栏中将辅助线图层设置为当前图层  辅助线 。
(2) 在状态栏中选择相应的辅助工具，如正交、捕捉、显示线宽等。
(3) 选择绘图工具栏中的直线工具，绘制垂直和水平辅助线。在命令行中信息提示如下：

```
命令:LINE
LINE 指定第一点:
指定下一点或[放弃(U)]:@2200,0
指定下一点或[放弃(U)]:
LINE 指定第一点:
指定下一点或[放弃(U)]:@0,15000
指定下一点或[放弃(U)]:
```

(4) 选择修改工具栏中的偏移命令,根据尺寸将第一条垂直的辅助线(轴线)依次偏移,完成图 8-16。在命令行中提示信息如下:

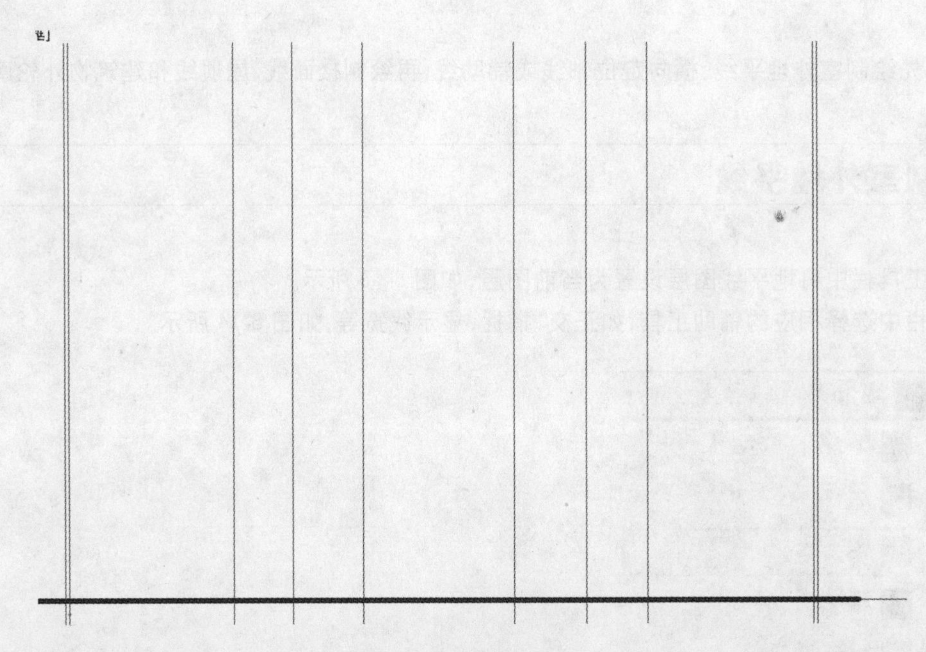

图 8-16 绘制垂直辅助线

```
命令:OFFSET
当前设置:删除源=否  图层=源  OFFSETGAPTYPE=0
指定偏移距离或[通过(T)/删除(E)/图层(L)]<2400>:100
选择要偏移的对象,或[退出(E)/放弃(U)]<退出>:
指定要偏移的那一侧上的点,或[退出(E)/多个(M)/放弃(U)]<退出>:
选择要偏移的对象,或[退出(E)/放弃(U)]<退出>:
命令:OFFSET
当前设置:删除源=否  图层=源  OFFSETGAPTYPE=0
指定偏移距离或[通过(T)/删除(E)/图层(L)]<100>:4400
选择要偏移的对象,或[退出(E)/放弃(U)]<退出>:
指定要偏移的那一侧上的点,或[退出(E)/多个(M)/放弃(U)]<退出>:
选择要偏移的对象,或[退出(E)/放弃(U)]<退出>:
命令:OFFSET
当前设置:删除源=否  图层=源  OFFSETGAPTYPE=0
指定偏移距离或[通过(T)/删除(E)/图层(L)]<4400>:1600
选择要偏移的对象,或[退出(E)/放弃(U)]<退出>:
```

```
指定要偏移的那一侧上的点,或[退出(E)/多个(M)/放弃(U)]<退出>:
选择要偏移的对象,或[退出(E)/放弃(U)]<退出>:
命令:OFFSET
当前设置:删除源=否  图层=源  OFFSETGAPTYPE=0
指定偏移距离或[通过(T)/删除(E)/图层(L)]<1600>:1900
选择要偏移的对象,或[退出(E)/放弃(U)]<退出>:
选择要偏移的对象,或[退出(E)/放弃(U)]<退出>:
指定要偏移的那一侧上的点,或[退出(E)/多个(M)/放弃(U)]<退出>:
选择要偏移的对象,或[退出(E)/放弃(U)]<退出>:
命令:OFFSET
当前设置:删除源=否  图层=源  OFFSETGAPTYPE=0
指定偏移距离或[通过(T)/删除(E)/图层(L)]<1900>:4000
选择要偏移的对象,或[退出(E)/放弃(U)]<退出>:
指定要偏移的那一侧上的点,或[退出(E)/多个(M)/放弃(U)]<退出>:
选择要偏移的对象,或[退出(E)/放弃(U)]<退出>:
命令:OFFSET
当前设置:删除源=否  图层=源  OFFSETGAPTYPE=0
指定偏移距离或[通过(T)/删除(E)/图层(L)]<4000>:1900
选择要偏移的对象,或[退出(E)/放弃(U)]<退出>:
指定要偏移的那一侧上的点,或[退出(E)/多个(M)/放弃(U)]<退出>:
选择要偏移的对象,或[退出(E)/放弃(U)]<退出>:
选择要偏移的对象,或[退出(E)/放弃(U)]<退出>:
命令:OFFSET
当前设置:删除源=否  图层=源  OFFSETGAPTYPE=0
指定偏移距离或[通过(T)/删除(E)/图层(L)]<1900>:1600
选择要偏移的对象,或[退出(E)/放弃(U)]<退出>:
指定要偏移的那一侧上的点,或[退出(E)/多个(M)/放弃(U)]<退出>:
选择要偏移的对象,或[退出(E)/放弃(U)]<退出>:
命令:OFFSET
当前设置:删除源=否  图层=源  OFFSETGAPTYPE=0
指定偏移距离或[通过(T)/删除(E)/图层(L)]<1600>:4400
选择要偏移的对象,或[退出(E)/放弃(U)]<退出>:
指定要偏移的那一侧上的点,或[退出(E)/多个(M)/放弃(U)]<退出>:
选择要偏移的对象,或[退出(E)/放弃(U)]<退出>:
命令:OFFSET
当前设置:删除源=否  图层=源  OFFSETGAPTYPE=0
指定偏移距离或[通过(T)/删除(E)/图层(L)]<4400>:100
选择要偏移的对象,或[退出(E)/放弃(U)]<退出>:
指定要偏移的那一侧上的点,或[退出(E)/多个(M)/放弃(U)]<退出>:
选择要偏移的对象,或[退出(E)/放弃(U)]<退出>:*取消*
```

(5)选择修改工具栏中的偏移命令,根据尺寸将水平辅助线依次偏移,完成图8-17。在命令行中提示信息如下:

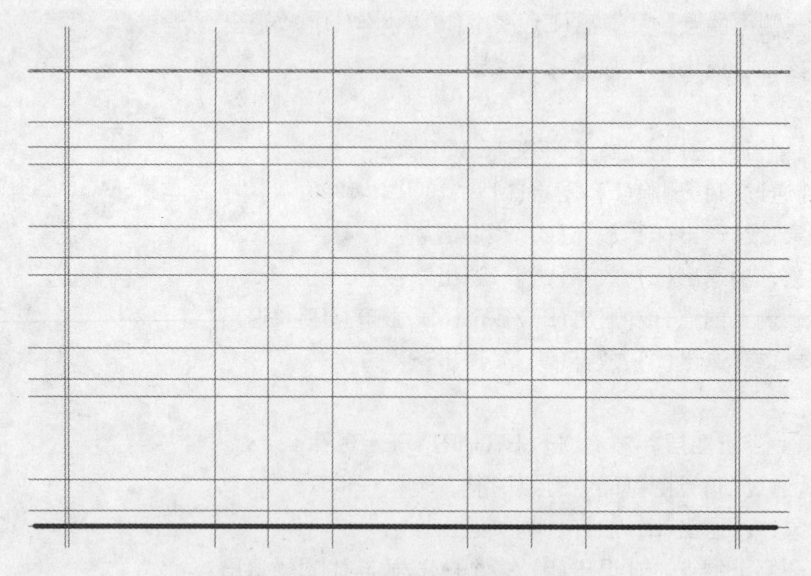

图 8-17 绘制水平辅助线

命令:OFFSET
当前设置:删除源=否 图层=源 OFFSETGAPTYPE=0
指定偏移距离或[通过(T)/删除(E)/图层(L)]<100>:450
选择要偏移的对象,或[退出(E)/放弃(U)]<退出>:
指定要偏移的那一侧上的点,或[退出(E)/多个(M)/放弃(U)]<退出>:
选择要偏移的对象,或[退出(E)/放弃(U)]<退出>:
命令:OFFSET
当前设置:删除源=否 图层=源 OFFSETGAPTYPE=0
指定偏移距离或[通过(T)/删除(E)/图层(L)]<450>:900
选择要偏移的对象,或[退出(E)/放弃(U)]<退出>:
指定要偏移的那一侧上的点,或[退出(E)/多个(M)/放弃(U)]<退出>:
选择要偏移的对象,或[退出(E)/放弃(U)]<退出>:*取消*
命令:OFFSET
当前设置:删除源=否 图层=源 OFFSETGAPTYPE=0
指定偏移距离或[通过(T)/删除(E)/图层(L)]<900>:
选择要偏移的对象,或[退出(E)/放弃(U)]<退出>:
指定要偏移的那一侧上的点,或[退出(E)/多个(M)/放弃(U)]<退出>:
选择要偏移的对象,或[退出(E)/放弃(U)]<退出>:
命令:OFFSET
当前设置:删除源=否 图层=源 OFFSETGAPTYPE=0
指定偏移距离或[通过(T)/删除(E)/图层(L)]<900>:2400
选择要偏移的对象,或[退出(E)/放弃(U)]<退出>:
指定要偏移的那一侧上的点,或[退出(E)/多个(M)/放弃(U)]<退出>:
选择要偏移的对象,或[退出(E)/放弃(U)]<退出>:
命令:OFFSET
当前设置:删除源=否 图层=源 OFFSETGAPTYPE=0
指定偏移距离或[通过(T)/删除(E)/图层(L)]<2400>:500

选择要偏移的对象，或[退出(E)/放弃(U)]＜退出＞：
指定要偏移的那一侧上的点，或[退出(E)/多个(M)/放弃(U)]＜退出＞：
选择要偏移的对象，或[退出(E)/放弃(U)]＜退出＞：
命令：OFFSET
当前设置：删除源=否 图层=源 OFFSETGAPTYPE=0
指定偏移距离或[通过(T)/删除(E)/图层(L)]＜500＞：900
选择要偏移的对象，或[退出(E)/放弃(U)]＜退出＞：
指定要偏移的那一侧上的点，或[退出(E)/多个(M)/放弃(U)]＜退出＞：
选择要偏移的对象，或[退出(E)/放弃(U)]＜退出＞：
命令：OFFSET
当前设置：删除源=否 图层=源 OFFSETGAPTYPE=0
指定偏移距离或[通过(T)/删除(E)/图层(L)]＜900＞：2100
选择要偏移的对象，或[退出(E)/放弃(U)]＜退出＞：
指定要偏移的那一侧上的点，或[退出(E)/多个(M)/放弃(U)]＜退出＞：
选择要偏移的对象，或[退出(E)/放弃(U)]＜退出＞：
命令：OFFSET
当前设置：删除源=否 图层=源 OFFSETGAPTYPE=0
指定偏移距离或[通过(T)/删除(E)/图层(L)]＜2100＞：500
选择要偏移的对象，或[退出(E)/放弃(U)]＜退出＞：
指定要偏移的那一侧上的点，或[退出(E)/多个(M)/放弃(U)]＜退出＞：
选择要偏移的对象，或[退出(E)/放弃(U)]＜退出＞：
命令：OFFSET
当前设置：删除源=否 图层=源 OFFSETGAPTYPE=0
指定偏移距离或[通过(T)/删除(E)/图层(L)]＜500＞：900
选择要偏移的对象，或[退出(E)/放弃(U)]＜退出＞：
指定要偏移的那一侧上的点，或[退出(E)/多个(M)/放弃(U)]＜退出＞：
选择要偏移的对象，或[退出(E)/放弃(U)]＜退出＞：
命令：OFFSET
当前设置：删除源=否 图层=源 OFFSETGAPTYPE=0
指定偏移距离或[通过(T)/删除(E)/图层(L)]＜900＞：1800
选择要偏移的对象，或[退出(E)/放弃(U)]＜退出＞：
指定要偏移的那一侧上的点，或[退出(E)/多个(M)/放弃(U)]＜退出＞：
选择要偏移的对象，或[退出(E)/放弃(U)]＜退出＞：
命令：OFFSET
当前设置：删除源=否 图层=源 OFFSETGAPTYPE=0
指定偏移距离或[通过(T)/删除(E)/图层(L)]＜1800＞：500
选择要偏移的对象，或[退出(E)/放弃(U)]＜退出＞：
指定要偏移的那一侧上的点，或[退出(E)/多个(M)/放弃(U)]＜退出＞：
选择要偏移的对象，或[退出(E)/放弃(U)]＜退出＞：
命令：OFFSET
当前设置：删除源=否 图层=源 OFFSETGAPTYPE=0
指定偏移距离或[通过(T)/删除(E)/图层(L)]＜500＞：700

选择要偏移的对象，或[退出(E)/放弃(U)]＜退出＞：

指定要偏移的那一侧上的点，或[退出(E)/多个(M)/放弃(U)]＜退出＞：

选择要偏移的对象，或[退出(E)/放弃(U)]＜退出＞：

命令：OFFSET

当前设置：删除源＝否　图层＝源　OFFSETGAPTYPE＝0

指定偏移距离或[通过(T)/删除(E)/图层(L)]＜700＞：2200

选择要偏移的对象，或[退出(E)/放弃(U)]＜退出＞：

指定要偏移的那一侧上的点，或[退出(E)/多个(M)/放弃(U)]＜退出＞：

选择要偏移的对象，或[退出(E)/放弃(U)]＜退出＞：＊取消＊

8.3.3　绘制楼梯台阶　THREE

(1) 在图层工具栏中将楼梯图层设置为当前图层 楼梯 。

(2) 在状态栏中选择相应的辅助工具，如正交、捕捉、显示线宽等。

(3) 选择绘图工具栏中的矩形、直线工具，绘制图 8-18 所示的台阶。

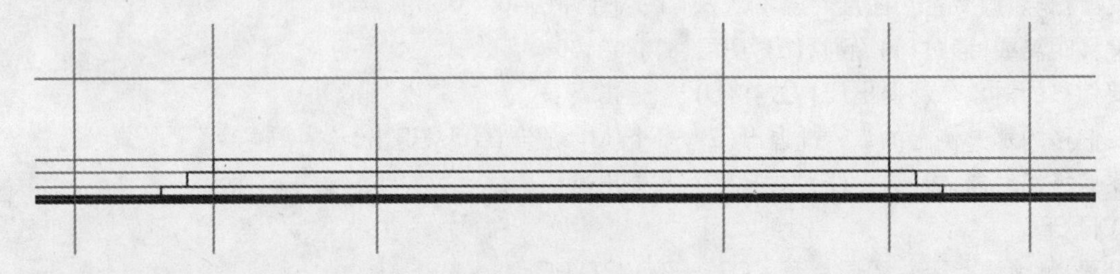

图 8-18　绘制台阶

在命令行中信息提示如下：

命令：RECTANG

指定第一个角点或[倒角(C)/标高(E)/圆角(F)/厚度(T)/宽度(W)]：(捕捉辅助线的交点)

指定另一个角点或[面积(A)/尺寸(D)/旋转(R)]：(捕捉辅助线的交点，完成第一个台阶的绘制)

命令：LINE

指定第一点：(捕捉第一个台阶的左下角点)

指定下一点或[放弃(U)]：@-300,0(使用相对坐标，绘制第二个台阶左端点)

指定下一点或[放弃(U)]：

指定下一点或[闭合(C)/放弃(U)]：

指定下一点或[闭合(C)/放弃(U)]：@300,0(使用相对坐标，绘制第二个台阶右端点)

指定下一点或[闭合(C)/放弃(U)]：

命令：LINE

指定第一点：(捕捉第一个台阶的左下角点)

指定下一点或[放弃(U)]：@-300,0(使用相对坐标，绘制第二个台阶左端点)

指定下一点或[放弃(U)]：

指定下一点或[闭合(C)/放弃(U)]：

指定下一点或[闭合(C)/放弃(U)]：@600,0(使用相对坐标，绘制第二个台阶右端点)

指定下一点或[闭合(C)/放弃(U)]：

8.3.4 绘制可见的轮廓线 FOUR

(1) 选择“格式”菜单中的“多线样式”命令，设置多线名称为外墙线，偏移图元为 125、−125，直线封口为起点和端点，如图 8-19 所示。将“外墙线”设置为当前多线样式，如图 8-20 所示。

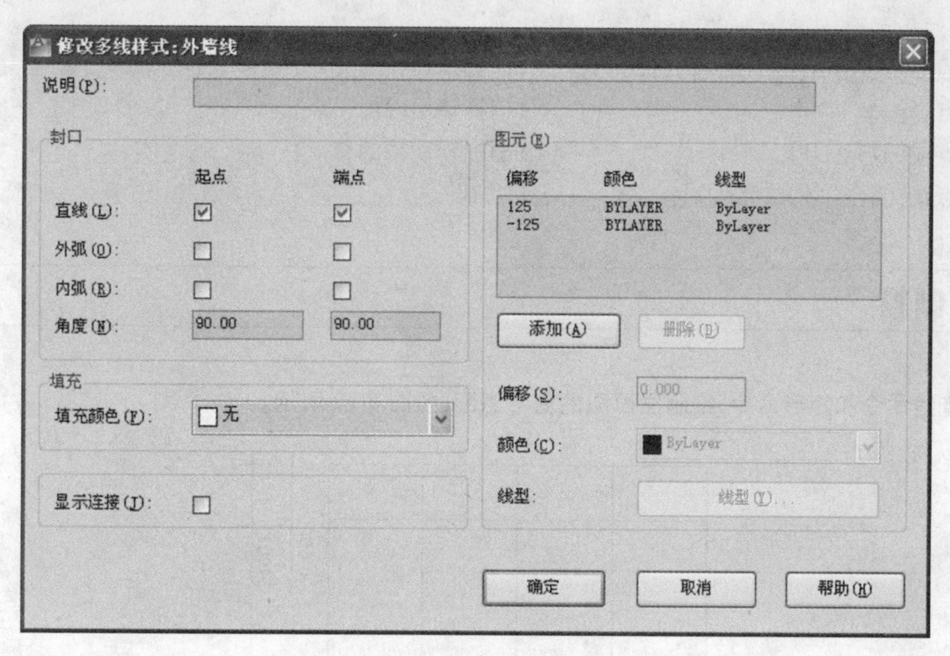

图 8-19 多线样式外墙线的设置

(2) 在图层工具栏中将轮廓线图层设置为当前图层 轮廓线 。

(3) 在状态栏中选择相应的辅助工具，如正交、捕捉、显示线宽等。

(4) 选择绘图工具栏中的多线、直线工具，绘制图 8-21 所示的建筑外轮廓线。在命令行中信息提示如下：

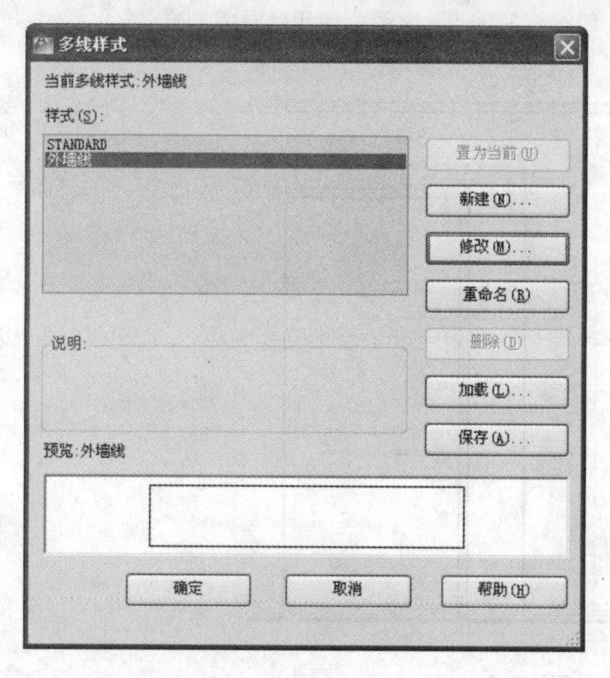

图 8-20 将多线样式外墙线设置为当前多线样式

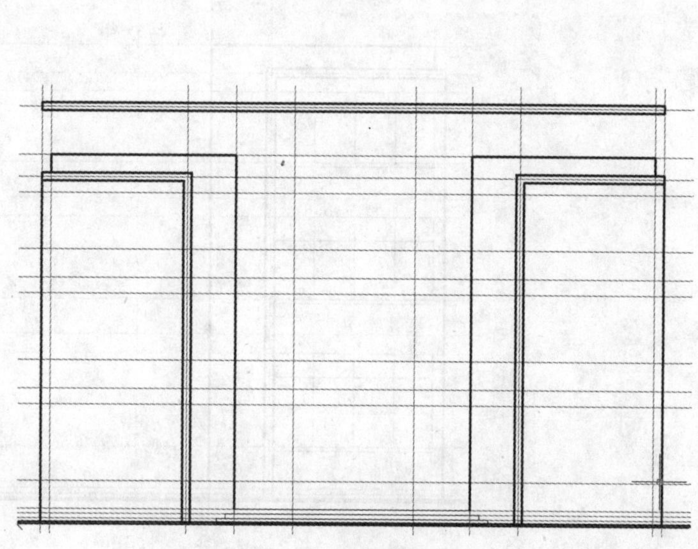

图 8-21 绘制建筑外轮廓线

```
命令:LINE
指定第一点:                                    (捕捉辅助线的交点)
指定下一点或[放弃(U)]:                          (捕捉辅助线的交点)
指定下一点或[放弃(U)]:                          (捕捉辅助线的交点)
指定下一点或[闭合(C)/放弃(U)]:
命令:MLINE
当前设置:对正=无,比例=1.00,样式=外墙线
指定起点或[对正(J)/比例(S)/样式(ST)]:          (捕捉辅助线的交点)
指定下一点:                                    (捕捉辅助线的交点)
指定下一点或[放弃(U)]:                          (捕捉辅助线的交点)
指定下一点或[闭合(C)/放弃(U)]:
```

8.3.5 绘制窗 FIVE

(1) 使用直线命令和矩形命令,绘制立面图的窗示意图,如图 8-22 所示。

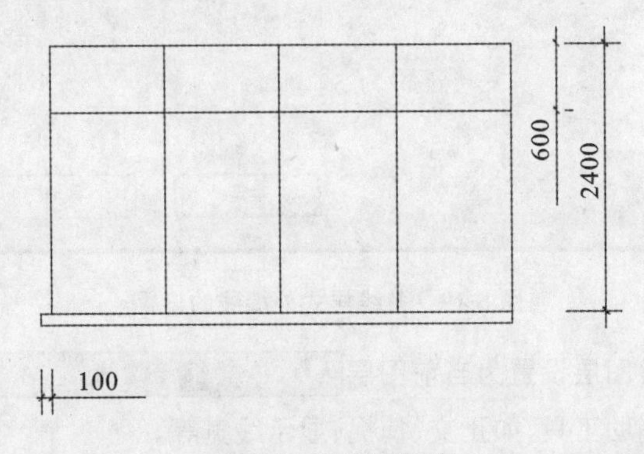

图 8-22 绘制图形窗

(2) 使用复制命令或定义块的方法,复制或插入窗的图形,如图 8-23 所示,该图中使用的是复制方法。

图 8-23 复制窗或插入窗块

(3) 使用编辑工具栏中的镜像工具、镜像窗列，如图 8-24 所示。命令提示信息如下：

命令：MIRROR
选择对象：指定对角点：找到 30 个 （选择窗）
选择对象：
指定镜像线的第一点：指定镜像线的第二点：
要删除源对象吗？［是(Y)/否(N)］<N>：n

图 8-24 镜像窗

8.3.6 绘制门、雨搭 SIX

(1) 使用直线命令和矩形命令，绘制立面图的大门，门的尺寸标注如图 8-25 所示。

(2) 最终完成效果如图 8-26 所示。

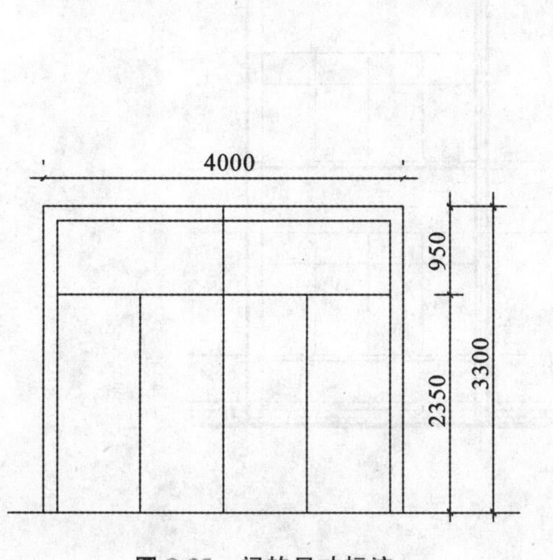

图 8-25 门的尺寸标注

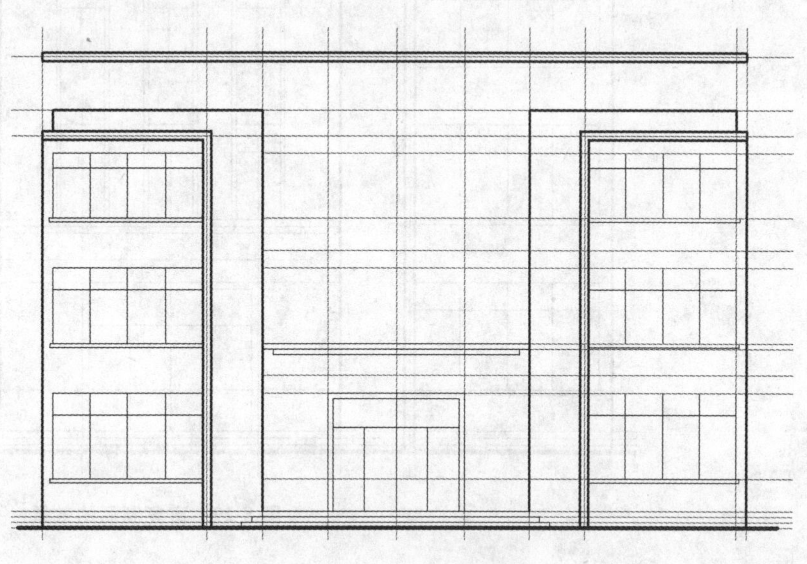

图 8-26 绘制图形(门和雨搭)

8.3.7 绘制窗(门上方)

SEVEN

(1) 使用直线命令和矩形命令,绘制立面图门上方的窗,窗的尺寸标注如图 8-27 所示,在建筑立面图中的效果,如图 8-28 所示。

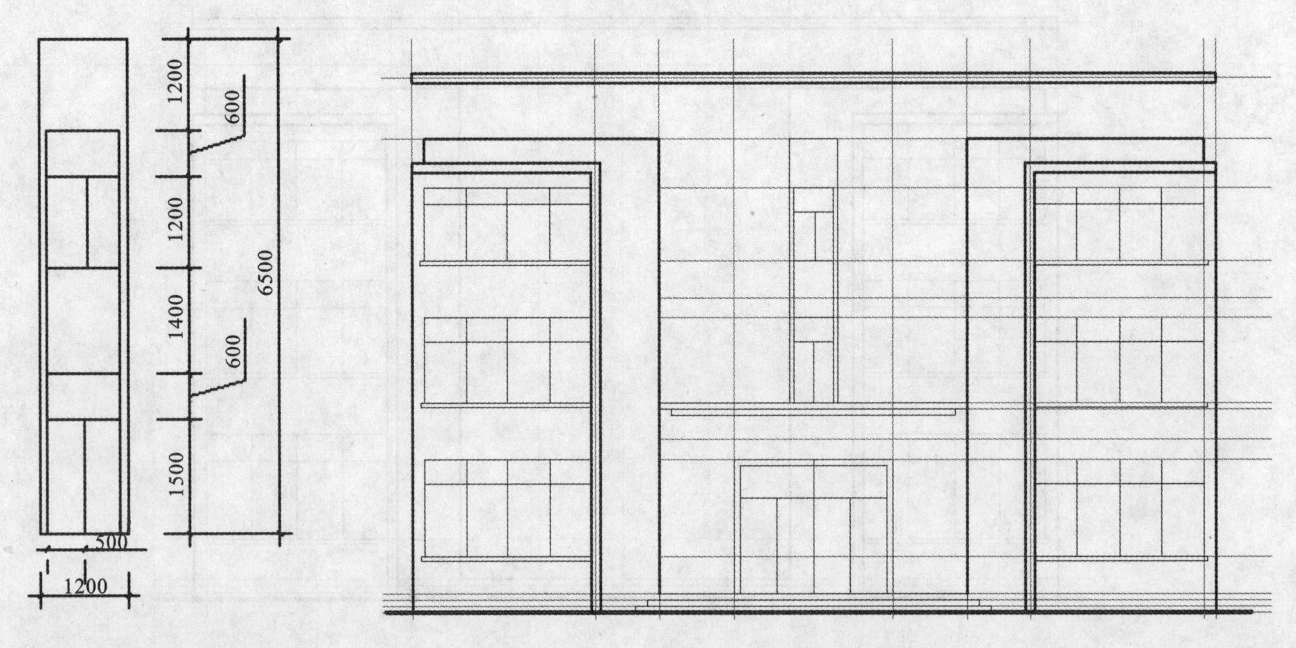

图 8-27 门上方的窗尺寸标注

图 8-28 绘制窗

(2) 窗复制完成后,最终完成效果如图 8-29 所示。

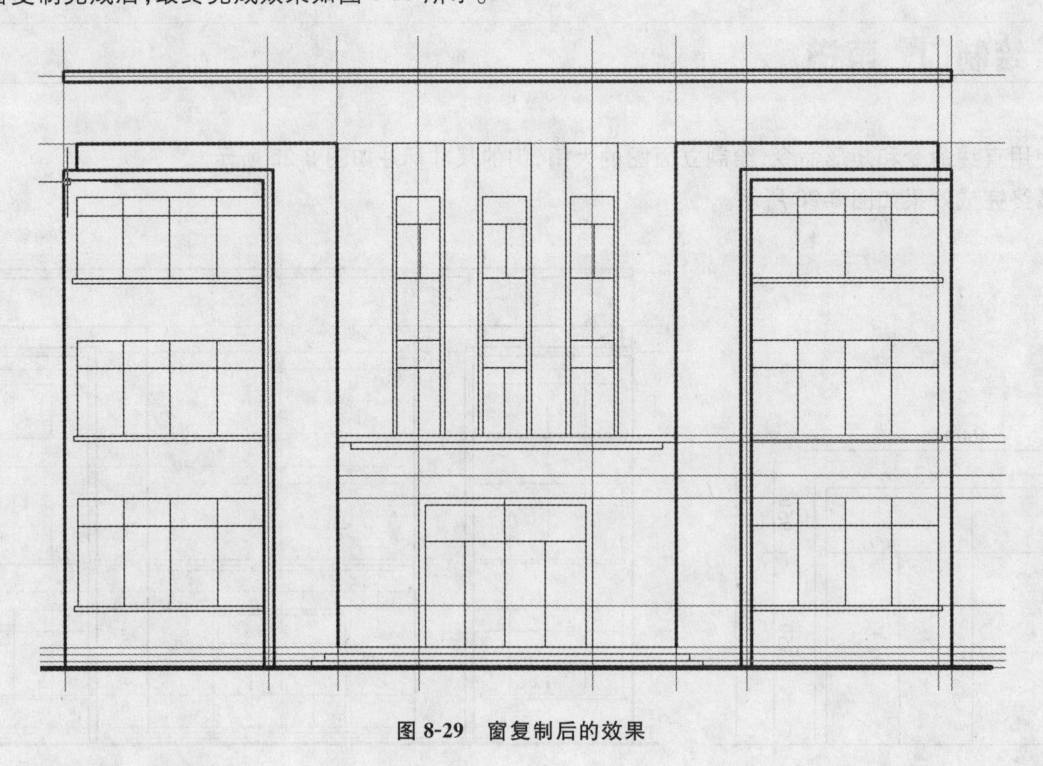

图 8-29 窗复制后的效果

8.3.8 绘制建筑造型

EIGHT

(1) 使用直线工具绘制建筑立面图的墙面造型,如图 8-30 所示。

图 8-30 绘制建筑立面图的墙面造型

(2) 使用直线工具绘制楼顶的造型、楼两侧的雨搭,如图 8-31 所示。

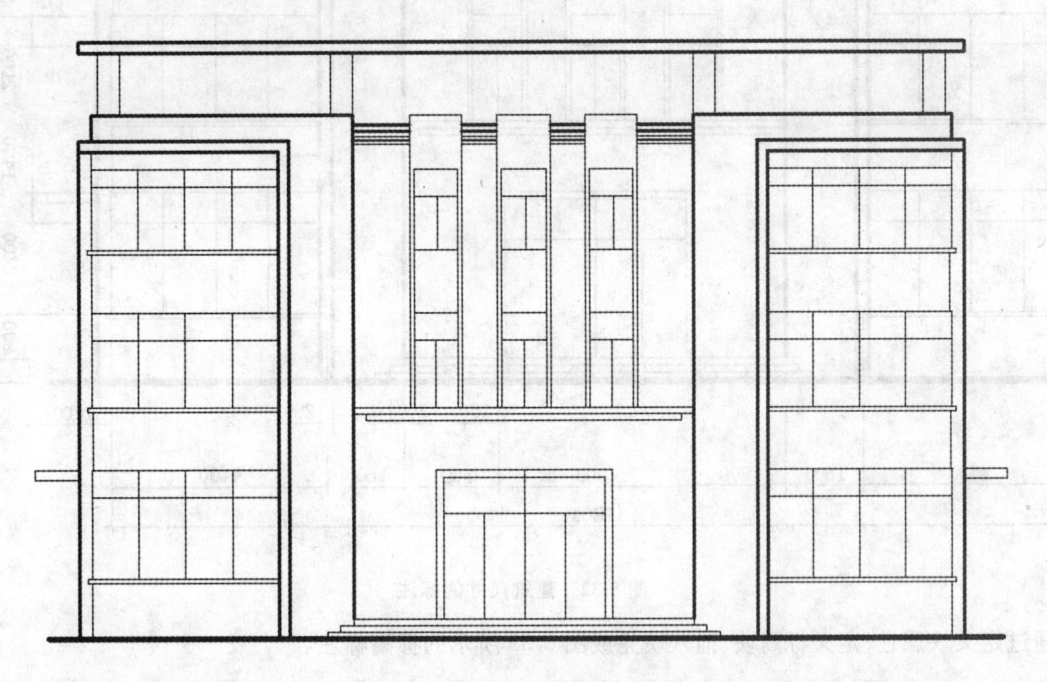

图 8-31 绘制建筑楼顶的造型

8.4 建筑尺寸的标注

(1) 在图层工具栏中设置尺寸标注图层为当前图层 尺寸标注 。

(2) 在标注工具栏中选择线性标注 线性 ,利用捕捉功能,拾取所要标注的轴线端点,并通过鼠标左键拖动尺寸线,将其放置在合适的位置。第一条尺寸线标注完成之后,选择标注工具栏中的连续标注 连续 ,依次拾取其他轴线的端点即可。最终完成效果如图 8-32 所示。

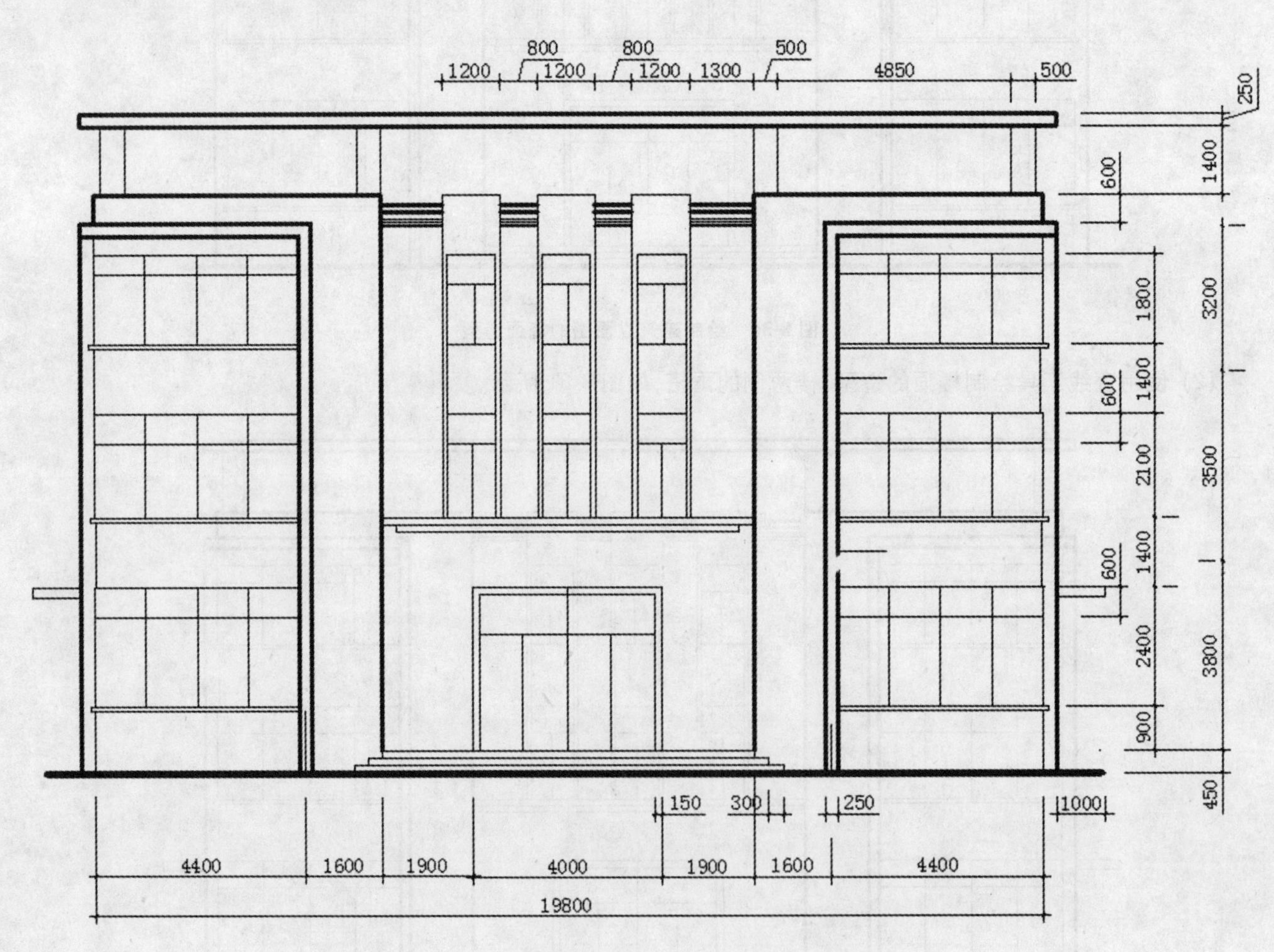

图 8-32 建筑尺寸的标注

(3) 通过定义块属性、定义标高块、插入块完成图 8-33 所示的标高标注。

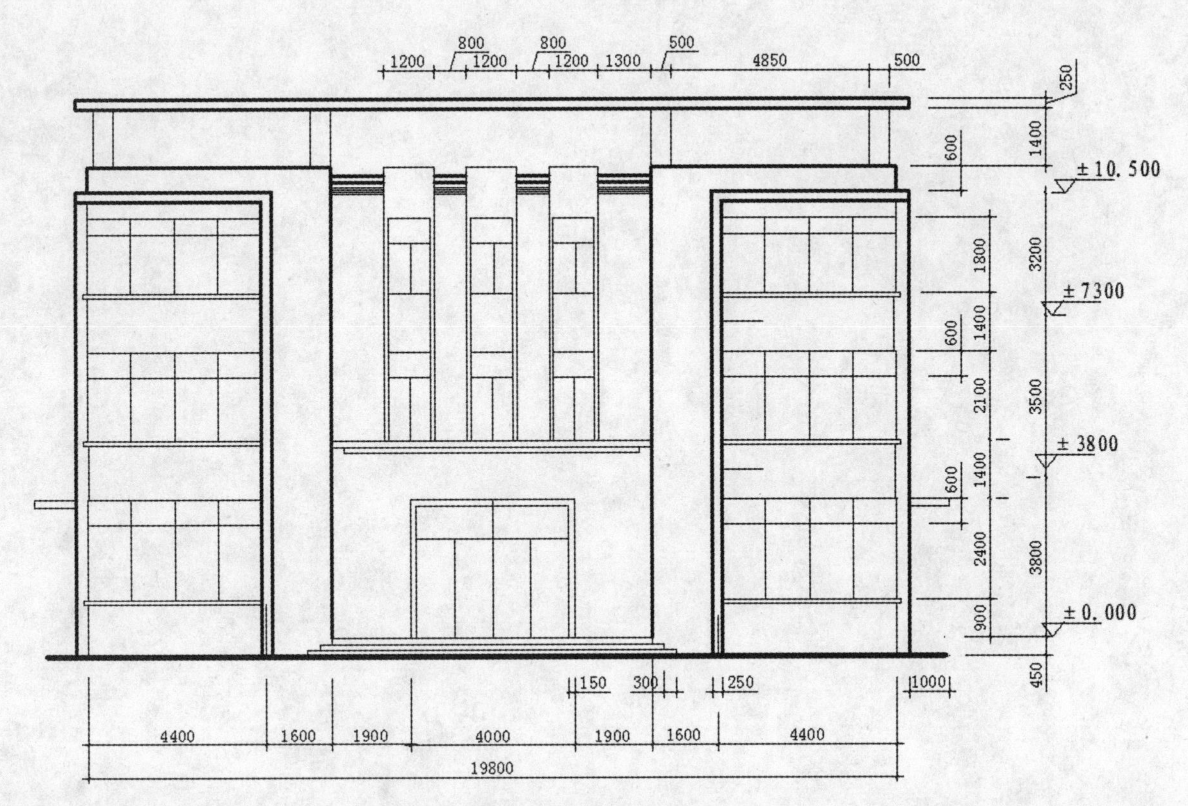

图 8-33 建筑标高的标注

练习题

综合利用所学的绘图知识,绘制图 8-34 所示的立面图。

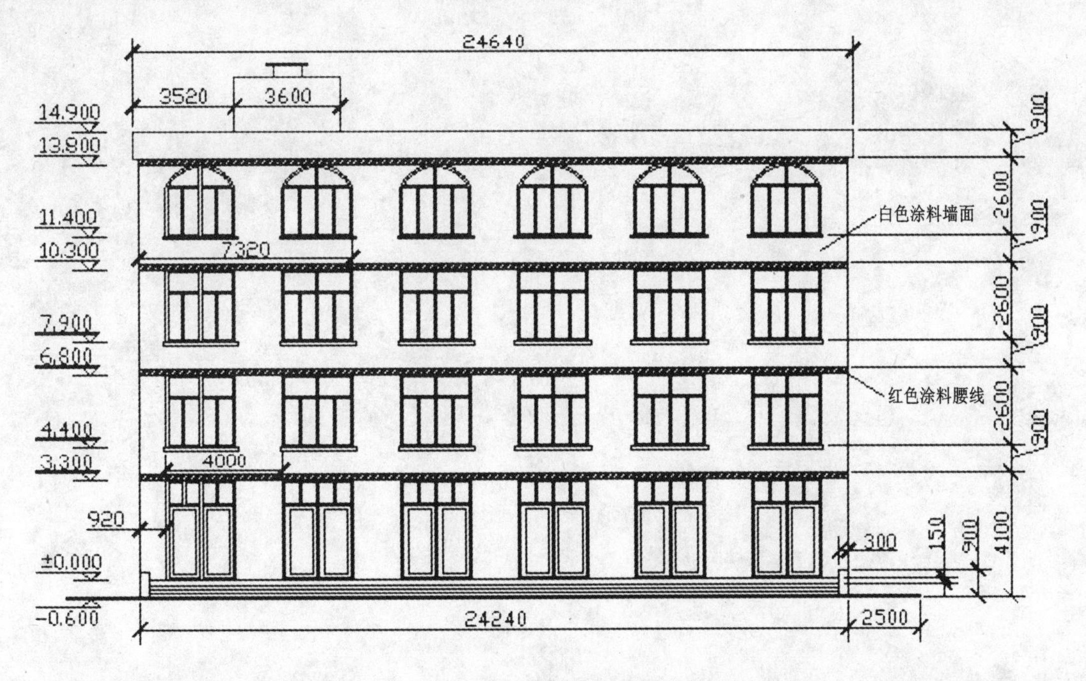

图 8-34 建筑左立面图

第9章

建筑剖面图的绘制

AutoCAD

JIANZHU ZHITU YU

YINGYONG

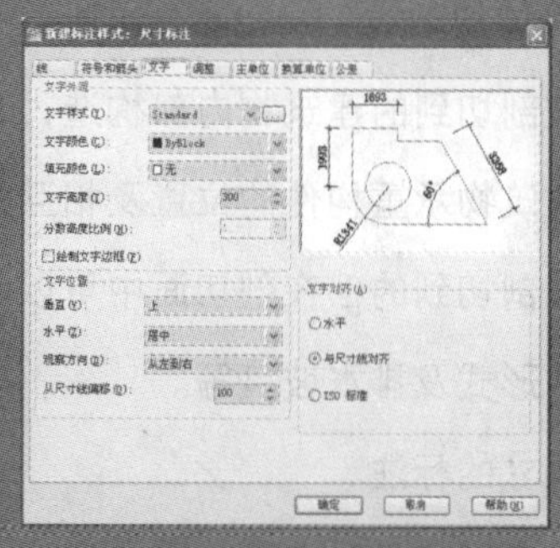

9.1

建筑剖面图概述

建筑剖面图不同于建筑平面图、建筑立面图，它是指建筑物的垂直剖面图。建筑剖面图也是建筑设计中的一个重要组成部分。为表明房屋内部垂直方向的主要结构，假想用一个平行于正立投影面或侧立投影面的竖直剖切面将建筑物垂直剖开，移去处于观察者和剖切面之间的部分，把余下的部分向投影面投射所得投影图，称为建筑剖面图，简称剖面图。

9.1.1 建筑剖面图的作用 ONE

建筑剖面图主要表示建筑物垂直方向的内部构造和结构形式，反映房屋的层次、层高、楼梯、结构形式、层面及内部空间关系等。它与建筑平面图、立面图相配合，是建筑施工图中不可缺少的重要图样之一。

剖面图的剖切位置和数量要根据房屋的具体情况和需表达的部位来确定。剖切位置应选择在内部结构和构造比较复杂或有代表性的部位。剖面图的图名和投影方向应与底层平面图上的标注一致。

9.1.2 建筑剖面图的绘制内容 TWO

建筑剖面图绘制时应包括以下主要内容。

(1) 图名、比例。剖面图的比例与平面图、立面图一致，为了让图示清楚，也可用较大的比例进行绘制。

(2) 定位轴线和轴线编号。剖面图上定位轴线的数量比立面图中多，但一般也不需全部绘制，通常只绘制图中被剖切到的墙体的轴线。

(3) 表示被剖切到的建筑物内部构造，如各楼层地面、内外墙、屋顶、楼梯、阳台等构造。

(4) 表示建筑物承重构件的位置及相互关系，如各层的梁、板、柱及墙体的连接关系等。

(5) 没有被剖切到的但在剖切面中可以看到的建筑物构件，如室内的门窗、楼梯和扶手。

(6) 屋顶的形式及排水坡度等。

(7) 竖向尺寸的标注。

(8) 详细的索引符号和必要的文字说明。

9.2

绘图环境的设置

在开始绘制建筑剖面图前，要先对绘图环境进行相应的设置，做好绘图前的准备。本章是楼梯剖面图综合实例的绘制，其绘图环境的设置主要有绘图单位、绘图界限、图层特性、文字注释样式、尺寸标注样式等。

9.2.1　设置绘图单位　ONE

1. 功能

我们绘制的所有建筑剖面图的图形对象，都是通过工具图形单位实景测量的。在绘制图形之前，必须确定一个图形单位来表示实际图形的大小，并设置坐标、单位格式、精度等。

2. 执行方式

菜单栏：选择"格式"→"单位"命令。

命令行：UNITS。

将打开"图形单位"对话框，如图 9-1 所示。

在长度区域类型中选择小数，精度选择 0。

在角度区域类型中选择十进制度数，精度选择 0。

在"用于缩放插入内容的单位"中选择单位毫米。

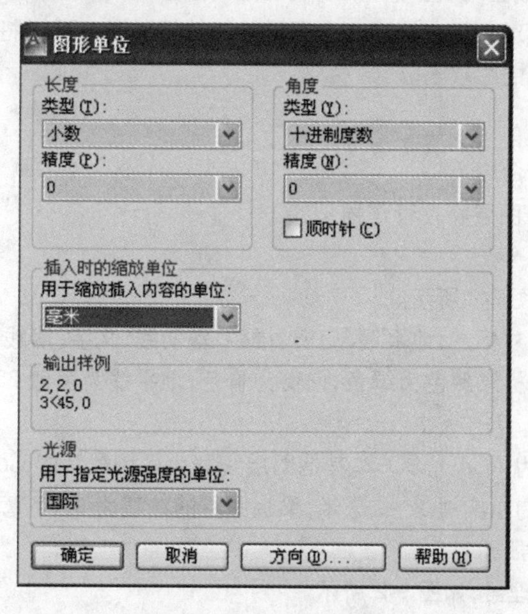

图 9-1　图形单位的设置

9.2.2 设置图形界限 TWO

1. 功能

设置图形界限，可调整模型空间的绘图区域大小。在绘制建筑剖面图时，需要指定图形界限来确定图形环境的范围，并按照实际的单位绘制。

2. 执行方式

菜单栏：单击“格式”→“图形界限”命令。

命令行：LIMITS。

命令行提示信息如下：

命令：LIMITS

重新设置模型空间界限：

指定左下角点或[开(ON)/关(OFF)]<0,0>：0,0

指定右上角点<420,297>：15000,10000

命令：ZOOM

指定窗口的角点，输入比例因子(nX 或 nXP)，或者

[全部(A)/中心(C)/动态(D)/范围(E)/上一个(P)/比例(S)/窗口(W)/对象(O)]<实时>：all

正在重生成模型，将图形界限设置为 15 000 mm×10 000 mm 的范围。

9.2.3 设置图层 THREE

1. 功能

根据图层中的信息以及执行线型、颜色等标准的设置绘制图形。用户可在图层特性中编辑图形中的对象。通过创建图层，可将类型相似的图形对象指定给同一个图层并使其相关联。可以将尺寸标注、地平线、门窗、楼梯、辅助线、文字、墙线、梁板等置于不同的图层上。

2. 执行方式

菜单栏：单击“格式”→“图层”命令。

工具栏：在图层工具栏中单击图层特性管理器按钮。

命令行：LAYER。

在图层特性管理器中设置如图 9-2 所示。

(1) 新建图层，名称分别为尺寸标注、地平线、门窗、楼梯、辅助线、文字、墙线、梁板等。

(2) 设置图层颜色，其中尺寸标注颜色为绿色，门窗为青色，地平线为黑色 250，文字为蓝色，辅助线为红色，楼梯为黑色 250，墙线为黑色 250。

(3) 设置辅助线图层的线型为 ACAD_ISO02，其他图层线型为系统默认的 Continuous。

(4) 设置地平线图层的线宽为粗实线 1.40 毫米，梁板图层的线宽为 0.30 毫米，墙线图层为 0.30 毫米，其他图层的线宽设置为细实线，如图 9-2 所示。

最终设置完成的图层特性管理器，如图 9-2 所示。

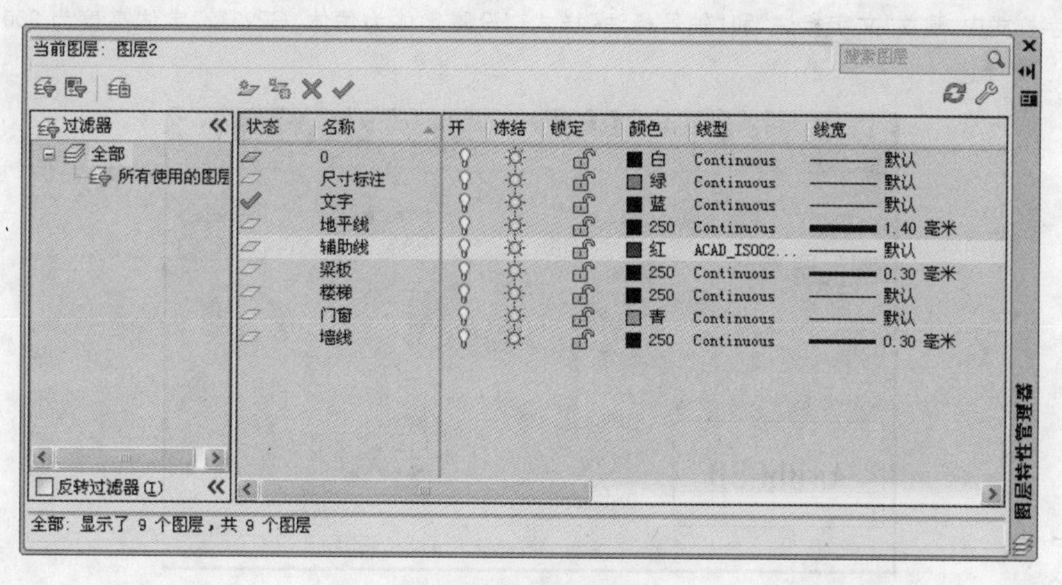

图 9-2 图层特性管理器

9.2.4 设置文字样式 FOUR

在系统中新建一个图形文件之后，将自动建立一个默认的 Standard 文字样式，并且该样式会被自动引用。但是往往标准样式不能够满足用户需求，用户可使用文字样式命令来创建或修改其他的文字样式。

在文字标注中，可以使用单行文字工具，创建单行或多行文字，按回车键结束文字的输入。但是每行的文字都是独立的对象，用户应根据需要将其重新定位、调整格式或进行其他修改。多行文字的标注最好使用多行文字的工具进行标注。

选择“格式”菜单中的“文字样式”，打开“文字样式”对话框并新建文字样式“文字标注”，如图 9-3 所示。

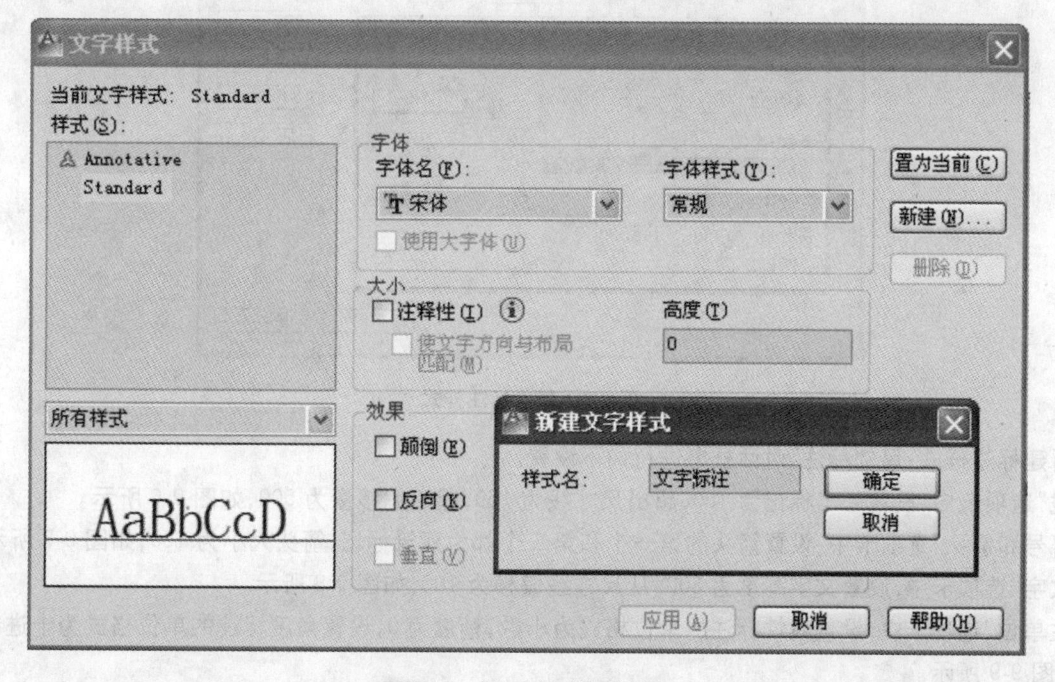

图 9-3 “文字样式”对话框

在文字样式中，建立“文字标注”和“轴号标注”样式。设置字体为仿体_GB2312，字体高度为300，如图9-4所示。

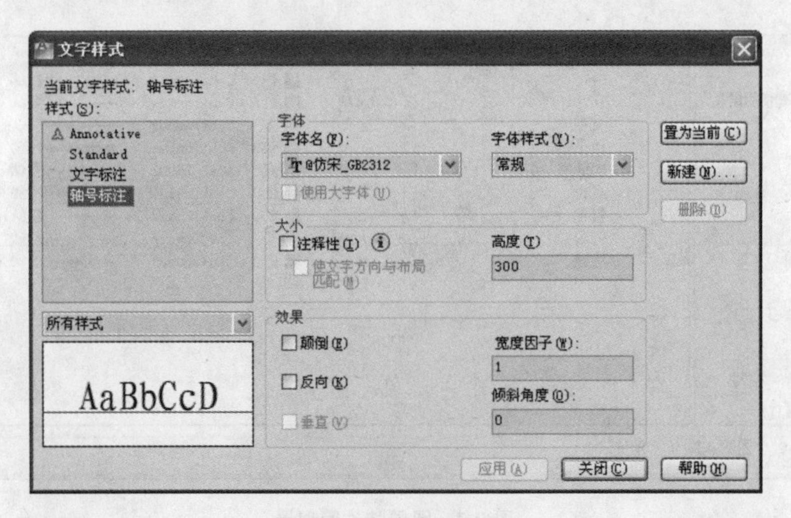

图9-4　文字样式的设置

9.2.5　标注样式

FIVE

单击“格式”菜单中的“标注样式”命令，打开“标注样式管理器”对话框。新建基于ISO-25的标注样式，新样式名为“尺寸标注”，如图9-5所示。

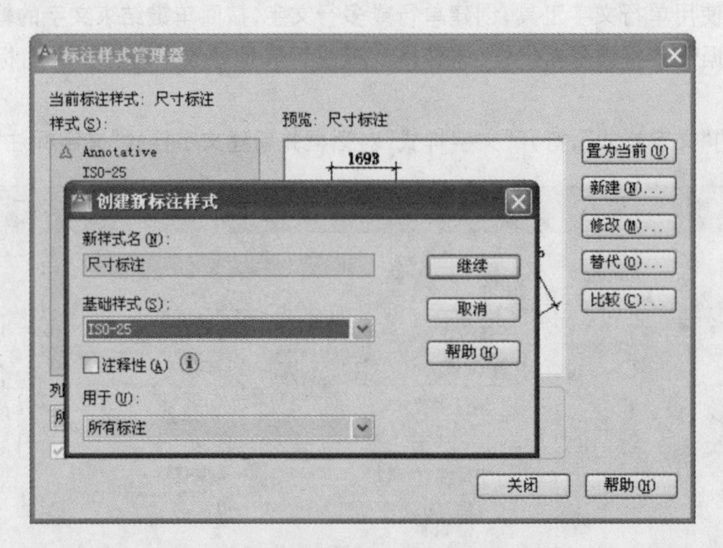

图9-5　新建标注样式

在“新建标注样式：尺寸标注”对话框中进行如下设置。

在“线”选项卡中，设置超出标记为150，超出尺寸线为150，起点偏移量为500，如图9-6所示。

在“符号和箭头”选项卡中，设置箭头的第一个和第二个都为建筑标记，箭头大小为150，如图9-7所示。

在“文字”选项卡中，设置文字高度为300，从尺寸线偏移为100，如图9-8所示。

在“主单位”选项卡中，设置线性标注的单位格式为小数，精度为0，设置角度标注的单位格式为十进制度数，精度为0，如图9-9所示。

完成设置后将此标注样式——尺寸标注设置为当前标注样式，并预览结果，如图9-10所示。

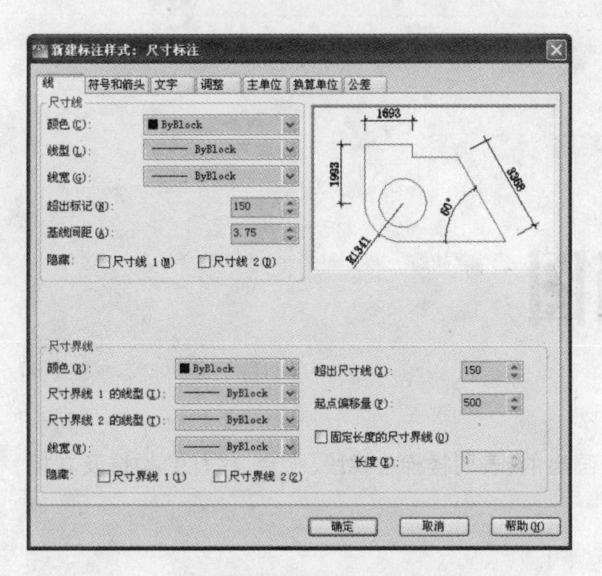

图 9-6 “线”选项卡的设置

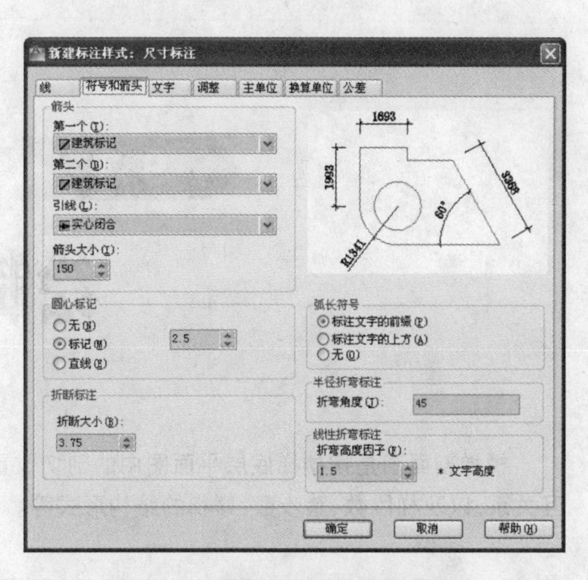

图 9-7 “符号和箭头”选项卡的设置

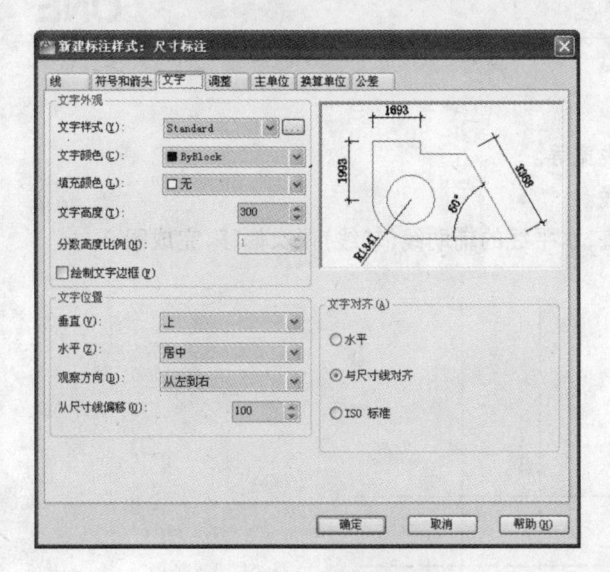

图 9-8 “文字”选项卡的设置

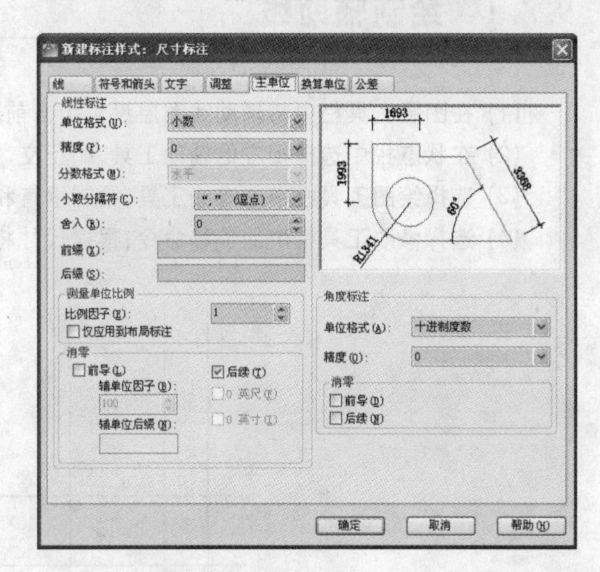

图 9-9 “主单位”选项卡的设置

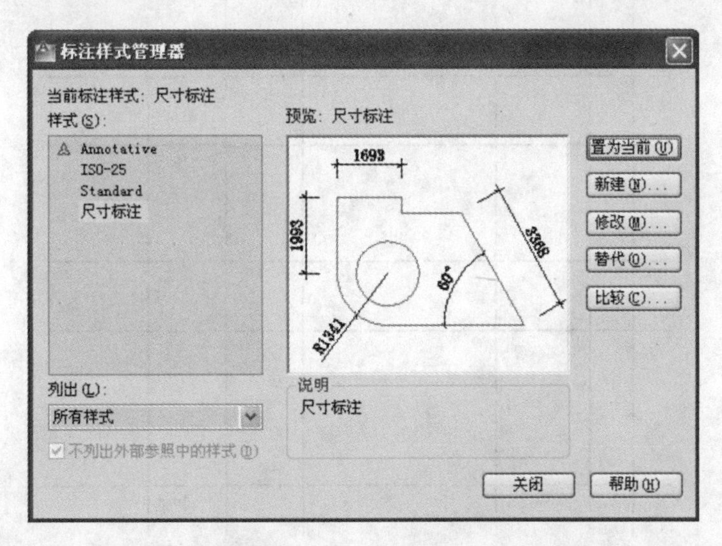

图 9-10 将新建的尺寸标注样式置为当前标注样式

9.3 绘制剖面图

楼梯剖面图是按楼梯底层平面图中的剖切位置和投射方向画出的，表明楼梯各梯段、平台、栏杆的构造及其相互关系，以及梯段数、踏步数、楼梯的结构形式等。

9.3.1 绘制辅助线 ONE

(1) 在图层工具栏中将辅助线图层设置为当前图层。

(2) 在状态栏中选择相应的辅助工具，如正交、捕捉、显示线宽等。

(3) 选择绘图工具栏中的直线工具，绘制垂直和水平辅助线。

(4) 选择修改工具栏中的偏移命令，根据尺寸将第一条垂直、水平线的辅助线(轴线)依次偏移，完成图 9-11。

图 9-11 辅助线网的绘制

9.3.2 绘制地平线、台阶 TWO

(1) 在图层工具栏中将地平线图层设置为当前图层［地平线］。

(2) 在状态栏中选择相应的辅助工具,如正交、捕捉、显示线宽等。

(3) 绘制地平线,如图 9-12 所示。使用绘图工具栏中的直线工具,命令行提示信息如下:

```
命令:LINE(捕捉地平线的起点)
指定下一点或[圆弧(A)/半宽(H)/长度(L)/放弃(U)/宽度(W)]:<正交　开>@700,0
指定下一点或[圆弧(A)/闭合(C)/半宽(H)/长度(L)/放弃(U)/宽度(W)]:3000
命令:LINE
指定下一点或[圆弧(A)/闭合(C)/半宽(H)/长度(L)/放弃(U)/宽度(W)]:@1500,0
```

(4) 绘制入室的楼梯台阶,在图层工具栏中将楼梯图层设置为当前图层。使用多段线命令,信息提示如下:

```
命令:PLINE(捕捉楼梯的起点)
指定下一点或[圆弧(A)/闭合(C)/半宽(H)/长度(L)/放弃(U)/宽度(W)]:150
指定下一点或[圆弧(A)/闭合(C)/半宽(H)/长度(L)/放弃(U)/宽度(W)]:300
指定下一点或[圆弧(A)/闭合(C)/半宽(H)/长度(L)/放弃(U)/宽度(W)]:150
指定下一点或[圆弧(A)/闭合(C)/半宽(H)/长度(L)/放弃(U)/宽度(W)]:300
指定下一点或[圆弧(A)/闭合(C)/半宽(H)/长度(L)/放弃(U)/宽度(W)]:150
指定下一点或[圆弧(A)/闭合(C)/半宽(H)/长度(L)/放弃(U)/宽度(W)]:300
指定下一点或[圆弧(A)/闭合(C)/半宽(H)/长度(L)/放弃(U)/宽度(W)]:150
指定下一点或[圆弧(A)/闭合(C)/半宽(H)/长度(L)/放弃(U)/宽度(W)]:300
```

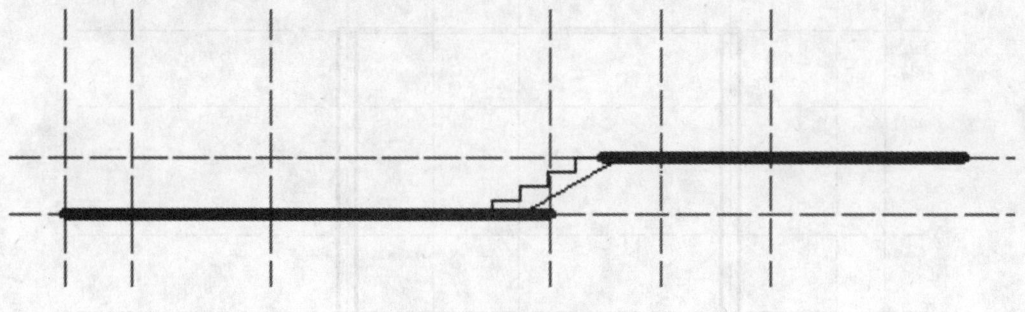

图 9-12　绘制地平线、台阶

9.3.3 绘制墙线、楼板 THREE

(1) 选择“格式”菜单中的“多线样式”命令,弹出“多线样式”对话框,单击该对话框中的“新建”按钮,打开“创建新的多线样式”对话框,在该对话框中的“新样式名”文本框中输入“墙线”,单击“继续”按钮,在弹出的“新建多线样式:墙线”对话框中设置图元偏移为 120、-120,并将其设置为当前多线样式,如图 9-13 所示。

(2) 在图层工具栏中将墙线图层设置为当前图层。

(3) 在状态栏中选择相应的辅助工具,如正交、捕捉、显示线宽等。

(4) 选择绘图工具栏中的多线、直线工具,绘制墙线和楼板,如图 9-14 所示。命令行提示信息如下:

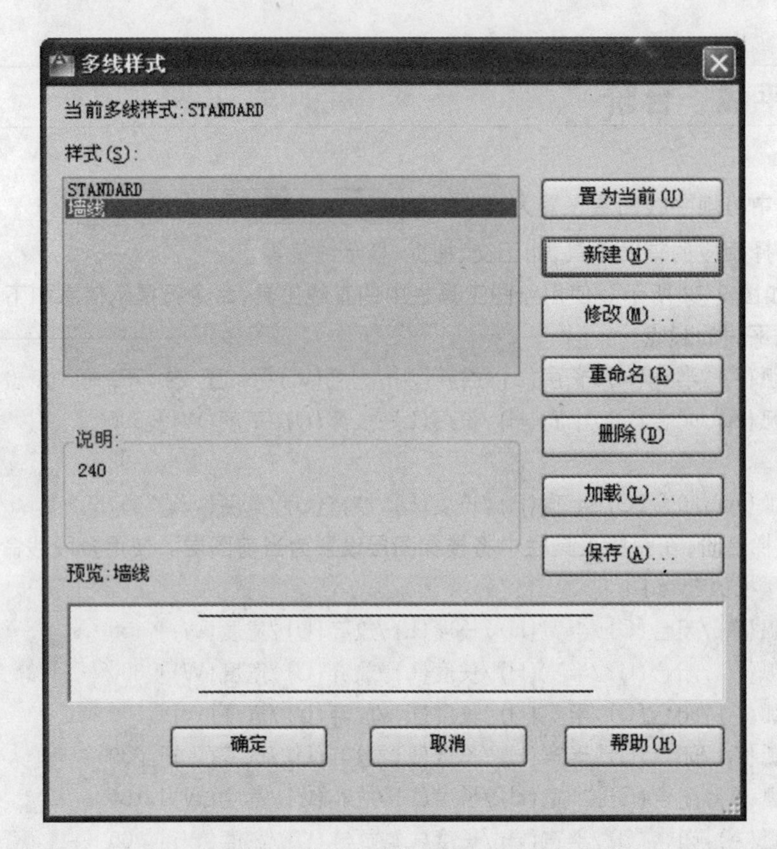

图 9-13　将多线样式墙线设置为当前多线样式

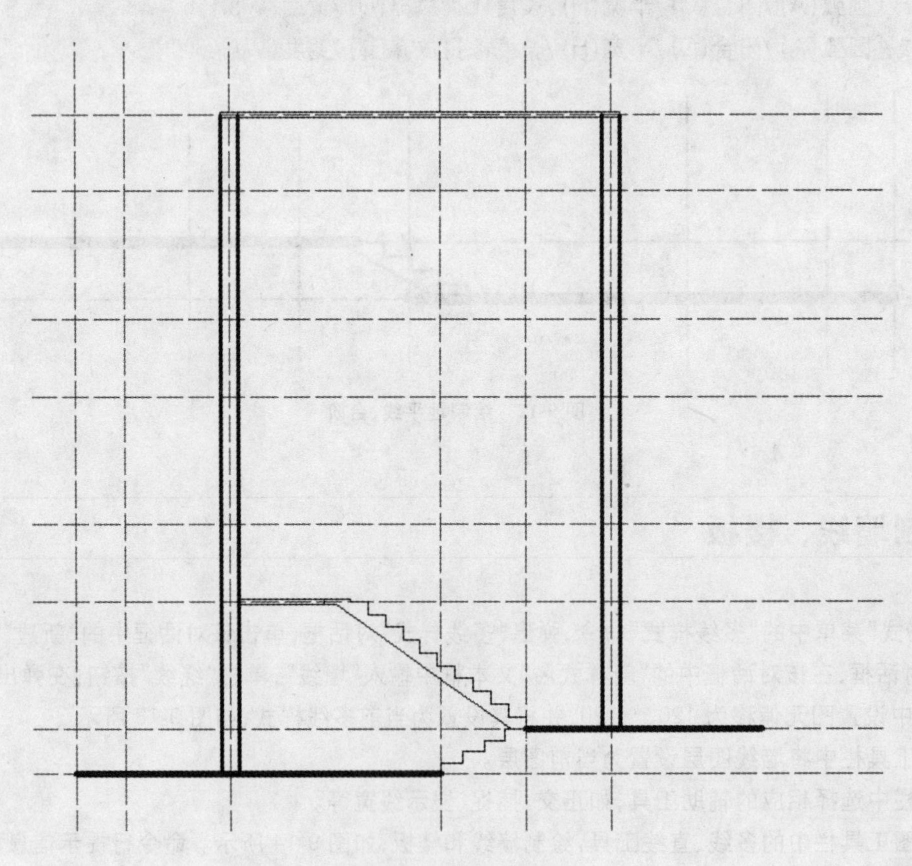

图 9-14　绘制墙、楼板

```
命令:MLINE
当前设置:对正=无,比例=20,样式=stands
指定起点或[对正(J)/比例(S)/样式(ST)]:st
输入多线样式<stands>:墙线
指定起点或[对正(J)/比例(S)/样式(ST)]:j
输入对正类型[上(T)/无(Z)/下(B)]<无>:z
指定起点或[对正(J)/比例(S)/样式(ST)]:s
输入多线比例<1.00>:1
```

通过捕捉辅助线的交叉点,绘制墙线。

```
命令:MLINE
当前设置:对正=无,比例=1.00,样式=楼板
指定起点或[对正(J)/比例(S)/样式(ST)]:s
输入多线比例<1.00>:1
当前设置:对正=无,比例=1.00,样式=楼板
指定起点或[对正(J)/比例(S)/样式(ST)]:st
```

通过捕捉辅助线的交叉点,绘制楼板。

9.3.4 绘制楼梯 FOUR

楼梯主要由各梯阶、平台、栏杆来构造,其中楼梯的梯阶数为 10 级,每个梯阶的高度为 175 mm,每个梯阶的宽度为 250 mm,扶手的高度为 900 mm。

(1) 在图层工具栏中将墙线图层设置为当前图层。

(2) 在状态栏中选择相应的辅助工具,如正交、捕捉、显示线宽等。

(3) 选择绘图工具栏中的多线、直线工具,绘制楼梯。

(4) 选择绘图工具栏中的多线、直线工具,绘制楼梯的一个扶手高度栏杆。

(5) 使用编辑工具栏中的路径阵列工具,完成楼梯扶手的绘制,如图 9-15 所示。在命令行中提示信息如下:

```
命令:_arraypath
选择对象:找到 1 个    (选择垂直栏杆)
选择对象:    (确定选择结束)
类型=路径  关联=是
选择路径曲线:    (选择楼梯横向栏杆作为阵列路径)
输入沿路径的项数或[方向(O)/表达式(E)]<方向>:10    (输入阵列的数量 10)
指定沿路径的项目之间的距离或[定数等分(D)/总距离(T)/表达式(E)]<沿路径平均定数等分(D)>:
按 Enter 键接受或[关联(AS)/基点(B)/项目(I)/行(R)/层(L)/对齐项目(A)/Z 方向(Z)/退出(X)]<退出>:
*取消*
```

(6) 镜像楼梯和楼梯扶手,完成效果如图 9-16 所示。复制楼梯、楼梯扶手如图 9-17 所示。

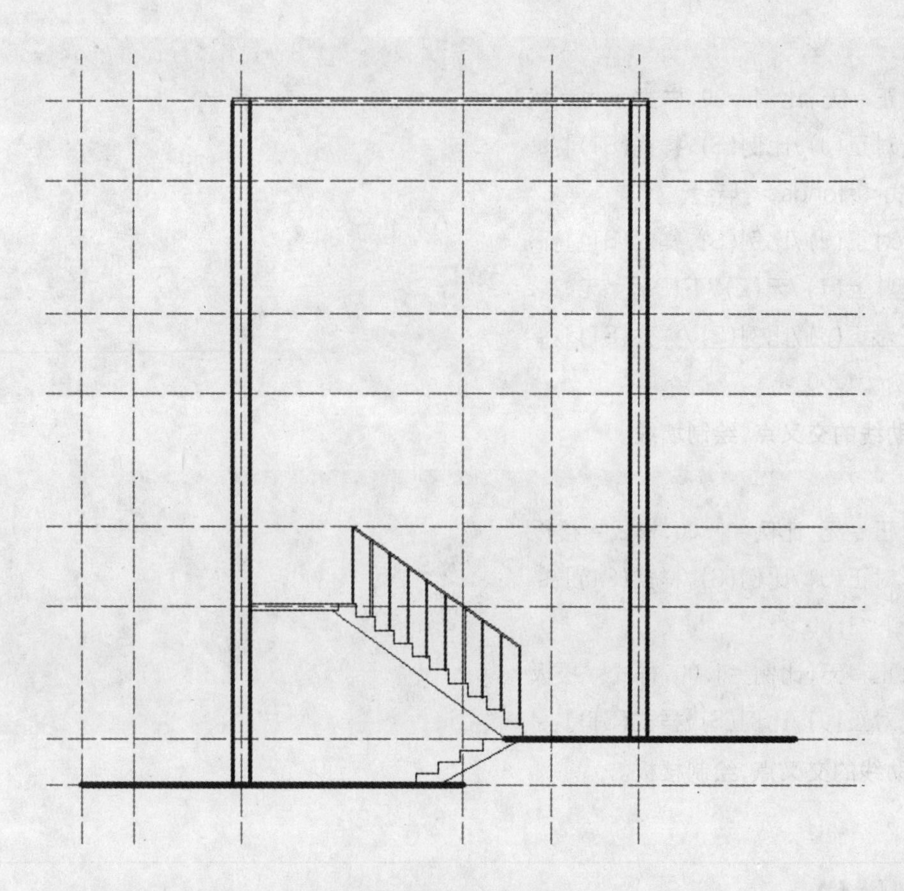

图 9-15　楼梯扶手的绘制

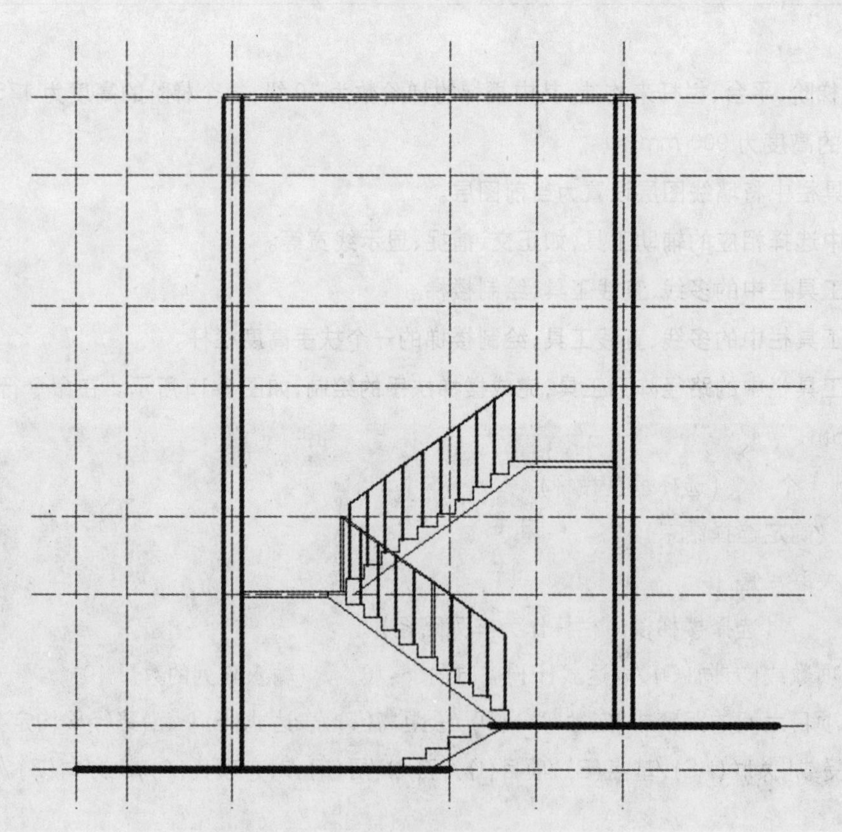

图 9-16　楼梯、楼梯扶手的镜像

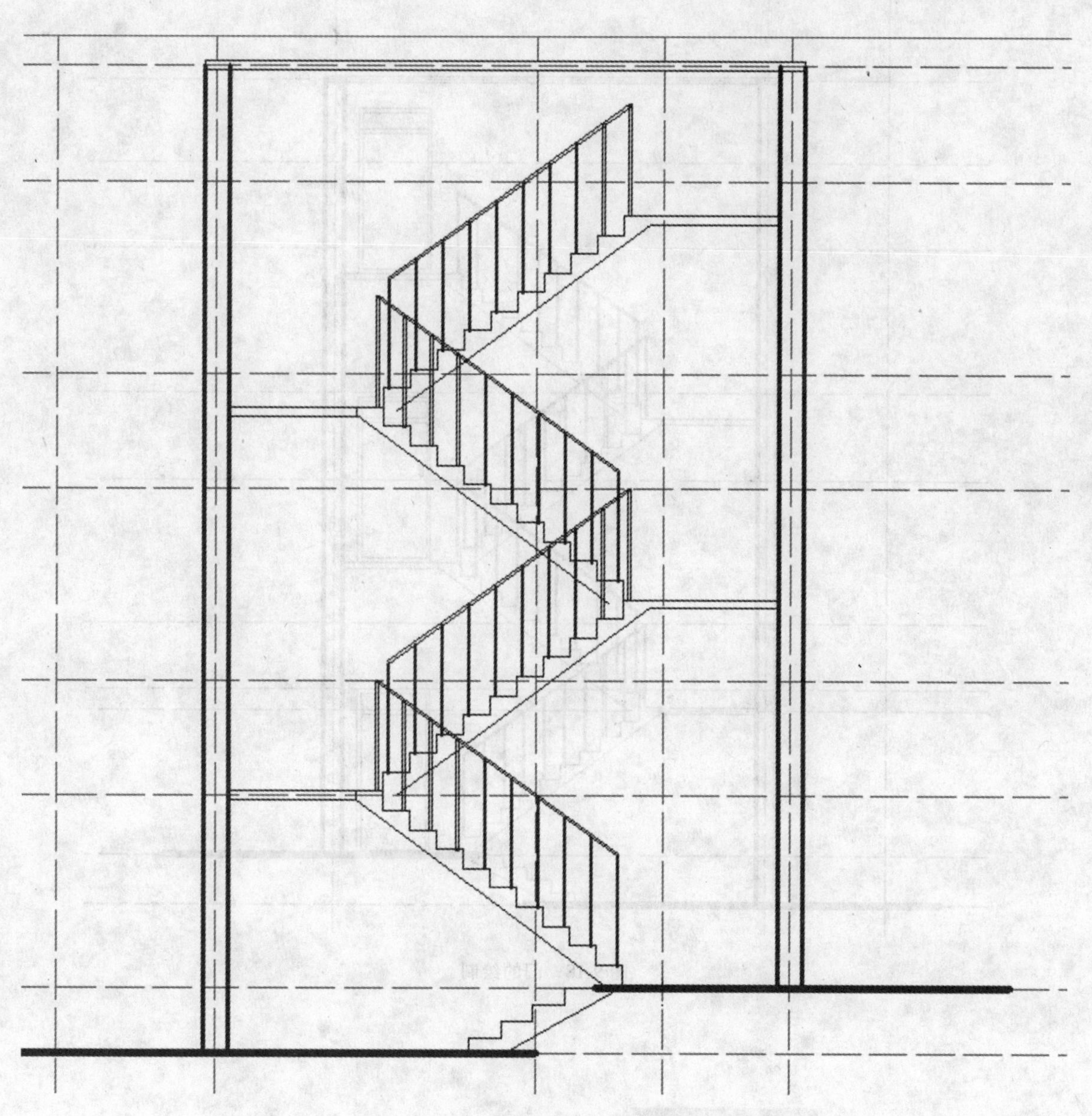

图 9-17 楼梯、楼梯扶手的复制

9.4 绘制门

使用矩形、直线工具绘制门(2000 mm×900 mm),并复制门到相应位置,完成效果如图 9-18 所示。

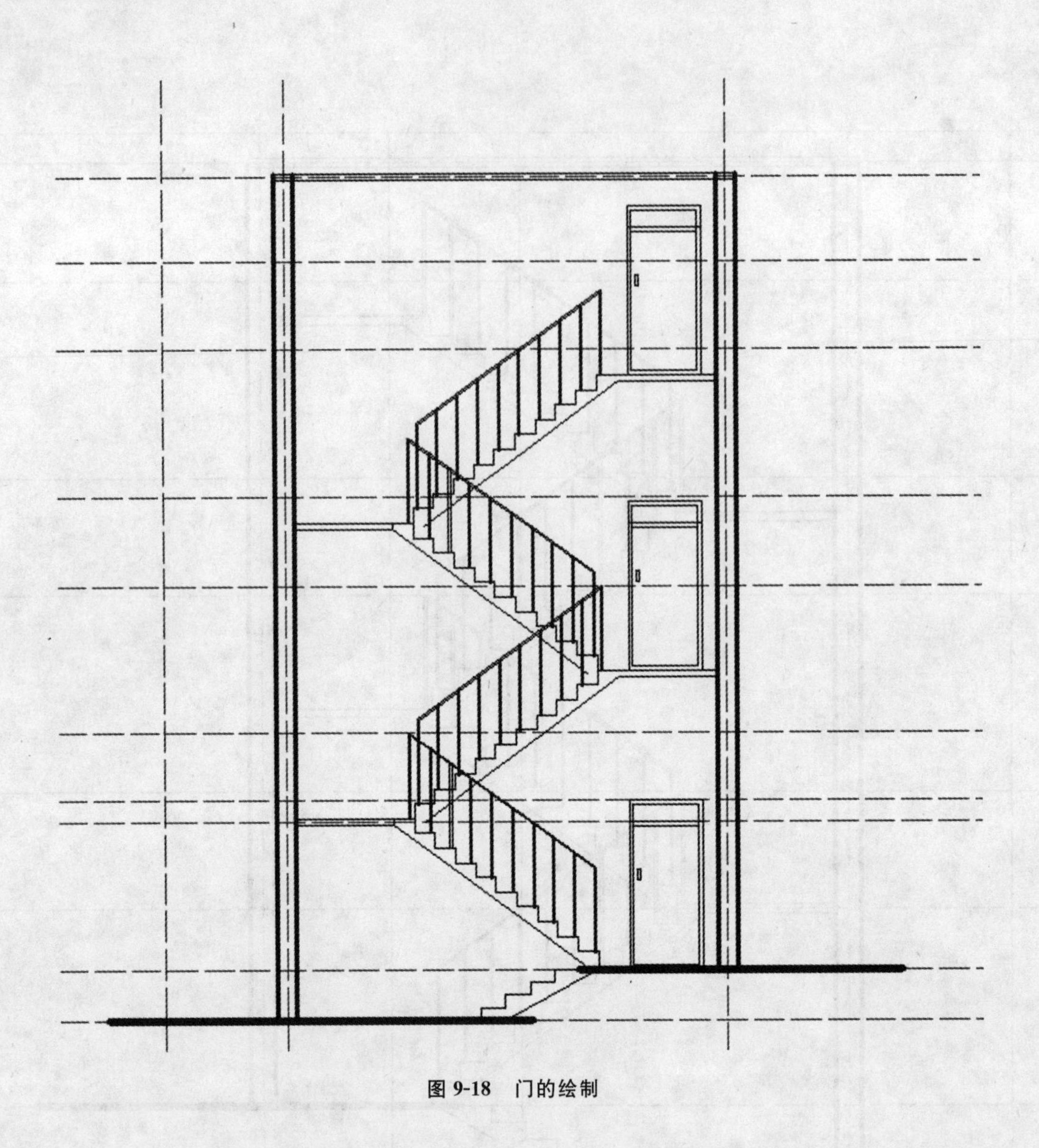

图 9-18　门的绘制

9.5

绘制窗

(1) 使用偏移命令和修剪命令绘制窗洞口。

(2) 选择“格式”菜单中的“多线样式”命令,建立多线样式名称“窗”,图元偏移为 120、40、－40、－120,直线封口为起点、端点,如图 9-19 所示。

(3) 用多线工具重复绘制窗,完成效果如图 9-20 所示。

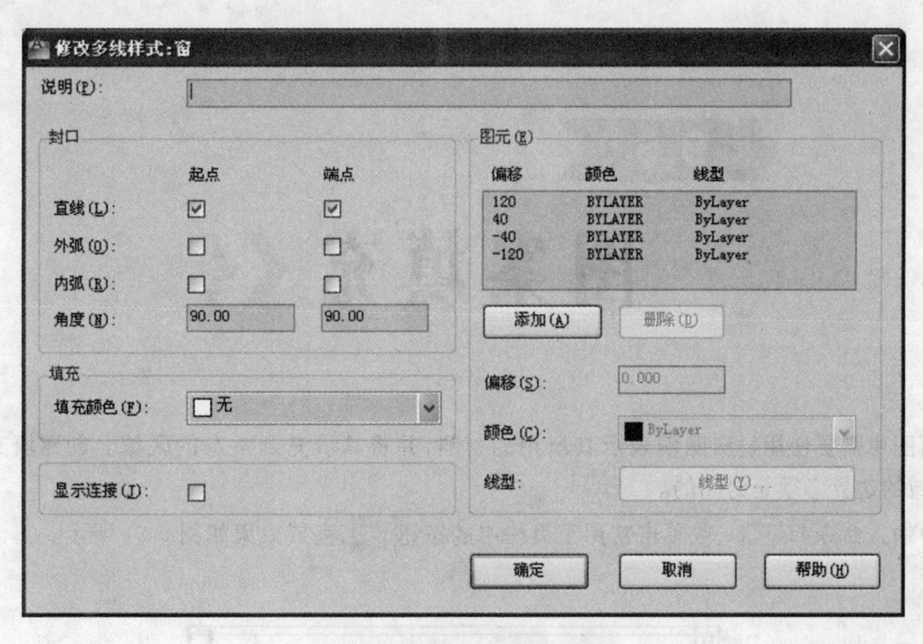

图 9-19　多线样式“窗”的设置

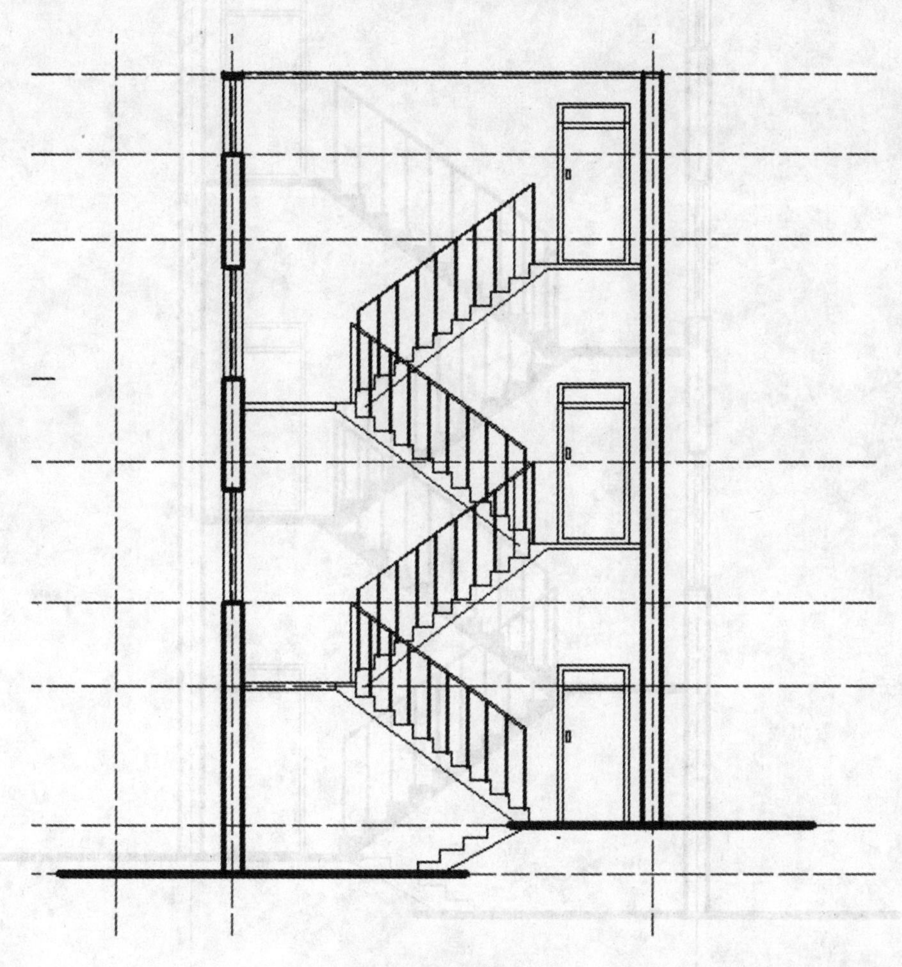

图 9-20　窗的绘制

9.6 图案填充

在建筑剖面图中需要使用材料图例表示其所用的材料，并将其填充到指定的区域。创建填充图案图形的区域，要求这个区域的边界必须是封闭的。

在命令行中输入命令 HATCH，或单击常用工具栏中的按钮，完成效果如图 9-21 所示。

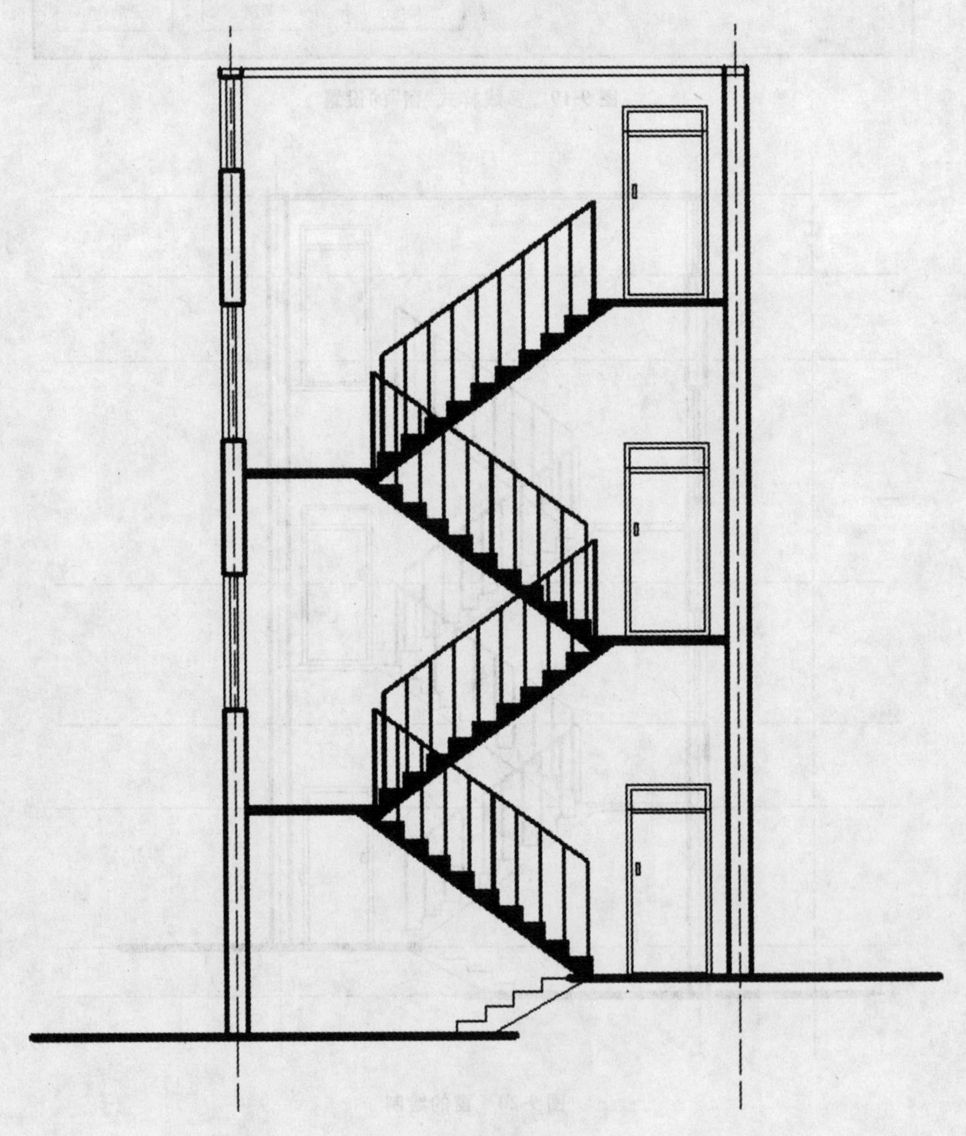

图 9-21　图案的填充

9.7

尺寸标注

画出建筑剖面图的各部分尺寸与标高。剖面图应标注出室外地面以上的总高尺寸、层高尺寸、门窗洞及台阶的高度尺寸，剖面图还应标注室内外地面、楼层板、平台等处的标高。

(1) 在图层工具栏中设置尺寸标注图层为当前图层 尺寸标注 。

(2) 在标注工具栏中选择线性标注 线性 ，利用捕捉功能，拾取所要标注的轴线端点，并通过鼠标左键拖动尺寸线，将其放置在合适的位置。第一条尺寸线标注完成之后，选择标注工具栏中的连续标注 连续 ，依次拾取其他轴线的端点即可，如图 9-22 所示。

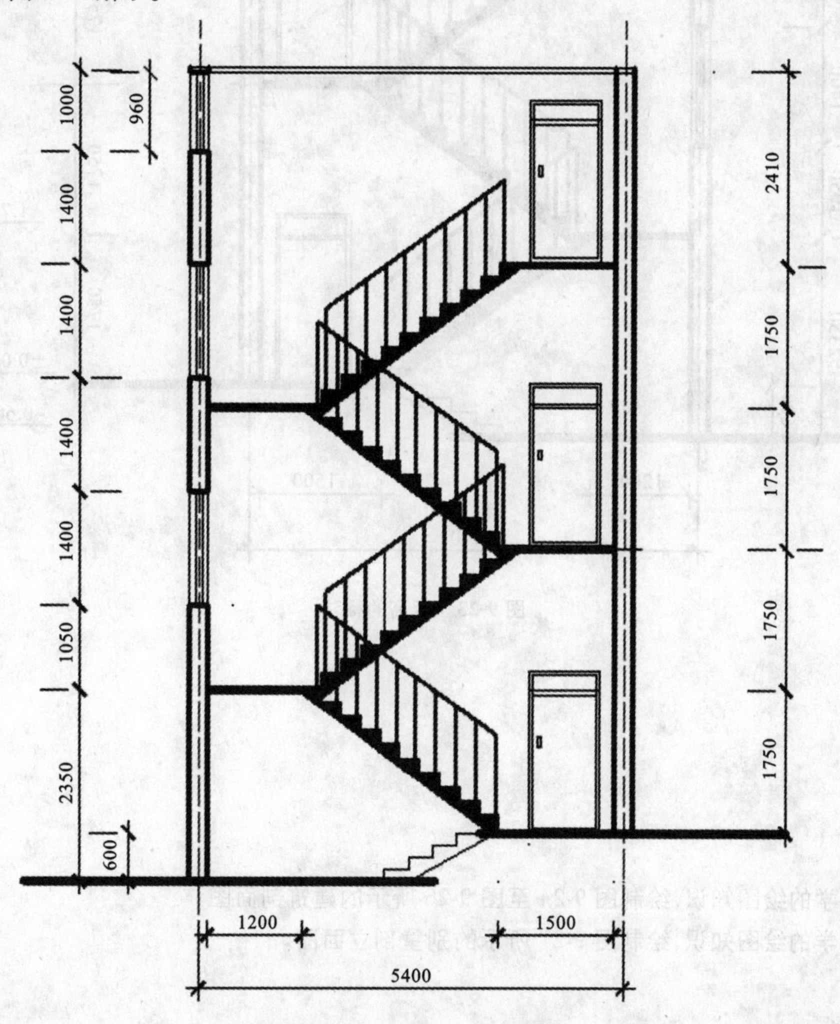

图 9-22 尺寸标注

(3) 通过定义块属性、定义标高块、插入块完成图 9-23 所示的标高标注。

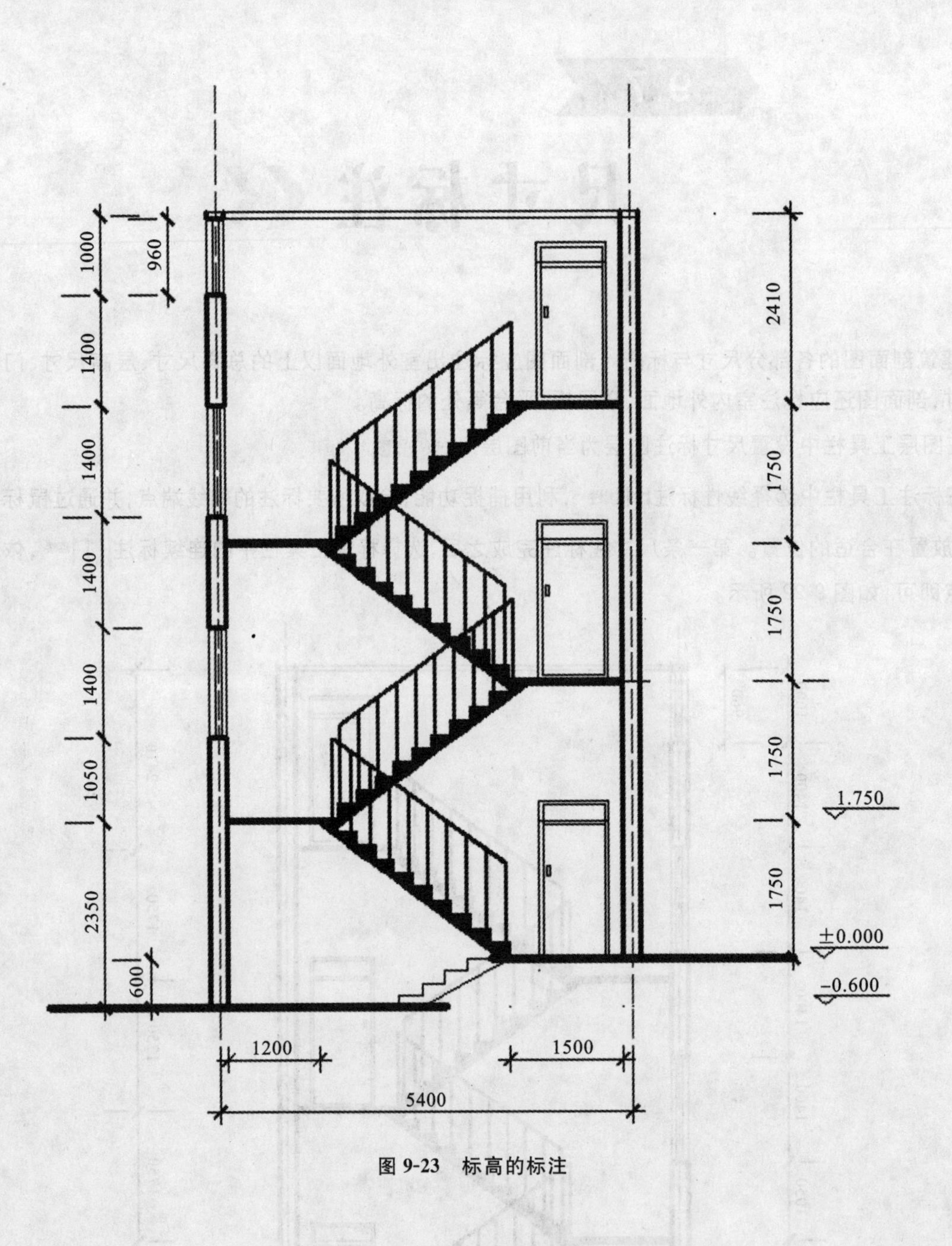

图 9-23　标高的标注

练 习 题

1. 综合利用所学的绘图知识,绘制图 9-24 至图 9-26 所示的建筑剖面图。
2. 综合利用所学的绘图知识,绘制图 9-27 所示的别墅剖立面图。

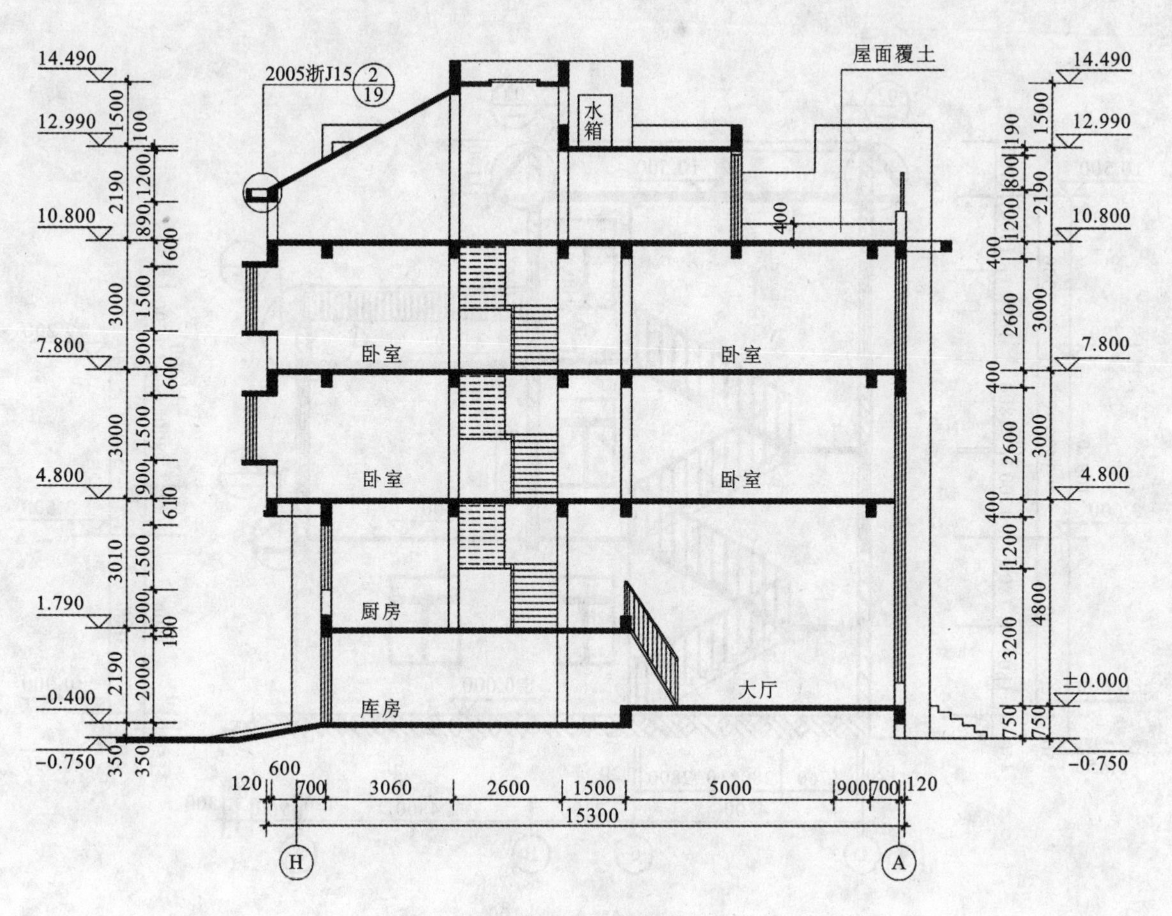

图 9-24 建筑剖面图(1)

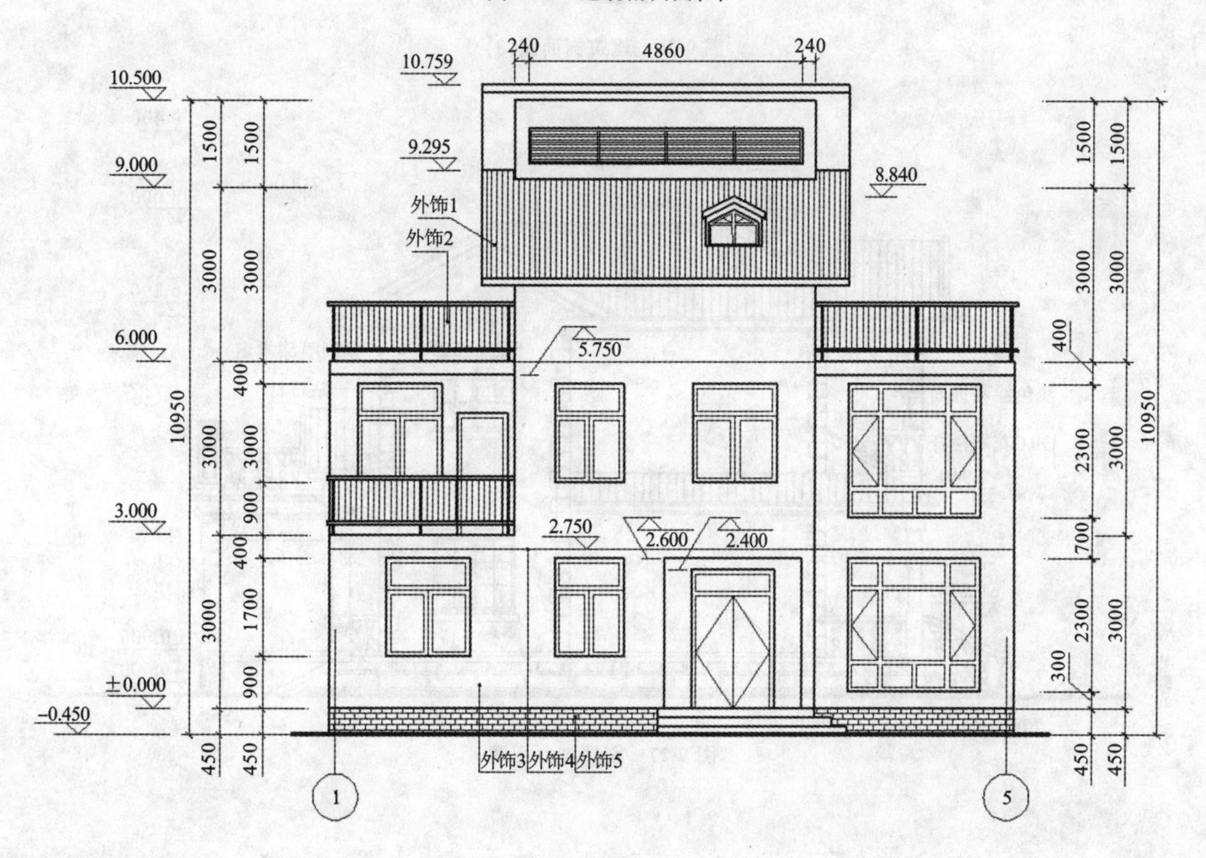

图 9-25 建筑剖面图(2)

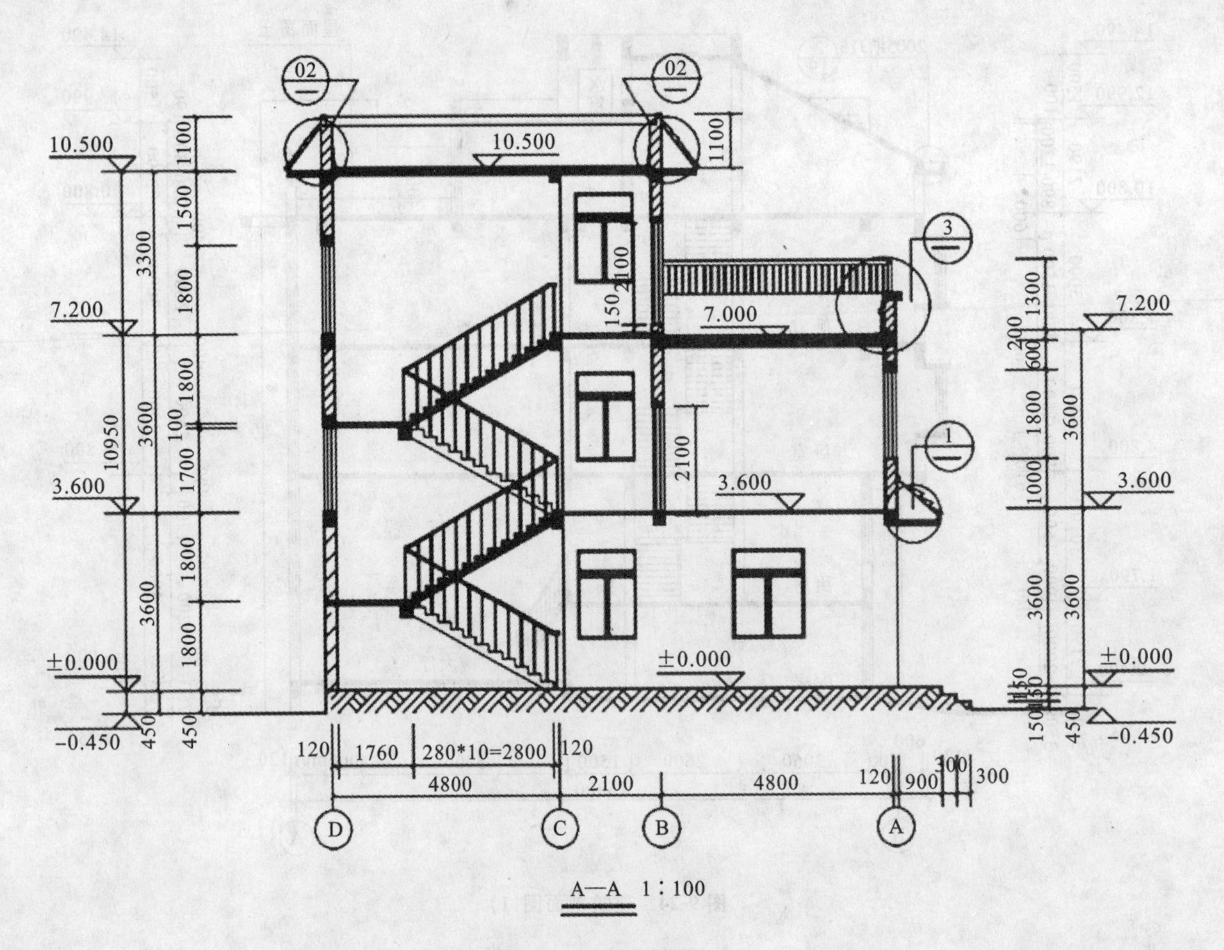

图 9-26 建筑剖面图(3)

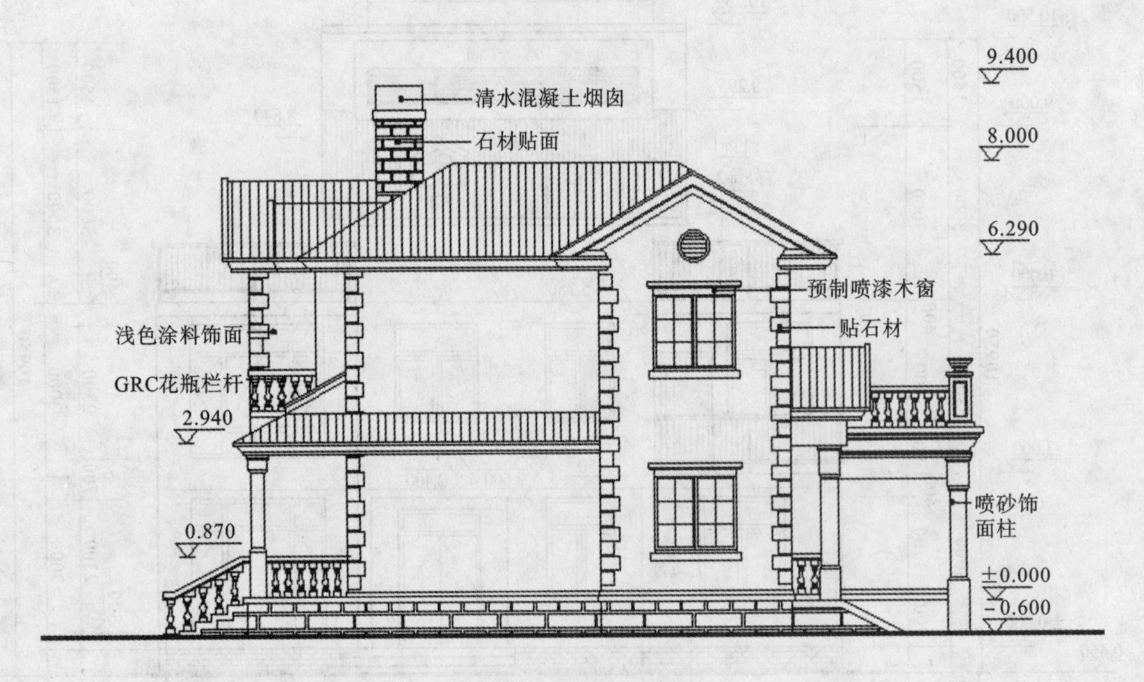

图 9-27 别墅剖立面图

附录 AutoCAD常用知识

AutoCAD

JIANZHU ZHITU YU YINGYONG

1. 常用功能键

F1:获取帮助。

F2:实现作图窗口和文本窗口的切换。

F3:控制是否实现对象自动捕捉。

F4:数字化仪控制。

F5:等轴测平面切换。

F6:控制状态行上坐标的显示方式。

F7:栅格显示模式控制。

F8:正交模式控制。

F9:捕捉模式控制。

F10:极轴追踪模式控制。

F11:对象捕捉追踪模式控制。

2. 快捷组合键

Ctrl+A:选择图形中的对象。

Ctrl+B:捕捉模式控制(F9)。

Ctrl+C:将选择的对象复制到剪贴板。

Ctrl+F:控制是否实现对象自动捕捉(F3)。

Ctrl+G:栅格显示模式控制(F7)。

Ctrl+J:重复执行上一步命令(回车)。

Ctrl+K:超级链接。

Ctrl+L:正交模式控制(F8)。

Ctrl+N:新建图形文件。

Ctrl+M:打开选项对话框。

Ctrl+1:打开特性对话框。

Ctrl+2:打开图像资源管理器。

Ctrl+6:打开数据库连接管理器。

Ctrl+O:打开图形文件。

Ctrl+R:在布局视口之间循环。

Ctrl+P:打开打印对话框。

Ctrl+S:保存文件。

Ctrl+U:极轴追踪模式控制(F10)。

Ctrl+V:粘贴剪贴板上的内容。

Ctrl+W:选择循环。

Ctrl+X:剪切所选择的内容。

Ctrl+Y:重做。

Ctrl+Z:取消前一步的操作。

3. 常用命令功能表

序号	命令说明	命令	快捷键	序号	命令说明	命令	快捷键
1	画线	LINE	L	3	双线	MLINE	ML
2	参照线	XLINE	XL	4	多段线	PLINE	PL

续表

序号	命令说明	命令	快捷键	序号	命令说明	命令	快捷键
5	多边形	POLYGON	POL	39	连续标注	DIMCONTINUE	DCO
6	绘制矩形	RECTANG	REC	40	基线标注	DIMBASELINE	DBA
7	画弧	ARC	A	41	斜线标注	DIMALIGNED	DAL
8	画圆	CIRCLE	C	42	半径标注	DIMRADIUS	DRA
9	曲线	SPLINE	SPL	43	直径标注	DIMDIAMETER	DDI
10	椭圆	ELLIPSE	EL	44	角度标注	DIMANGULAR	DAN
11	插入图块	INSERT	I	45	公差	TOLERANCE	TOL
12	定义图块	BLOCK	B	46	圆心标注	DIMCENTER	DCE
13	画点	POINT	PO	47	引线标注	QLEADER	LE
14	填充实体	HATCH	H	48	快速标注	QDIM	
15	面域	REGION	REG	49	标注编辑	DIMEDIT	
16	多行文本	MTEXT	MT,－T	50	标注更新	DIMTEDIT	
17	删除实体	ERASE	E	51	标注设置	DIMSTYLE	D
18	复制实体	COPY	CO,CP	52	编辑填充	HATCHEDIT	HE
19	镜像实体	MIRROR	MI	53	编辑多段线	PEDIT	PE
20	偏移实体	OFFSET	O	54	编辑曲线	SPLINEDIT	SPE
21	图形阵列	ARRAY	AR	55	编辑双线	MLEDIT	MLE
22	移动实体	MOVE	M	56	编辑参照	ATTEDIT	ATE
23	旋转实体	ROTATE	RO	57	编辑文字	DDEDIT	ED
24	比例缩放	SCALE	SC	58	图层管理	LAYER	LA
25	拉伸实体	STRETCH	S	59	属性复制	MATCHPROP	MA
26	拉长线段	LENGTHEN	LEN	60	属性编辑	PROPERTIES	CH,MO
27	修剪	TRIM	TR	61	新建文件	NEW	Ctrl＋N
28	延伸实体	EXTEND	EX	62	打开文件	OPEN	Ctrl＋O
29	打断线段	BREACK	BR	63	保存文件	SAVE	Ctrl＋S
30	倒角	CHAMFER	CHA	64	回退一步	UNDO	U
31	倒圆	FILLET	F	65	实时平移	PAN	P
32	分解	EXPLODE	EX,XP	66	实时缩放	ZOOM＋[ ]	Z＋[ ]
33	图形界限	LIMITS		67	窗口缩放	ZOOM＋W	
34	建内部图块	BLOCK	B	68	恢复视窗	ZOOM＋P	
35	建外部图块	WBLOCK	W	69	计算距离	DIST	DI
36	跨文件复制	COPYCLIP	Ctrl＋C	70	打印预览	PRINT/PLOT	Ctrl＋P
37	跨文件粘贴	PASTECLIP	Ctrl＋V	71	定距等分	PREVIEW	PRE
38	两点标注	DIMLINEAR	DLI	72	定数等分	MEASURE	ME

续表

序号	命令说明	命令	快捷键	序号	命令说明	命令	快捷键
73	图形界限	DIVIDE	DIV	107	实体着色	SHADEMODE	SHA
74	对象临时捕捉	TT	TT	108	设置光源	LIGHT	
75	参照捕捉点	FROM		109	设置场景	SCENE	
76	捕捉最近端点	ENDP		110	设置材质	RMTA	
77	捕捉中心点	MID		111	渲染	RENDER	RR
78	捕捉交点	INT		112	二维厚度	ELEV	
79	捕捉外观交点	APPINT		113	三维多段线	3DPOLY	3P
80	捕捉延长线	EXTRUDE	EXT	114	曲面分段数	SURFTAB(1或2)	
81	捕捉圆心点	CEN		115	控制填充	FILL	
82	捕捉象限点	QUA		116	重生成	REGEN	
83	捕捉垂点	PER		117	网线密度	ISOLINES	
84	捕捉最近点	NEA		118	立体轮廓线	SISPSILH	
85	无捕捉	NON		119	高亮显被选	HIGHLIGHT	
86	建立用户坐标	UCS		120	插入图块	INSERT	I
87	打开 UCS 选项	DDUCS	US	121	对象特性	PROPERTIES	MO
88	消隐对象	HIDO	HI	122	草图设置	DSETTINGS	DS,SE
89	互交 3D 观察	3DORBIT	3DO	123	鸟瞰视图	DSVIEWER	
90	表面基本形体	3D		124	创建新布局	LAYOUT	LO
91	三维旋转	ROTATE	RO	125	设置线型	LINETYPE	LT
92	三维阵列	3DARRAY	3D	126	线型比例	LTSCALE	LTS
93	三维镜像	MIRROR		127	属性格式刷	MATCHPROP	MA
94	三维对齐	ALIGN	AL	128	加载菜单	MENU	
95	拉伸实体	EXTRUDE		129	图纸转模型	MSPACE	MS
96	旋转实体	REVOLVE	REV	130	模型转图纸	PSPACE	PS
97	并集实体	UNION	UNI	131	设自动捕捉	OSNAP	OS
98	长方体	BOX		132	删没用图层	PURGE	PU
99	圆柱体	CYLINDER	CYL	133	自定义工具栏	TOOLBAR	TO
100	楔体	WEDGE	WE	134	命名视图	VIEW	V
101	圆锥体	EXTRUDE		135	创建三维面	3DFACE	3F
102	球体	SPHERE		136	设计中心	ADCENTER	ADC
103	实体求差	SUBTRACT	SU	137	定义属性	ATTDEF	ATT
104	交集实体	INTERSECT	IN	138	创建选择集	GROUP	G
105	剖切实体	SLICE	SL	139	拼写检查	SPELL	SP
106	编辑实体	SOLIDEDIT		140	捕捉设置	OSNAP	

续表

序号	命令说明	命令	快捷键	序号	命令说明	命令	快捷键
141	设置图层	LAYER	LA	144	设置单位	UNITS	UN
142	设置颜色	COLOR	COL	145	选项设置	OPTIONS	OP
143	文字样式	STYLE	ST	146	退出 CAD	QUIT 或 EXIT	

4. Vpoint 下的特殊视点

名　称	视　点	与 *XY* 平面的夹角	在 *XY* 平面内的角度
仰视图	0,0,1	90	270
底视图	0,0,−1	−90	270
左视图	−1,0,0	0	180
右视图	1,0,0	0	0
前视图	0,−1,0	0	270
后视图	0,1,0	0	90
西南等轴侧视图	−1,−1,1	45	225
东南等轴侧视图	1,−1,1	45	135
东北等轴侧视图	1,1,1	45	45
西北等轴侧视图	−1,1,1	45	135

5. AutoCAD 中特殊字符的表示

控制代码	结　果
%%C	直径
%%d	摄氏度(°)
%%60	小于号(<)
%%61	等于号(=)
%%62	大于号(>)
%%146	小于等于号(≤)
%%147	大于等于号(≥)
%%p	正负号(±)

参考文献 CANKAO WENXIAN

[1] CAD/CAM/CAE 技术联盟. AutoCAD 2014 中文版从入门到精通(标准版)[M]. 北京:清华大学出版社,2014.

[2] 徐江华,王莹莹,俞大丽,张敏. AutoCAD 2014 中文版基础教程[M]. 北京:中国青年出版社,2013.

[3] CAD/CAM/CAE 技术联盟. AutoCAD 2014 室内装潢设计自学视频教程[M]. 北京:清华大学出版社,2015.

[4] 刘锋. 室内设计施工图 CAD 图集 精品工程[M]. 北京:中国电力出版社,2012.

[5] 唐艺设计资讯集团有限公司. 名家 CAD 施工图集[M]. 北京:人民出版社,2011.

[6] 樊思亮. 室内细部 CAD 施工图集Ⅰ[M]. 北京:中国林业出版社,2014.